地质导向与旋转导向技术应用及发展

中国石油勘探与生产公司
斯伦贝谢中国公司
编

石 油 工 业 出 版 社

内 容 提 要

本书以近年来斯伦贝谢公司钻井与测量技术在中国石油的应用成果为主,内容涵盖了斯伦贝谢公司钻井与测量技术的最新进展,分为水平井地质导向技术、旋转导向与定向钻井技术、随钻测量与测井测试技术三大部分,从技术发展背景、技术原理、最新进展、典型应用实例等方面进行了详细的阐述和总结分析,对促进国内钻井技术发展和满足复杂油气藏勘探开发具有重要意义。

本书适合从事钻井、测井、油藏地质的技术人员、管理人员、科研人员以及高等院校相关专业师生参考。

图书在版编目(CIP)数据

地质导向与旋转导向技术应用及发展/中国石油勘探与生产公司,
斯伦贝谢中国公司编 . —北京:石油工业出版社,2012.9
ISBN 978 – 7 – 5021 – 9021 – 7

Ⅰ. 地…

Ⅱ. ①中…②斯…

Ⅲ. 导向钻井 – 研究

Ⅳ. TE242

中国版本图书馆 CIP 数据核字(2012)第 076285 号

出版发行:石油工业出版社
　　　　(北京安定门外安华里 2 区 1 号　100011)
　　　　网　　址:www. petropub. com. cn
　　　　编辑部:(010)64523562　发行部:(010)64523620
经　　销:全国新华书店
印　　刷:北京中石油彩色印刷有限责任公司
2012 年 9 月第 1 版　2014 年 5 月第 2 次印刷
787×1092 毫米　开本:1/16　印张:15.75
字数:385 千字
定价:118.00 元
(如出现印装质量问题,我社发行部负责调换)

序

随着油气勘探开发的不断深入,地质对象日趋复杂,高陡构造、窄压力窗口地层、高研磨性地层、大水平位移目标等复杂地质条件,给钻井工程提出了严峻的挑战,而薄储层、底水油藏以及非均质储层对水平井地质导向技术也提出了更高的要求,能否更好地应对这些挑战和要求成为制约勘探进程和开发效益的关键。

近年来,垂直钻井、水平井地质导向、旋转导向等技术在中国石油取得了很好的应用效果,其中 Power V 等垂直钻井技术有效地解决了山前高陡构造防斜打快难题,从根本上遏制了山前井套管磨损、井斜等复杂问题,提升了钻井技术水平,该技术在塔里木、玉门和新疆等油田推广应用,已经成为高陡构造实现优快钻井的有效手段。针对薄层、底水等复杂油气藏的开发难题,近钻头地质导向技术(包括 PeriScope 边界探测地质导向、GVR 电阻率成像地质导向等不同系列组合)的应用,有效提高了水平井储层钻遇率,优化了水平井眼在储层中的位置,提交了单井产量和油藏采收率,在新疆陆梁薄层底水油藏、辽河新海 27 区块二次开发以及西南、大庆等油田复杂油气藏高效开发中发挥了关键技术作用。PowerDrive、PowerXceed 等旋转导向技术在大港等油田的应用,有效保证了一批滩海大位移井的顺利实施,创造了水垂比 3.92 的好纪录。通过以上先进技术的应用,较好地满足了复杂勘探开发目标区面临的技术难题,提高了勘探开发整体效益。

实践表明,筛选引进国外先进技术并加以消化吸收,是行之有效的技术发展模式。通过与斯伦贝谢等知名服务公司的技术合作,较好地跟踪到了国际上最新技术的进展,也有力地促进了国内相关技术的发展,"技术窗口"作用明显。目前国内垂直钻井、近钻头地质导向等工具研发已经取得了突破性的进展,打造出了多种利器,并在生产中得到了应用。

本书编写的目的在于总结近几年斯伦贝谢钻井与测量技术的发展和应用,指导广大地质和工程技术人员更好地了解和掌握国际上先进技术的发展,坚持走技术发展之路,推动技术不断进步。

中国石油勘探与生产公司副总经理

前　　言

　　钻井技术进步能够加快勘探进程和提升开发效益,而先进技术的引领和消化,往往起到事半功倍的效果。近年来,斯伦贝谢公司垂直钻井、水平井地质导向等技术在中国石油应用取得了显著效果,克服了复杂区块勘探开发上所遇到的技术难题,提高了勘探开发整体效益。通过这些技术的应用,充分发挥了技术窗口的作用,也有力地促进了中国石油相关技术的研发。实践证明,引进国外先进技术并加以消化吸收,是非常有效的技术发展模式。

　　为了更好地总结、消化、吸收国际先进技术,为使地质和工程管理与技术人员更好地了解和掌握先进适用技术,特编写了本书。本书共分为水平井地质导向技术、旋转导向与定向钻井技术、随钻测量与测井测试技术3篇共9章。

　　地质导向技术的发展是水平井技术规模应用和发展的技术保障,1992年斯伦贝谢公司首次提出地质导向概念,1993年研制出第一套用于水平井地质导向的随钻测井工具CDR技术,在提高水平井储层钻遇率上发生了根本性变革,本书第一篇结合应用实例详细介绍了GST地质导向技术、geoVISION(GVR)地质导向技术、ImPulse地质导向技术、PeriScope地质导向技术、adnVISION密度成像地质导向技术、EcoScope多参数成像地质导向技术以及小井眼高分辨率电阻率成像地质导向等技术应用与实际效果。从地质导向的工作流程和实现方法,以及实时对比与模型更新、数据的读取与识别都有较为详细的介绍。早期的GST近钻头测量工具距钻头距离2.5m左右,能够有效提供近钻头电阻率、伽马和井斜测量数据,实现了对钻进轨迹的实时有效调整。在薄储层开发中,通过GVR的实时方向性测井数据,结合钻前地质预测,在钻井过程中通过井眼轨迹穿过地层界面位置的方向性测量和成像来判断轨迹和地层之间的关系,最大限度地降低储层水平段的无效进尺,提高钻遇率。PeriScope储层边界探测技术是一项具有突破性的地质导向技术,具有更深的探测深度和更明确的储层与非储层指向性,能够估算出工具到地层边界的距离和地层边界的延伸方向,在储层电阻率和非储层电阻率差异足够大的情况下能够识别出工具上下 4~5m 范围内的电阻率和电导率变化边界。尤其对边底水不确定薄层油藏,取得了很好的地质效果。adnVISION 密度成像地质导向技术可以测量地层的密度和孔隙度、光电指数等,同时可以实现 16 个象限的密度、光电指数成像等,主要应用于物性、油气水关系比较复杂的储层中。

旋转导向钻井钻出的井眼轨迹光滑,携屑好,有利于后续阶段的作业施工和降低作业风险。斯伦贝谢公司 1999 年推出了第一代推靠式旋转导向工具,之后研发了推靠式旋转导向系统、垂直钻井系统、指向式旋转导向系统,至 2010 年推出了高造斜率旋转导向系统,系列工具在提高复杂深井钻井速度、大位移井延伸能力等方面发挥了重要作用。推靠式旋转导向系统是通过推靠块推靠井壁改变工具的造斜方向,从而对井眼轨迹进行控制,一定程度上受地层软硬和井径大小的制约。而指向式旋转导向系统是指在钻具连续转动的同时,将钻头指向所需方位而进行定向钻进的导向方式,可实现复杂工况条件下高质量的定向钻井作业,同时使工具本体的磨损最小。垂直钻井系统作为旋转导向系统的一个分支,是一种自动化的钻井工具,利用钻井液推动推靠块作用于井壁获得反推力,保持井眼轨迹处于近乎垂直,它是通过自带的测斜传感器测量井斜,一旦发现井眼轨迹偏离垂直方向即会自动调整工具姿态,使井眼重新回到垂直方向并继续钻进。垂直钻井系统在高陡构造地层实现防斜打快、提高井眼质量上发挥了重要作用。

随钻测量技术可实时了解井下压力,温度等状况,作为科学钻井的重要组成,在越来越多的定向钻井作业、大位移井作业、水平井作业中发挥越来越重要的作用。本书第三篇对随钻测井技术概况、地层电阻率测井技术、地层孔隙度测井技术、地层压力测试技术、地层压力测试技术概况、地层压力测试技术与应用进行了论述,从实现测量功能,到实现很多测量数据的实时传输功能,从而满足了不同的工程和地质应用需求,实时测斜数据为及时调整轨迹提供了依据,储层参数的实时测取,提高了地层对比和分析水平,当量钻井液密度等实时钻井力学参数为高效钻井提供了技术数据。

总之,本书技术涵盖面较广,阐述较深入,从技术发展背景、技术原理、工作原理、作业方式、使用条件、应用范围、实际应用效果等方面进行了详细的阐述，数据翔实，图文并茂，易于理解。

本书由中国石油勘探与生产公司与斯伦贝谢中国公司联合编写，前言由毛蕴才编写，郑新权校稿，第一篇由杨彬、欧蓉娜、麦欣、于天忠编写，汪海阁、陈祖锡、葛运华、王若校稿，第二篇由黄南、汤新国、周明信、叶新群编写，汪海阁、陈祖锡、葛运华、叶新群校稿，第三篇由聂向斌、牛玉强编写，王胜启、汪光太、王若、叶新群校稿。全书由叶新群统稿。

本书在编写过程中，得到了中国石油天然气股份有限公司赵政璋副总裁的大力支持，得到了斯伦贝谢公司中国区总裁许成祝先生的大力支持，得到了相关油田领导和工程技术部门的大力配合，中国石油勘探与生产公司工程技术与监督处和斯伦贝谢中国公司做了大量具体的组织和技术指导工作，石油工业出版社对出版样稿进行了详细的审查。值此本书正式出版之际，谨向他们表示衷心的感谢！

由于作者水平有限，本书难免有差错与不足，敬请读者给予批评指正。

笔　者

2012 年 5 月

目　　录

第三篇　随钻测量与测井测试技术应用及发展

第一篇
水平井地质导向技术应用及发展

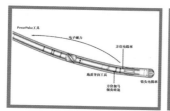
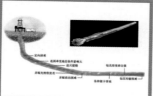
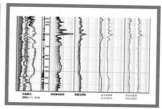

20 世纪末期,为适应石油工业的发展需要,尤其是为了提高钻井效率和提高油藏采收率,水平井地质导向技术逐渐发展起来。21 世纪初,水平井地质导向技术在国内中国石油系统初次应用就取得了良好的效果,但由于石油工程师对其了解较少,此项技术一直没有引起足够的重视。随着国际石油价格的不断攀升、国内石油需求的逐渐增加以及油藏开采难度的增加,这项高效随钻评价、优化技术在国内得到了越来越广泛的应用。本篇将主要针对随钻水平井地质导向技术的概况、定义、组成、实现方法及应用予以介绍。

第一章　水平井地质导向概况

第一节　地质导向的发展历程和应用概况

20世纪以来,伴随着石油的大量开采,整装油气藏逐渐减少,复杂、难动用油气藏逐渐增加。80年代初,随着定向井技术的成熟和新的井下工具、仪器的应用,水平井钻井技术进入了一个蓬勃发展期。水平井、分支水平井、鱼骨井等特殊工艺井技术大大增加了井眼轨迹在储层中的有效长度,扩大了泄油面积,使得用常规钻井技术无法动用的边际油气藏得到了有效的开发,并提高了油气藏的采收率。但是对于复杂油气藏,由于其精细结构无法预知,仅靠将井眼轨迹控制在钻井设计的几何靶区内的常规水平井钻井技术,常常由于储层钻遇率低而无法实现预期的开发目标。即使对于油藏情况了解比较清楚的地区,也会因为产层的变化导致水平井的钻进效果不理想。而随钻测井和随钻测量技术的突破,实现了水平井的实时地质导向,即根据井底地质测井结果而非三维几何空间目标将井眼轨道保持在储层内的一种轨迹控制。与早期以三维空间几何体为目标的控制方式相比,地质导向控制方式以井眼是否钻达储层为评判标准,是一种更高级的井眼轨迹控制方式。由此可见,地质导向钻井是科技进步的必然产物,也是油气勘探开发对钻井技术的客观需求。

水平井地质导向技术的发展经历了多个阶段。1992年,斯伦贝谢公司首次提出地质导向概念,并于1993年研制出第一套用于水平井地质导向的随钻测井工具CDR,哈利伯顿、贝克休斯的英特克公司和挪威国家石油公司(Statoil)等也相继研制出了各自的地质导向系统。至今,水平井地质导向技术已经历了近20年的发展,其发展历程大致如下:

1992年,斯伦贝谢公司首次提出地质导向的概念,与此同时,随钻测井工具CDR提供的深浅电阻率和自然伽马测量第一次用于指导地质导向作业。

1993年,斯伦贝谢公司研制出第一套专用于地质导向的随钻测井工具GST。

1996年,方向性测量及成像技术成功运用到地质导向中,使随钻地质导向有了方向性的概念。同年底,斯伦贝谢公司的地质导向工具在欧洲和非洲应用超过50口井,总进尺超过32000m。

1999年,高分辨率的实时电阻率成像展现了清晰的轨迹形态,并提供了实时地层倾角,标志着随钻测井地质导向的又一次革命,具有里程碑意义。

2005年,随钻储层边界探测工具PeriScope-675实现了地质导向过程中储层边界的可视化,探测深度也更深。

2006—2007年,包括储层边界探测工具PeriScope-675在内的多功能随钻测井EcoScope、随钻测压StethoScope、随钻MWD TeleScope等Scope系列工具的不断推出,为地质导向提供了更丰富的随钻测井、测量信息,以及更快速、稳定的实时数据传输。

2008年,小井眼储层边界探测地质导向工具PeriScope-475的成功开发,拓展了三维地质导向技术的应用范围。斯伦贝谢公司全球地质导向井数及 PeriScope 井数(2000—2009 年)见图 1 − 1。

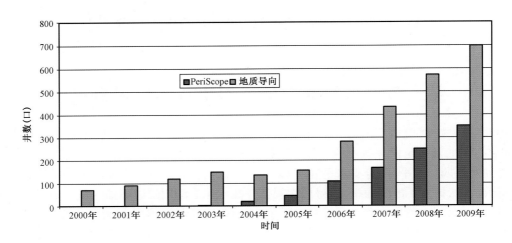

图 1 − 1　斯伦贝谢全球地质导向井数及 PeriScope 井数(2000—2009 年)

2010 年,小井眼随钻高分辨率电阻率成像技术的运用和三维地质导向软件技术的发展,推动了地质导向技术的再次飞跃。

近年来,中国石油水平井应用得到了快速增长,其中以 MWD + LWD 为主的导向方式在生产中得到了普遍应用,满足了大部分水平井导向的要求。2004 年,斯伦贝谢公司和塔里木油田公司合作钻探了国内第一口应用随钻测井成像完成地质导向的水平井,此后这项技术逐渐在各个油田推广开来。至 2010 年,在各种复杂、难动用油气藏,例如,稠油热采油藏、稀油薄层底水油藏、煤层气藏和致密气藏,应用地质导向技术的水平井超过 345 口,水平段平均钻遇率达到 90% 以上,进尺超过 208km(图 1 − 2 和图 1 − 3)。通过水平井地质导向,致密气藏、碳酸盐岩气藏、底水稀油油藏、复杂断块稠油和稀油油藏等得以高效开发。

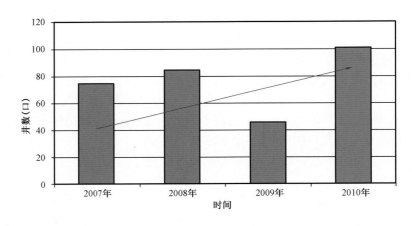

图 1 − 2　2007—2010 年斯伦贝谢公司在中国石油完成的水平井地质导向井总数

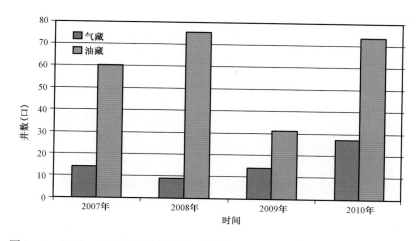

图1-3　2007—2010年斯伦贝谢公司在中国石油完成的水平井地质导向井数

第二节　水平井地质导向的发展趋势

经过近20年的发展,基于随钻测井的水平井地质导向技术已经越来越成熟,并成为通过优化储层内井眼轨迹提高泄油面积实现油田增产的新技术。近年来,随钻测量、随钻测井技术快速发展,测井系列不断完善。目前已经拥有几十种钻井和测井的测量参数,开发了适用于不同井眼尺寸的随钻测井工具。为适应现代地质导向的发展需求,随钻测井技术则继续向多参数、近钻头、深探测方向发展;随钻测量更加快速、稳定,压缩传输的数据量更大。

地质导向技术是一项综合运用各学科知识指导现场钻井作业的技术。地质导向人员更有效、更快捷地运用各方面信息指导现场决策一直是导向软件的发展方向。目前应用的地质导向软件RTGS、WellEye、DrillingOffice等已能够从各个方面对水平井进行实时地质导向跟踪。而下一步的发展方向将是与三维油藏建模软件Petrel平台相整合,向大型、综合性、集成化的软件方向发展,(图1-4)。

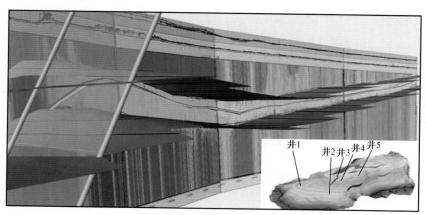

图1-4　地质导向二维、三维软件综合应用

　　近年来,随着投入开发的油气藏储层的愈加复杂,挑战也愈来愈大,目前地质导向逐步由初级阶段发展到中级阶段,中级阶段的地质导向主要根据二维地质导向模型进行实时油藏跟踪和导向,而高级阶段以三维地质导向模型动态跟踪为主的产量导向将是未来的发展方向,如图1-5所示。

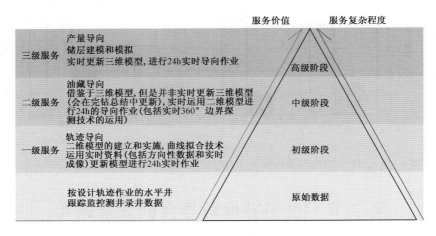

图1-5　地质导向分级图

第二章　地质导向的定义、组成和实现方法

第一节　地质导向的定义和组成

一、地质导向的定义

斯伦贝谢公司将地质导向定义为:在水平井钻井过程中将先进的随钻测井技术、工程应用软件与人员紧密结合的实时互动式作业服务,其目标是优化水平井井眼轨迹在储层中的位置,实现单井产量和投资收益的最大化。

二、地质导向的组成

地质导向技术的组成主要包括:井下钻井和随钻测井工具、导向工程应用软件、数据传输以及导向人员。从目前国内外地质导向技术的发展来看,井下钻、测井技术是最核心的内容,为地质导向提供了硬件基础;导向软件和传输技术为其提供了软环境;地质导向工程师、钻井工程师、井场地质师、油藏工程师、地球物理工程师等则是地质导向作业的共同决策和执行者。

1. 定向钻井工具

在复杂的水平井施工过程中,地质导向对定向钻井工具的性能有较高要求。不仅要保障井下安全,提高钻井时效,而且要满足随钻测井和精确井眼轨迹控制要求,在复杂的地质条件下实现地质导向目标。

马达和旋转导向钻井系统是目前应用最多的定向钻井工具。使用井下马达在滑动钻井时无法获取随钻测井成像和方向性测量数据,给地质导向带来一定的困难。旋转导向钻井系统可以在旋转钻进过程中实施定向,全过程都能获得成像数据,与近钻头井斜和近钻头伽马相结合,为地质导向进行精确井眼轨迹控制提供了有力帮助。

2. 随钻测井和随钻测量

相对于电缆测井技术,随钻测井的一大优势体现在,钻进过程中及时、最大限度地减小钻井液侵入对测井质量的影响。经过多年的发展,随钻测井已经从传统的伽马、电阻率、密度和中子测井发展到众多的测井项目,如电阻率成像、密度成像、伽马成像、光电指数成像、超声波成像、核磁共振、声波、随钻地震、地层元素谱分析、热中子俘获截面积等(图1-6)。多参数测井可以更准确地对地层作实时评价解释,方向性测井和成像可以保证对井眼周围的地层作出360°全方位的描述,从而保证地质导向实时决策的及时性和准确性。

斯伦贝谢公司提供的随钻测量工具主要有 TeleScope、PowerPulse、ImPulse 和 SlimPulse。随钻测量主要承载下列四项功能。

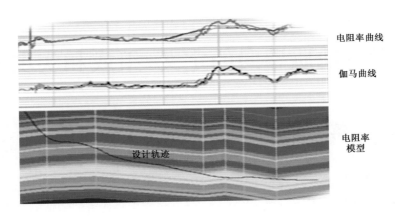

电阻率曲线

伽马曲线

电阻率
模型

设计轨迹

图 1 - 6　随钻测量在第一个地质导向作业中的作用

（1）为定向钻进提供实时井斜方位和工具面测量数据：井眼轨迹上每一个点的三维空间位置是通过井深、井斜和方位确定的。随钻测量工具可通过其三轴加速度测量传感器和三轴地磁传感器实现井斜和方位的测量。同时，通过这些传感器，随钻测量工具可确定井下工具的姿态，包括重力工具面和地磁工具面。

（2）为井下钻具供电：随钻测井工具通过钻井液驱动涡轮发电，为井下测量、测井服务提供电力，避免单趟钻进时间因电池寿命而受到限制。

（3）调制钻井液信号传输井下测量和测井数据：随钻测量工具采用调制钻井液脉冲信号，通过钻井液脉冲波将大量的井下测量和测井数据传输到地面，为地质导向过程提供实时数据。

（4）井下工程参数测量：随钻测量工具能够实时测量井下钻压、扭矩、温度、振动、当量循环密度等参数，为井下安全控制提供依据。

3. 导向软件

地质导向软件需要快速准确处理大量随钻测量和测井数据，并直观地展示给地质导向人员，辅助地质导向决策，现在常用的软件是 WellEye 和 RTGS。

WellEye 可以通过用深浅颜色标定方向性数值的方法直观地显示二维和三维的成像数据，并且可以实现地层倾角的实时拾取，为地质导向人员及时提供准确的地层构造信息。结合 WellEye 成像数据以及井眼轨迹数据，地质导向人员便可实现地质导向，相比之下，模拟—对比—模型更新法对软件的要求更高。这种方法要求软件能够建立地层构造模型，处理邻井数据并将其代表的地层物性信息赋予模型。该软件必须能够在模型中导入设计轨迹和实钻轨迹，并根据轨迹上每一个点的地层物性实时正演各种随钻测井工具的响应。正演需要考虑轨迹切入角对工具响应造成的影响，如极化角、电阻率各向异性、工具的测量深度和精度等。最后，软件还要能够对比实时数据和正演数据，并能够通过对地层构造模型的调整使得两种数据吻合，以确定地层的真实构造。

其次是为 WellEye 提供实时模型的 RTGS 软件，它也是地质导向工程中最常用的跟踪软件。图 1 - 7 是斯伦贝谢公司地质导向软件 RTGS 中的地层断面帷幕（Curtain Section），它显示的是地层沿设计轨迹的垂直剖面。地层构造模型包含地层物性信息，并用深浅颜色标示。帷幕之上的曲线是实测随钻数据和正演数据,通过调整地层的倾角和断层,两套数据能够完全吻合,说明模型反映了地层构造的真实情况,为轨迹调整提供了依据。另外,该软件还允许前端轨迹设计,通过对前方地层的预测实现前瞻性的地质导向。

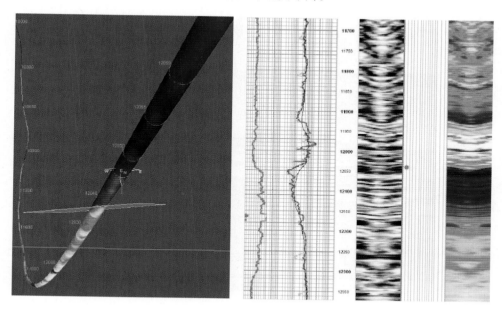

图 1 - 7　WellEye 成像示意图

远程边界探测法所用的方向性数据是与 PeriScope 工具设计密切相关的创新型数据,并非业界通用数据,因此应用此方法需要指定的数据处理模块(已集成在 RTGS 软件之中)。RTGS的反演视图(Inversion Canvas)能够用颜色标示地层电阻率,并显示每个反演边界点与轨迹的相对位置,如图 1 - 8 所示。用户可以自由选择方向性曲线与电阻率曲线的组合进行实时反演,对比不同的反演结果,确定最合适的反演模型。

4. 人员

地质导向的成功也取决于导向人员的技能和导向团队的交流与合作。导向团队的组成不局限于地质导向工程师,油田公司地质师在其中也扮演着重要的角色。地质师参与设计钻井地质导向目标,从油藏和地质的角度明确导向任务,如钻井深度、水平段长度、着陆位置、油柱高度和中靶要求等。在实时作业过程中地质导向人员需要参考的关键信息也来自于地质师,如地质构造、储层物性、流体性质等,这些可能直接决定了水平井导向过程中的宏观控制问题。因此,地质导向人员与油田公司地质师的无障碍交流与沟通十分重要。

除了保持和油田公司地质师的全面沟通外,现场地质导向工程师还需要熟悉随钻测井工具响应解释、钻井工具的轨迹控制能力等地质导向相关知识。作为不同地点、不同学科的地质导向人员沟通的桥梁,地质导向工程师需要具备较强的技术综合能力和沟通、协调能力。地质导向工作涉及多学科、多部门合作,因此,整个团队人员的合作是取得成功的前提。

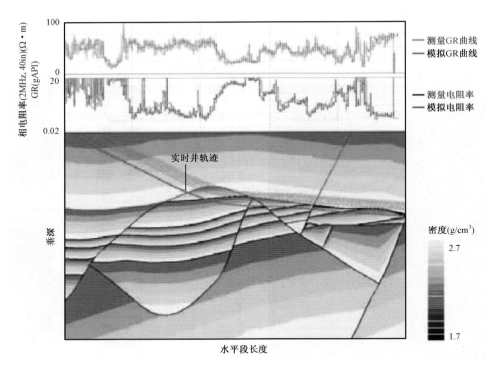

图 1 - 8　实时地质导向模型剖面图

第二节　地质导向的工作流程和实现方法

一、地质导向工作流程

经过多年的实践与发展,水平井地质导向已经建立起全面、严谨、有效的工作流程,包括钻前设计与分析、实时导向和完井分析三部分(图 1 - 9)。

(1)钻前设计与分析:确认导向目标,根据目标和地质情况进行地质导向可行性分析,选择随钻工具和相应的导向服务,进行井眼轨迹设计。

(2)实时导向:实时数据解释和模型更新,调整井眼轨迹。

(3)完井分析:应用完钻后的内存数据更新随钻地质导向模型,为相同区块导向作业提供参考。

二、地质导向的实现方法

地质导向服务常用的方法包括模拟—对比—模型更新法、方向性测量及成像法和储层边界探测法。这三种方法都是在随钻测井技术发展的基础上逐步发展而来的,在作业中需要根据油藏的测井响应特征和水平井地质导向目标进行针对性应用。下面详细介绍这三种方法。

1. 模拟—对比—模型更新法

早期的水平井钻井主要根据钻井设计,以将井眼轨迹控制在钻井设计的靶区为目标。制

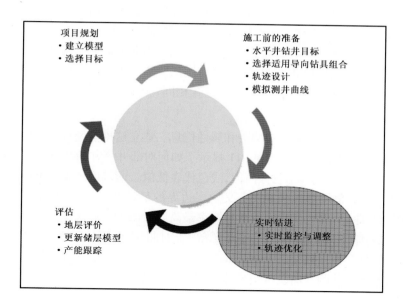

图 1-9　地质导向流程图

定靶区的依据是通过地震数据和邻井对比得到的储层构造模型。然而,受地震数据精度和控制井程度的制约,构造模型往往与地层真实情况有较大出入。如图 1-10 所示,地层的真实情况可能存在一些微断裂,如果只是简单地按设计轨迹中靶,可能无法实现水平井地质目标(蓝线)。此外,根据实钻井眼轨迹误差分析理论,井眼轨迹上某一点真实的三维空间位置应该在以该点为中心,以一个确定的长短轴为半径的误差椭球范围内。由于各种误差引起的这种轨迹位置的偏差也可能会导致水平井错失靶点。为了最大限度地减少地质模型和实钻轨迹误差的不确定性,就需要分析随钻测井、钻井资料,建立随钻解释模型进行实时地质导向。

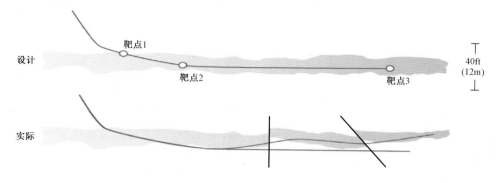

图 1-10　构造模型示意图

模拟—对比—模型更新法是最基本的地质导向方法,该方法基于建立的地层模型和井眼轨迹在模型中的模拟曲线响应,通过与实钻数据的对比模拟,更新模型以使二者匹配,更新后的模型被认为是地下实际构造的表征,曲线响应为其模型的可能响应。该方法适用于各种简单整装油气藏的地质导向作业。

应用该方法首先需要创建地层的构造模型。假设地层物性横向上比较稳定且可以通过邻井曲线获得,那么模型便可被赋予各种物性的模拟,例如,伽马、电阻率、密度和中子等。这些物性数据也可通过随钻测井工具实时获得,在随钻测量得到井眼轨迹数据后,即可根据地层构造模型计算轨迹所处的地层位置的物性。如果计算得到的物性与随钻实测物性数据吻合,则证明轨迹在模型中的位置与在真实地层中的位置相同,否则必须调整模型以使二者吻合。

1)建立二维地质导向模型

二维地质导向模型包括目的层的构造和属性信息。建立这种模型首先需要从重点邻井测井资料中获取目的层位的属性信息。图 1-11 显示了如何对邻井测井曲线分层并将相应物性赋予地质模型的过程。图中,深色表示物性高值,浅色代表低值。通过这种方法可以将地层属性值显示在地层二维截面中。伽马曲线是用来定义地层边界的最佳选择,因为在使用最多的测井服务中,相对于其他测井曲线,伽马测井的垂直分辨率最高。经由伽马曲线定义的地层边界被应用于各个测井曲线(如电阻率、密度、中子、光电指数等)上对曲线进行分层,每一层的各曲线测量值将被赋予地层属性信息。模拟随钻测井工具在这种属性的地层中的响应可以验证分层的正确性,如果模拟数值与原始邻井测井曲线有偏差,则需要对分层属性参数进行调整。

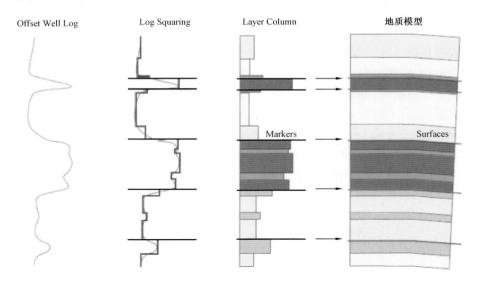

图 1-11　模型粗化示意图

曲线分层结果中一些重要的边界(黑线)被选作标志线,因为它们可能代表一个地层序列的顶部,如图 1-11 所示。这种标志线在地层构造模型中体现为界面(蓝线),由曲线向地层构造模型进行属性赋值,两个标志线间的数值被赋予对应模型的相邻两个界面间,界面之外属性的垂向变化体现了纵向上的沉积特征变化(图 1-12)。斯伦贝谢公司导向模型中的赋值方法包括等比例赋值、平行顶面赋值和平行底面赋值三种,其中等比例赋值法是最常用的方法。

2)计算工具响应

当地层构造模型被赋予了地层物性之后,将设计轨迹引入模型之中,沿轨迹的每一个点的物性即可由模型中的物性值得到,见图 1-13。但是,计算工具沿轨迹在地层中的响应远非获

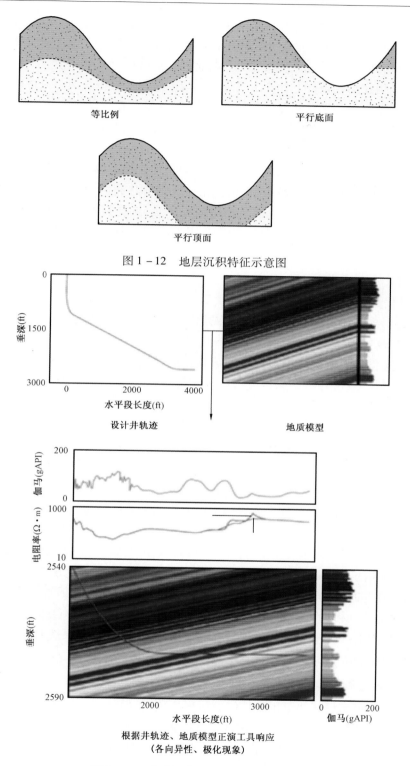

图 1 – 12　地层沉积特征示意图

图 1 – 13　地质导向模型的测井响应特征

得模型中的物性数值这么简单,因为,随钻测井的各个参数可能受到很多因素的影响,如薄层效应、层边界效应、轨迹与地层的夹角以及不同参数的探测深度等。现代地质导向模型在计算工具响应的时候,充分考虑了这些因素的影响,这种计算被称为模型正演。

模型正演是指在给定条件下计算工具理论响应的过程。模型正演不只可以模拟沿设计轨迹在给定的地质情况中的随钻测井参数的变化,还可以模拟在实钻过程中可能碰到的各种情况。例如,当井眼轨迹钻出目的层时,地层倾角与钻前分析的预计相差较大,或地层中存在未曾预计到的断层情况等。

地质导向人员可在钻前设计与分析阶段通过调整地层构造模型的方法来全面模拟各种情况出现时随钻测井工具的响应,同时可以根据钻井所需要达到的地质目的对测井工具进行选择(如选择侧向电阻率工具还是电磁波传播电阻率工具,选择密度成像还是电阻率成像等)。这是地质导向人员在实时导向过程中根据模型、井眼轨迹和测井工具的响应作出正确判断的关键。

3)实时对比与模型更新

在导向过程开始后,实时数据流被加载到地质导向软件中,便可以开始对比通过模型正演得到的测井数据和实测数据。实时可视化地质导向软件 RTGS(real time geosteering)具备建立模型、修改模型、连接实时测井数据和成像、模型正演和实时数据对比的所有功能。当实时测井数据和井眼轨迹数据被加载到该软件后,软件会根据地层构造模型正演实际轨迹中每个点的测井参数,并将结果以曲线的方式显示在测井数据道中以方便与实时测井曲线进行对比。如果二者匹配,说明模型和轨迹的关系真实反映了井下的实际情况;反之需要调整,例如改变地层倾角、层厚、引入断层等方式。通常地,应用模拟—对比—模型更新法的第一步是改变整个模型的垂深使正演曲线与实测曲线中最明显的标志对接。在此之后,除非根据实际地质情况有必要引入断层,否则不再调整垂深,曲线匹配只通过改变地层倾角或层厚来实现。

在缺少地层厚度信息时,一般采取保持层厚而只调整地层倾角的方式。图 1 – 14 ~ 图 1 – 17 描述了改变地层倾角如何使曲线匹配的过程。图中的模型倾角被少许增大了,这样轨迹便位于储层下部区域而不是原来的中部,这个层位具有更高的伽马、更低的相位电阻率。正演出来的测井数据与实测数据能够完全匹配,说明图中的模型更能代表地层的真实情况。根据模型可以判断,现在井眼轨迹非常接近储层底部,需要增斜避免穿底。随着继续向前钻进,这种模型正演、曲线对比和模型更新的迭代过程重复进行,以保证井眼轨迹在储层中钻进。这个实例最终的结果见图 1 – 17,整个轨迹都保持在储层中钻进。反之,如果按照设计轨迹钻进会造成水平段钻遇率的较大损失。

2. 方向性测量及成像法

模拟—对比—模型更新法可用于任何随钻测井数据,但是在应用该方法时经常碰到的一个问题是非方向性测井数据(即井眼均值数据)只能用于判断井眼轨迹是否接近储层边界,却不能判断是上边界还是下边界,或是横向物性变化,图 1 – 18 中的三种情况都可能造成相同的测井曲线变化,从而造成模型的不确定性,需要方向性的测量参数予以解决。

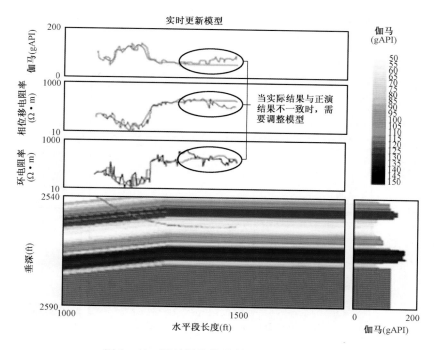

图 1-14　随钻测井曲线与模型响应拟合图

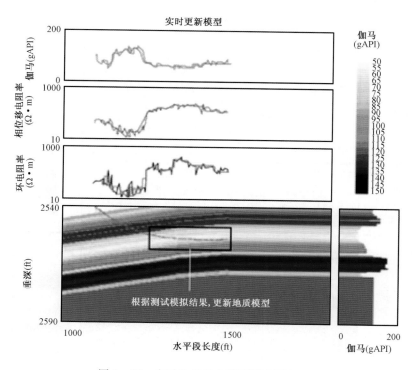

图 1-15　实时地质导向模型拟合图(一)

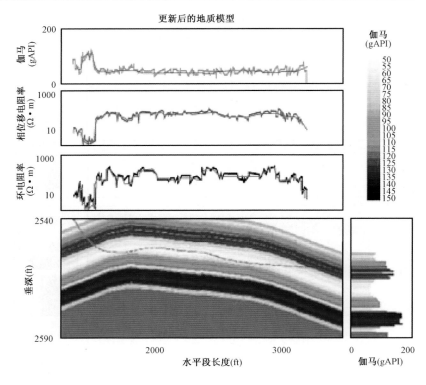

图 1-16　实时地质导向模型拟合图（二）

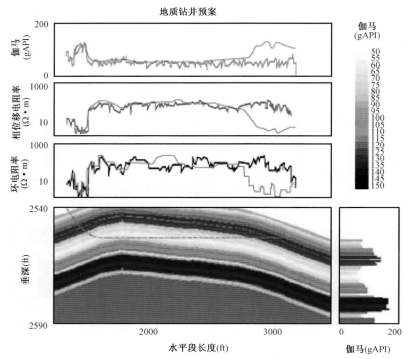

图 1-17　实时地质导向模型拟合图（三）

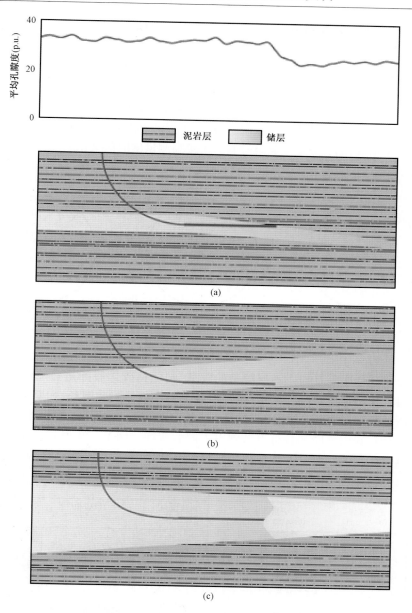

图 1-18　钻遇不同地层的相同测井响应

　　实时成像法需要有随钻测井对井壁一周的成像扫描实时数据。成像可以直接确定井眼轨迹相对层的钻进方向,从而消除上述由于缺少方向性测井造成的不确定性。此外,还可以通过成像解释软件在图上直接拾取地层倾角,指导实时地质导向作业,具体操作如下。

　　1)成像数据的读取与识别

　　方向性数据则是对井眼分成若干扇区,对每个扇区内的物性分别测量得到数据。方向性数据可用于判断地层的某一测井响应是从哪个方向接近井眼的,或表明井眼轨迹是从什么方向接近一个地层构造特征的。电缆测井的方向性数据是通过沿井壁周长展开的一系列传感器获得的,而随钻测井的获取方法是通过旋转钻具对井壁进行扫描获得的。扫描一周的数据被分成若干扇区。扇区的大小取决于所测参数的聚焦程度。例如,中子测量是最难聚焦的,中子只提供井眼测量的平均值;伽马一般只能聚焦成90°扇区,方位性伽马数据包括4个象限;密度测量比较容易聚焦,可分为16个扇区;侧向电阻率最容易聚焦,可分为56个扇区。图1-19展示了3种随钻测井参数的分辨率。需要注意的是,一般方向性密度和光电指数成像数据被分成16个扇区,而当密度和光电指数测量值被分为4个象限时,是为了提高密度测量值的统计精度;侧向电阻率成像可以分成56个扇区,而分成4个象限时是为了提高测量值的信噪比。

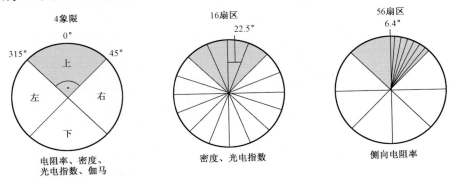

图1-19 不同成像测井井眼分布

如果在导向过程中需要提供地层倾角的数据,则随钻成像服务是必须选择的。如果需要对裂缝或储层沉积特征进行细致分析,则需要高分辨率成像测井服务,如斯伦贝谢公司的侧向电阻率随钻测井仪 geoVISION 和 MicroScope。由于不同测井工具可提供不同的地层属性信息,在同一井眼中,利用不同工具可以识别出不同的特征。图1-20展示了在同一井眼中不同的随钻测井成像工具的结果。声波成像用于检测井壁形态,光电指数成像显示地层岩性特征,密度成像提供岩石密度、孔隙度和流体特征信息,伽马成像反映地层放射性元素含量的变化。

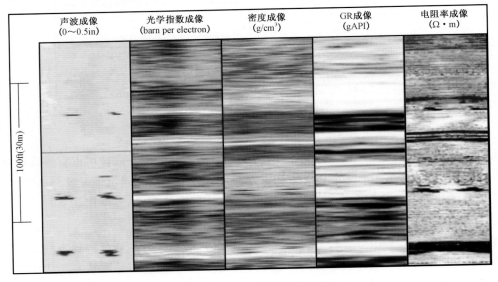

图1-20 不同测井成像特征

虽然,方向性测井数据和成像数据有诸多应用,对于地质导向人员来说,其中所表现的地层信息才是有价值的。当井眼轨迹穿过一个属性存在差异的层位时,方向性数据在井壁横截面上会发生相应变化。

二维随钻成像数据的显示方式是将井壁从井眼顶部沿轨迹方向横向展开,如图1-21所示,图的中心代表井眼底部,两边为顶部。当井眼轨迹向下钻入一个层位时,井眼底部首先看到这一层,然后是井眼侧边,最后是顶部。成像这一层首先在中心出现,然后向两侧展开。由于井深不断增加,这个层位在成像上呈现正弦曲线的形状。而这个正弦曲线是导向过程中最常用的判断井眼轨迹上切地层还是下切地层的依据。井眼轨迹与地层的夹角决定了正弦曲线的幅度。幅度小的曲线表示井眼轨迹与地层的夹角大,而随着夹角的逐渐减小,正弦曲线的幅度变得越来越大,这表明一个层位在相当长的一段井壁上被展开了。例如,一个8.5in井眼轨迹以1°夹角切入一个6in厚的层位,该层位在成像上的展布达到69.2ft,也就是说正弦曲线的幅度是69.2ft。这种大幅度的展布意味着即使使用低分辨率的成像数据,该6in厚的层位的物性特征也能被精细地刻画出来,这是在直井测井数据中无法实现的(井眼轨迹与地层夹角非常大)。

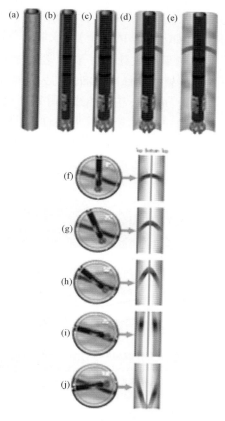

图1-21　成像资料解释示意图

2)成像的色标

成像数据是用色标来表示地层物性变化的。例如,在密度成像测量的16个扇区中,每一个扇区的岩石密度用一种颜色来表示,连起来便构成了一个完整的密度成像。一般来讲,深色代表较高的密度值,浅色代表较低的密度值。成像标准化是调高图像可视程度的方法,见图1-22。静态成像有一个由用户定义的固定色标。如整幅成像可由16种颜色构成,从最深色代表的$2.7g/cm^3$到最浅色代表的$2.2g/cm^3$。动态成像使用一个深度窗口,在该窗口内的最大值和最小值被定义为最深颜色和最浅颜色的极值。色标在每一个深度窗口中都不相同。在导向过程中一般同时使用静态成像和动态成像,这是因为静态成像凸显大尺度的地层特征,而

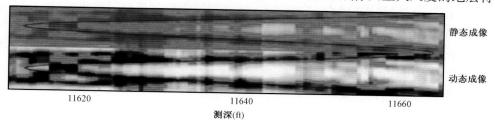

图1-22　动静态成像对比图

动态成像能够刻画每一个深度窗口中的细节。动态成像一定要结合静态成像使用,以避免数据噪声(如不平整的井壁)对成像细节造成影响而形成假象。

3)应用成像计算井眼轨迹与地层之间的切入角

井眼轨迹和地层之间的切入角可用一个三角关系来表示。

邻边:成像上正弦曲线沿井眼轨迹方向的幅度,使用与井眼尺寸一样的长度单位。

对边:井眼直径加上两倍的工具探测深度。例如,密度成像的探测深度大约是1in,对于8.5in的井眼来说,这个邻边的长度就是10.5in。

图1-23展示了应用密度成像计算井眼轨迹与地层之间切入角的过程。

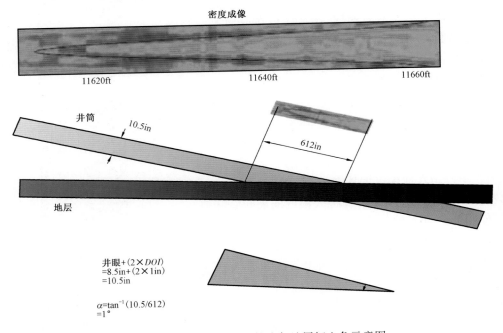

图1-23 成像计算井眼轨迹与地层切入角示意图

实时成像的三维可视化和地层倾角拾取软件可以直观地了解井眼轨迹在地层中的情况。

图1-7显示的即是WellEye软件的视窗。右侧的面板是传统的二维测井图和成像。成像上绿色的正弦曲线代表拾取的地层特征。在两个成像之间的一道中绿色的蝌蚪代表拾取的地层倾角。左侧的面板中显示了三维可视化井眼轨迹,侧向电阻率成像以井筒方式显示。其上的绿色界面代表已经拾取的地层倾角特征。从井眼轨迹的深度可以看出,轨迹是从绿色界面之下向上穿过该层的。如果导向的目的是将轨迹保持在高电阻层也就是绿色界面之下的部分,则这幅图清楚地说明下一步需要降低井斜。由于具备实时数据传输功能,WellEye对于实时地质导向有着不可替代的作用。

4)通过象限数据计算轨迹与地层之间的切入角

在没有成像数据时,也可以通过简单的方向性数据计算切入角。与利用正弦曲线幅度计算切入角原理相同,在当上下象限的方向性数据能清晰地反映层位的变化时,可通过相同变化在上下象限数据中表现出来的井深来计算。图1-24是一个典型的水平井随钻测井图。最上面一道中包含方向性密度曲线。从图 1 – 24 中可以看出,下密度曲线先降低,上密度曲线在 4m 之后出现了同样的下降,这说明井眼轨迹向下切入一个低密度的层位。垂深曲线显示井眼轨迹是水平的,说明地层是上倾的。

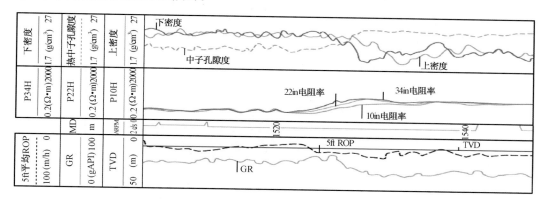

图 1 – 24　方向性随钻测井曲线解释

5)利用地层倾角计算地层厚度

要想在地层构造模型中确切地定义一个层位,需要知道它的厚度和倾角。非方向性数据只能提供一个层位的测深厚度(MD thickness),而根据井眼轨迹的测斜数据能转换成垂深厚度(true vertical depth thickness,TVDT)。要想知道层位的真厚度(true bed/stratigraphic thickness,TBT/TST),则必须知道地层倾角。

在没有地层倾角信息的时候,应用传统的模拟—对比—模型更新法需要假设地层厚度在横向上是不变的,与邻井厚度相同。这会使地层构造模型引入一定误差,增加导向难度。这是因为非方向性数据不能区分地层厚度变化、地层倾角变化或是二者都变化(图 1 – 25 和图 1 – 26)。要计算地层真实厚度,只有使用方向性测量。

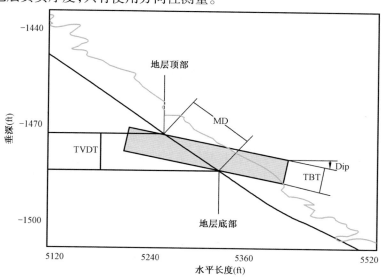

图 1 – 25　不同地层厚度类型示意图(一)

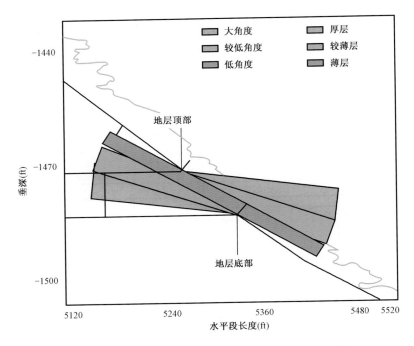

图1-26 不同地层厚度类型示意图(二)

3. 储层边界探测法

储层边界探测法主要基于方向性电磁信号的 PeriScope 边界探测服务。通过对获得的随钻测井、测量参数反演,可以直观得出井眼与地层中电阻率发生变化部位的距离和方向。应用该方法的地质导向人员需要掌握地层电阻率边界知识,熟悉储层层序对电阻率边界测量和反演的影响。

虽然方向性数据和相应的倾角计算及拾取技术的应用能够大大提高地质导向的准确性,但是大多数方向性数据的探测深度都很浅(一般在几英寸以内)。因此,只有当轨迹接触到层位边缘的时候,方向性数据才能捕捉到该层位和地层倾角。

深探测方向性电磁波测井技术的快速发展,为地质导向提供了革命性的新方法:储层电阻率边界探测法 PeriScope。其方向性测量的探测深度超过了传统电磁波传播测井,通过斜向电磁信号接收器突破了传统的横向接收器对方向性电磁信号的束缚,使工具能够有效识别地层中电导率的变化及变化所在方位。该工具对井下相位和衰减电磁信号进行分析,获取离工具最近的电导边界(电导出现较大变化位置)的方位,将其传输到地面,通过实时地质导向软件反演得到工具与边界距离的数据。多频率、多探测深度的方向性相位和衰减电磁波信号可以为三层双边界模型提供多种反演数据:工具与上下边界的距离,上下层位的电阻率,工具所在层位的横向、纵向电阻率等。RTGS 软件将这些数据绘制成地层的电阻率横截面图,如图1-27所示。

有了边界探测数据和直观的电阻率反演横截面图,地质导向可以精确控制井眼轨迹与边界的距离,而避免井眼轨迹接触/钻出边界。在高电阻率对比度的地层中,储层边界探测技术 PeriScope 近15ft 的探测深度,填补了亚地震构造特征识别的空白。

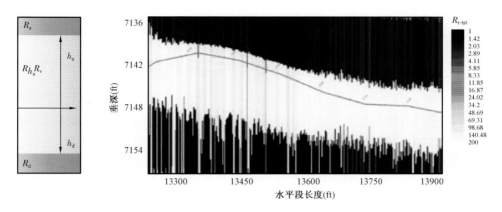

图 1 - 27　PeriScope 储层边界探测反演剖面图

以上三种地质导向方法的适用性可以总结为下列几方面：

（1）模拟—对比—模型更新法适用的情形包括构造明确、油层标记连贯、地质特性变量较少、无岩相变化、地层的不确定性小、风险弱的储层。

（2）实时成像法主要适用于电阻率变化的薄互层油藏，通过成像地质导向，即使钻出油层，仍可以立即采用导向钻井的方法，使井眼轨迹快速返回目的层。

（3）储层边界探测法作为一种主动式导向方式，探测深度比较深，测量参数具有方向性并可以通过地质导向软件实时成图，主要应用于提高底水油藏采收率。

（4）地质导向方法的选择要针对具体油藏特征和需要实现的地质导向目标进行可行性分析。

第三章　地质导向技术应用

经过近 20 年的发展与应用,地质导向技术在国内外各个油田得到了广泛应用,油田的复杂性,尤其是国内油田的各种特殊油气藏对精确的预判性地质导向的严格要求,是推动地质导向技术不断发展和进步的动力。近 10 年来,针对油田的油藏特点和开发需求,发展应用了许多有针对性的地质导向技术,并取得了突出的应用效果。本章将结合地质导向技术在中国石油各油田的具体应用情况予以详细阐述。

第一节　GST 地质导向技术的应用

一、基本解释原理

最早期的具有方向性测量的地质导向工具首推 GST 工具,它由一个近钻头测量短接头和常规的 PowerPak 马达两部分组成。其近钻头测量短接头可以提供井斜、聚焦伽马和电阻率的测量,同时,通过马达工具面的配合,可以实现数据点形式的方向性伽马测量,测点距钻头都在 2.5m 范围内,最大限度地避免钻井液侵入对测量的影响,这些对于地质导向时的实时决策和井眼轨迹的调整及控制都至关重要。辽河油田应用 GST 工具与 GVR 电阻率成像取得了非常好的导向效果。图 1 – 28 是 GST 工具示意图。

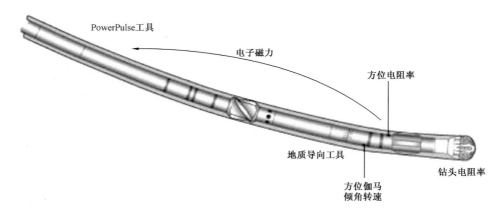

图 1 – 28　GST 工具示意图

二、应用实例分析

1. Xh27 – H20 井

1）地质概况

辽河油田 Xh27 块为一短轴背斜构造,构造平缓,地层倾角 1° ~ 2°。储层物性好,属高孔隙度、高渗透率储层,油层平均厚度 20.3m,油藏类型为块状边底水稠油油藏,油水界面 -1412m,底水活跃。

2)水平井设计及地质导向建模

Xh27-H20 井设计垂深 1394m,水平段长度 279m,采用 GST 随钻地质导向仪器,由于油藏底水活跃,实施过程中需尽量避开底水,因此要求轨迹控制在距油顶 2m 左右,电阻率保持在 30Ω·m 以上(图 1-29)。

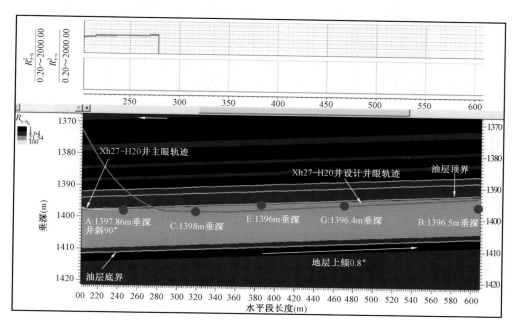

图 1-29　Xh27-H20 井地质导向设计模型

3)导向结果

Xh27-H20 井应用 GST 工具,三开完井。完钻井深 1850m,水平段长 296m,钻遇率 100%(图 1-30)。

4)认识与总结

(1)GST 近钻头测量工具距钻头距离仅 2.5m 左右,能够有效提供近钻头电阻率、伽马和井斜测量数据,实现了对钻进轨迹的实时有效调整,完全满足了 Xh27 块油藏水平井眼轨迹控制精度要求。

(2)GST 技术的应用加速了辽河油田 Xh27 块水平井整体部署,促进了该濒临废弃的厚层块状底水油藏的二次开发。

(3)GST 实时追踪钻头附近地层电阻率变化情况,结合目的层纵向分布电性模型,确定钻头在目标层中的位置,实现井眼轨迹的精确控制。

(4)GST 导向仪器在应用过程中,受钻井液及工程参数影响较大。

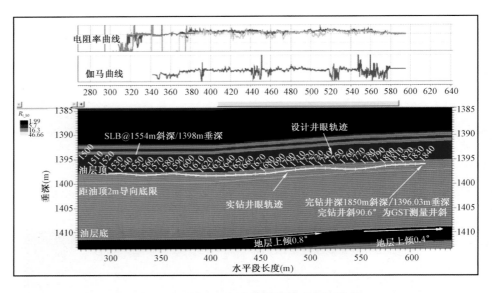

图 1-30 Xh27-H20 井地质导向完钻模型

2. 茨 631-H1 井

1)地质概况

本井位于茨 631 块,钻井揭露地层自下而上依次为古近系沙河街组沙三段、沙一段、东营组,新近系馆陶组、明化镇组及第四系平原组。其中沙三段为本区的主要含油层系,将其划分为三个亚段,其中以沙三中亚段为主要生产层位,也是本次钻井的主要目的层,地层岩性主要为灰色、深灰色泥岩与浅灰色、灰白色中砂岩、细砂岩、粉砂岩、泥质粉砂岩互层,泥岩质纯。

沙三中亚段储层为滨湖相扇三角洲前缘亚相沉积砂体,岩性较细,以细砂岩和粉砂岩为主。物源主要来自西南侧的中央凸起,受物源和沉积相带的影响,砂体由西南到东北不断减薄,垂向上互相叠置,沉积类型以典型的陆相湖盆沉积为主,砂体的规模小,单砂层的厚度较薄,横向互相穿插,变化较大,易于形成岩性上倾尖灭砂体。

沙三中亚段储层为中孔隙度、低渗透率储层,据茨 607 井物性分析结果,平均孔隙度为 17.43%,平均渗透率为 3.89mD,平均碳酸盐岩含量为 6.16%。

沙三中亚段储层岩性也以砂岩和粉砂岩为主,属中孔隙度、低渗透率储层。

沙三中亚段油层隔层岩性主要为粉砂质泥岩、泥岩,各砂岩层间的隔层发育较稳定。纵向上,沙三中亚段油层埋深 2043~2120m,油层厚度 12m,油层单层厚度 2~5m,为薄砂层油藏。平面上,油层分布主要受斜坡构造背景控制,含油砂体向上倾方向逐渐减薄尖灭。

茨 631 井区的油层分布主要受斜坡构造背景控制,油藏类型属于薄砂层岩性油藏。原油性质较好,地面原油密度为 0.8203g/cm³ 左右,为稀油。地层水为 NaHCO₃ 型,总矿化度为 4601.9mg/L 左右。

2）实施过程及结果

该水平井部署区含油砂岩厚度薄,尽管在部署中使用了波阻抗反演技术,但由于地震资料的分辨率很难达到这样的精度,加之该区属岩性油气藏,砂岩体横向延伸短,岩相变化快,钻遇该水平井段具有一定的风险性。

实际导向作业过程:由于平面构造控制程度比较低,作业过程中,着陆前的对比分析发现地层倾角变化较大,从预测的5°~6°变为11°,实时设计显示目标油层位于着陆轨迹的下部,将面临很长的靶前位移损失,同时与 GST 结合使用的 GVR 成像也清晰地显示了这一角度。于是决定停止钻进,从上部确定有利的位置进行侧钻,之后通过 GST 的近钻头井斜、聚焦伽马、电阻率的测量参数结合 GVR 电阻率成像的综合分析,平稳地着陆于1.7m 的薄目的层内,并在水平段导向钻进132m 直至完井(图1-31)。水平段导向过程中,尝试通过改变 GST 工具面来获取方向性聚焦伽马值,但是效果不明显,主要还是参考 GVR 电阻率成像来确定地层倾角变化。

GST 工具在11°的地层倾角储层内钻井也遇到了极大的挑战,经常出现增斜、降斜问题,从而导致储层和钻遇率损失,最终由于轨迹进入油层顶面盖层,降斜困难而提前完钻。本井初期产能达到了50t/d,导向效果非常好。

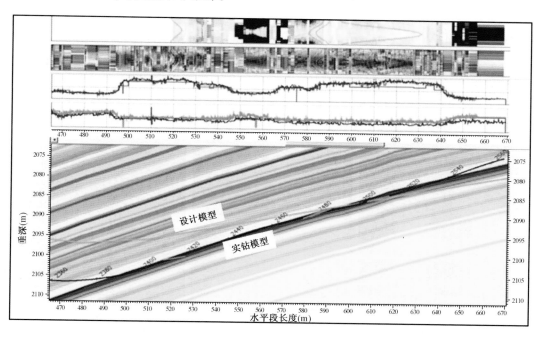

图1-31　辽河油田茨631-H1井地质导向模型

3）认识与总结

值得说明的是,作为早期的地质导向工具,在长期的实钻过程中,GST 也暴露出了很多的局限性。例如,针对辽河油田某些区块高倾角(10°~12°)地层钻井,GST 工具常出现增斜、降斜问题,从而导致储层和钻遇率损失。随着更加先进的旋转导向钻井工具以及各种方位成像测量的出现,GST 退出了随钻地质导向的舞台。

第二节　GVR 地质导向技术的应用

一、基本解释原理

在方向性测量出现以后,电阻率成像地质导向在此基础之上也逐渐发展起来,它不仅可以提供上下、左右方向性测量,同时也可以提供全井眼的电阻率测量成像,这主要是通过工具的旋转实现的。工具带有一个纽扣状的电阻率测量点,当工具旋转一周后,就会获得全井眼的成像资料,为实时导向提供方向,通过专有的软件可以在成像上拾取地层倾角,从而为导向过程中地层倾角的判断提供了有力的依据。

geoVISION(GVR)侧向电阻率工具可以为随钻地质导向提供以下帮助:(1)侧向测井电阻率包括近钻头、环形电极以及 3 个方位聚焦纽扣电极;(2)高分辨率侧向测井减小了邻层的影响;(3)应用于高导电性钻井液环境;(4)钻头电阻率提供实时下套管和取心点的选择;(5)三个方位纽扣电极提供实时下套管和取心点的选择;(6)实时图像被传输到地面可识别构造倾角和裂缝,以更好地进行地质导向;(7)实时方位性伽马测量。

在薄储层开发中,通过 GVR 的实时方向性测井数据,结合钻前地质背景预测和钻进中实时局部构造和倾角变化分析,在钻井过程中通过井眼轨迹穿过地层界面位置的方向性测量和成像来判断轨迹和地层之间的关系及计算地层视倾角从而指导决策,最大限度地降低储层水平段的无效进尺,提高钻遇率,减少侧钻,在地层倾角不断变化、局部构造不确定的情况下,更好地保证水平井按最优的目标钻进。

由于 GVR 的电阻率成像有三个不同的探测深度,通过计算可以得到成像上显示出来的钻井液入侵情况,因此它也可以指示储层渗透性(图 1 – 32)。

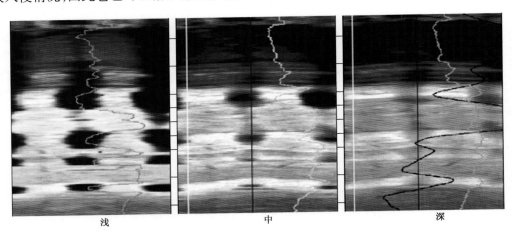

浅　　　　　　　　　　中　　　　　　　　　　深

图 1 – 32　GVR 不同探测深度电阻率成像反映地层不同渗透率

二、应用实例分析

随着国内各油田开发逐渐进入后期,简单、整装的油藏愈来愈少,复杂、特殊油气藏逐渐增多,辽河油田同样面临着上述挑战。为了解决油田开发中的难题,辽河油田在一些复杂区块选择了部分传统地质导向技术难以实现的水平井,应用先进的随钻成像地质导向技术,有针对性地解决了水平井地质导向的技术难题。

辽河油田勘探开发一体化油藏水平井存在的主要挑战包括:(1)缺乏控制井,地层倾角存在较大不确定性;(2)靠近断层,构造不确定;(3)油层中泥岩隔夹层不稳定分布,且存在横向变化;(4)岩石孔隙度、渗透率条件好,可钻性强,存在自然降斜风险;(5)夹层较多,对随钻测井仪器测量曲线有较大影响,对地质导向师判断轨迹与地层相对位置会造成假相,存在决策风险。

针对以上特点和风险以及区块储层的分析、研究,提出了如下解决方案:(1)使用实时高清晰成像工具,其成像数据可以用来拾取地层倾角,帮助实时理解地层构造;(2)方向性测量可以帮助判别邻近薄层的影响;(3)需要近钻头井斜测量帮助控制轨迹;(4)地质导向师与当地地质专家的密切交流与合作是水平井成功的重要保障。

从技术应用的油藏角度看,随钻水平井成像地质导向技术是辽河油田水平井钻井最有针对性的导向技术,其应用主要体现在三种油藏类型中:控制程度较低的勘探开发一体化油藏,薄层稀油油藏,薄层稠油油藏。

1. 控制程度较低的勘探开发一体化油藏

图1－33是典型的控制程度低的勘探开发一体化薄层边缘区块油藏的实例,层厚0.5～1m,薄互层间互,要求尽最大可能保持轨迹在油层中。通过成像地质导向成功识别储层,并控制井眼轨迹于有效目的层内,解决了控制程度低储层中构造、薄层、夹层发育等挑战,通过成像拾取的地层倾角在导向过程中起到了决定性作用。

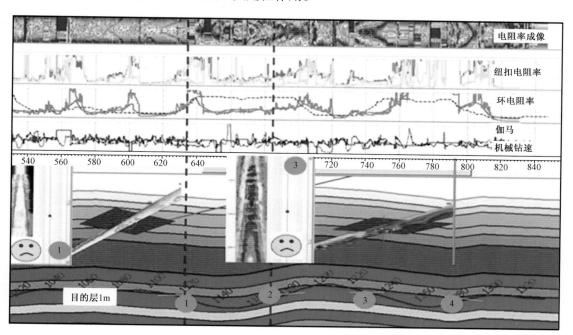

图1－33　辽河油田成像地质导向模型图

最终结果为水平段共380m,其中钻遇目的层347m,目的层钻遇率为91.3%,满足了水平井地质目标。

从图1-33可以清晰地看到,GVR工具的电阻率成像在导向过程中提供了重要依据,三维显示轨迹与地层的相对位置,形象地理解地质构造,指导实时导向并加深了对区块地质的认识,代表性的油藏区块为W38井区。

1)地质概况

辽河油田W38-DH273井部署目的层顶部构造为南倾单斜构造,地层倾角1.1°,储层物性较好,为中高孔隙度、高渗透率储层,油藏埋深1250.7~1263.6m,平均油层厚度6m,属层状边水油藏。

2)地质导向设计及建模

W38-DH273井设计垂深1256m,水平段长度380m,目的层厚度3~8m,水平段中部厚度和储层物性变化大,中部储层电阻率降低,水平段后半部地层物性变差,要求电阻率保持在30~50Ω·m,伽马保持在60~80API,由于地层的可钻性特点对造斜率有较高的要求,本井要求采用Power Drive Xceed旋转导向工具。

从地质导向预测模型(图1-34)可见,当井眼轨迹位于目的层内时,目的层高电阻率的特征明显,而井眼轨迹下切、上切地层的时候,模拟侧向电阻率成像也表现出相应的特征,清晰地分辨出轨迹的变化,为水平井着陆、水平段钻进提供方向性。

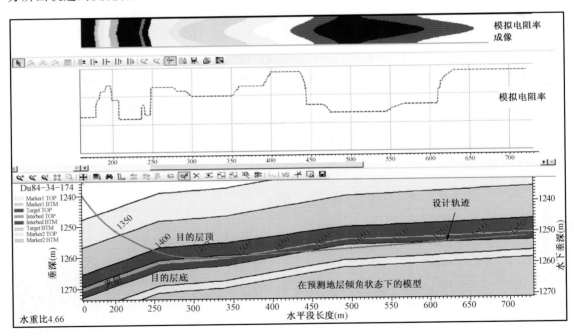

图1-34 W38-DH273井钻前预测模型

3)实施结果

W38-DH273井完钻井深1729m,水平段长331m,油层钻遇率88.8%(图1-35)。本井采用 Power Drive Xceed 工具,虽然部署区域储层致密,但是旋转导向钻进时钻速快,该井钻井周期仅 8d,创辽河油田水平井钻井周期最短纪录。

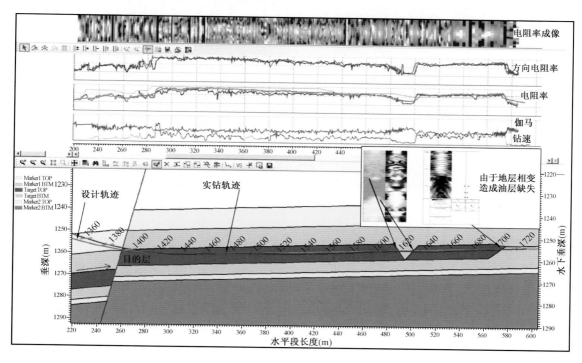

图 1-35　W38-DH273 井地质导向完钻模型

4)认识与总结

Power Drive Xceed 旋转导向工具适用于胶结致密地层,并且因所有部件都随着钻具一起旋转,能更好地携带岩屑、清洁井眼、减少井眼垮塌和卡钻风险、提高井眼质量、缩短钻井周期,同时有助于提高测井数据质量,精确控制轨迹,提高油层钻遇率。

Power Drive Xceed 旋转导向工具的推广应用大大缩短了钻井周期,降低了钻井风险,减少了钻井成本,有利于水平井的规模推广。

Power Drive Xceed 旋转导向工具造斜率在长井段、疏松地层中容易受到一定影响,需要进一步分析原因并完善。

2. 薄层稀油油藏水平井地质导向实例

成像地质导向应用比较广泛的第二种油藏类型是薄层稀油油藏,主要位于辽河油田的曙光区块,如曙 3-H302 井、曙 3-H201 井等,其钻井目的为利用水平井技术提高杜家台油层开发效果。

主要挑战表现在油层发育程度受构造及岩性的控制和影响,部署区域有油层变差的风险,储层薄且夹层很发育,钻遇夹层的风险很大。

其中地质导向模型图(图 1-36)显示,在随钻地质导向井眼轨迹优化过程中,通过成像可以识别轨迹的上切、下切以及水平钻进,将井眼轨迹布于目的层内较为有利的储层段位置。从图 1-36 的成像上看,显示的轨迹相对于储层的变化明显。

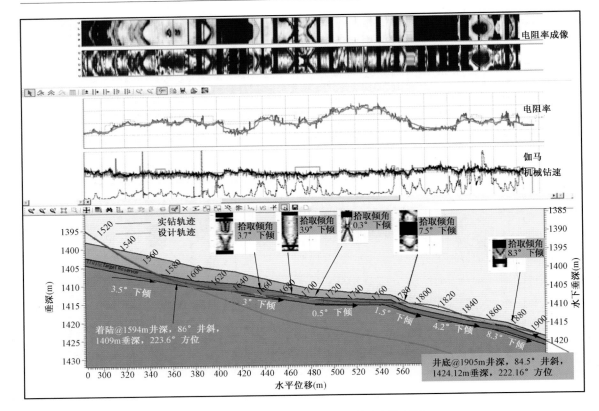

图 1 - 36　曙 3 - H201 井随钻地质导向模型图

实钻结果:曙 3 - H302 井水平段长度 517m,钻遇率 96% ,日产 14t;曙 3 - H201 井水平段长度 368m,钻遇率 81% ,同样实现了 14t/d 的初期产能。相比邻井产量有了大幅度的提高。下面简要介绍典型区块中的某些典型井导向情况。

1)S22 区块水平井导向实例

(1)地质概况。

辽河油田 S22 块构造形态为北西向南东倾斜的单斜构造,地层倾角 9° ~ 14°,储层物性较好,属高孔隙度、中渗透率储层,油藏埋深 850 ~ 1250m,油藏类型为岩性—构造油藏。

(2)地质导向设计及建模。

S4 - H108 井设计垂深 1008m,水平段长度 450m,目的层平均厚度 3.6m,采用 GVR + ZINC + 短马达随钻地质导向仪器组合,确保较高的油层钻遇率。

地质导向预测模型同样显示高阻目的油层特征,相应的侧向电阻率成像对轨迹相对地层的下切、上切也均有明显特征响应,为地质导向提供了方向性。

(3)实施过程及结果。

通过成像地质导向技术应用,S4 - H108 完钻井深 1582m,水平段长度 410m,油层钻遇率 87.6% 。

(4)认识与总结。

① ZINC 近钻头动态测斜数据在稀油薄层水平井地质导向中能够为井斜的及时、准确调

整提供较好依据。

②　对于目的层薄、倾角变化快、控制程度低的区域,利用 GVR + ZINC + 短马达仪器组合能够有效判断实钻过程中地层的变化,并及时作出调整,提高储层钻遇率。

2)J61 - 25 井区水平井地质导向实例

(1)地质概况。

辽河油田 J61 - 25 井区为一单斜构造,总体形态北东高、西南低,储层物性较好,属中孔隙度、中渗透率储层,油藏埋深 1500 ~ 2220m,为构造—岩性油藏,原始油水界面 - 2220m。

(2)地质导向设计及建模。

J59 - H27 井设计井深 1986m,水平段长度 327.5m,目的层砂体平均厚度 2.5m,其砂体及储层物性平面展布特征如图 1 - 37 所示,水平井设计主要位于目的层储层厚度较大、物性较好的部分,同时在地震剖面上相位显示构造比较稳定的区域(图 1 - 38)。

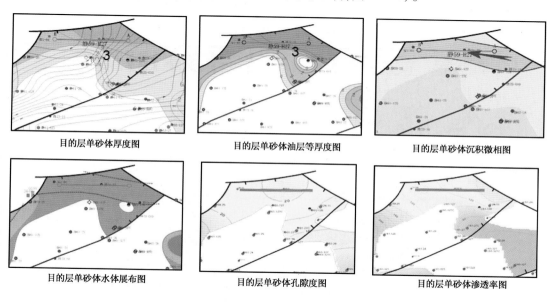

目的层单砂体厚度图　　目的层单砂体油层等厚度图　　目的层单砂体沉积微相图

目的层单砂体水体展布图　　目的层单砂体孔隙度图　　目的层单砂体渗透率图

图 1 - 37　J59 - H27 井部署图

结合钻井地质导向目标要求,本井有针对性地采用 GVR + ZINC + 短马达随钻地质导向仪器组合。

(3)实施过程及结果。

J59 - H27 井完钻井深 2333m,水平段长 253m,钻遇油层、低产油层 197m,钻遇率 77.8%(图 1 - 39)。

(4)取得认识。

①　地质导向、设计人员现场跟踪与 GVR + ZINC + 短马达仪器组合的应用是薄层水平井成功的保障。

②　部署区域井间地层并非同一产状,设计无法准确预测薄层产状,GVR + ZINC + 短马达仪器组合能够实时跟踪钻头附近地层电阻率、地层伽马值,实时反映地层产状、岩性变化,及时指导水平井调整。

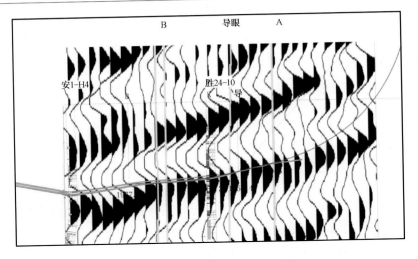

图 1 - 38　过 J59 - H47 井地震剖面

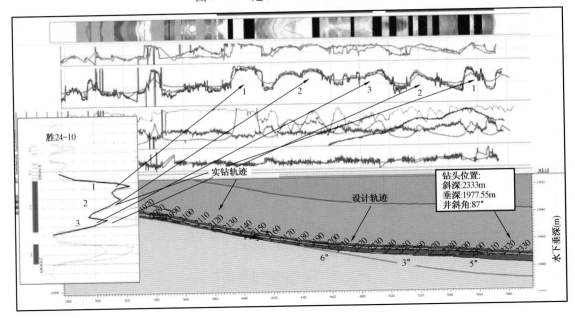

图 1 - 39　辽河油田 J59 - H27 井地质模型及随钻跟踪示意图

③ J59 - H27 井钻进后期,由于托压原因,GVR + ZINC + 短马达仪器组合无法正常钻进,因此改用 Power Drive Xceed 旋转导向仪器,实现了该井的顺利完钻。

侧向电阻率成像 GVR 和近钻头井斜 ZINC 应用到辽河油田地质导向中取得成功。此外,指向式旋转导向钻井系统 Power Drive Xceed 不仅在可钻性差的地层钻井中提高了钻井效率,降低了钻井风险,其连续的旋转性及近钻头的测量也为水平井地质导向提供了较大的帮助。

3. 薄层稠油油藏水平井地质导向

侧向电阻率成像地质导向典型应用于薄层稠油油藏杜 84 块和 Xh27 块,杜 84 块水平井具有下列特点。

（1）井型：水平开发油井。

（2）构造：倾向南东单斜，地层倾角为 1°～3°，岩性—构造油藏。

（3）流体类型：超稠油。

（4）目的层：兴Ⅲ。

（5）补心高：4.8m，井眼 8.5in 水平段。

（6）钻井液：水基钻井液。

（7）导向目标：控制优化井眼轨迹于目的稠油层内下部，便于热采。

（8）目的油层薄，非常窄的导向窗口，上倾地层易擦底；轨迹控制难。

（9）由于防碰井多，扭方位防碰的过程与垂深调整难免有矛盾。

通过成像地质导向可以充分控制水平井眼轨迹于目的稠油层下部位置（图 1-40），并根据成像显示的地层倾角适当浮动，避免出层。本井水平段长度 302m，钻遇率 97%；同时依据成像显示实时调整轨迹，确保轨迹位于目的稠油层底部的高阻层中，有利于稠油注蒸汽热采。

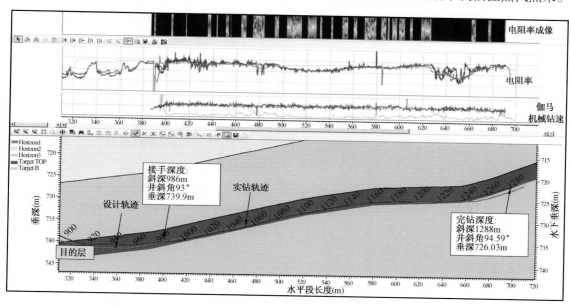

图 1-40　杜 84 块典型水平井地质导向图

Xh27 块油藏具有与杜 84 块相似的特点。

1）地质概况

辽河油田 Xh27 块为一短轴背斜构造，构造较平缓，地层倾角 1°～2°。储层物性好，属高孔隙度、高渗透率储层，油层平均厚度 20.3m，为块状边底水稠油油藏，油水界面 -1412m，底水活跃。直井开采 15 年，到 2004 年，区块日产油 37t，采油速度仅为 0.26%，综合含水93.4%，采出程度 12.2%，濒临废弃。

2）地质导向设计及建模

鉴于该区块目标储层构造明确、厚度较厚和井控程度较高，地质导向主要目的就是保持水平段轨迹远离油水界面，延长单井生产寿命。经分析决定应用 GVR* + ZINC* + 短马达随钻地质导向仪器组合,该组合可以利用 GVR 成像资料确定储层在空间上变化,又可利用 ZINC* + 短马达近钻头测量优势快速调整轨迹,下面以 Xh27 - H52 井为例说明。Xh27 - H52 井设计垂深 1396m,水平段长度 300m,目的层平均厚度 9.1m,应用 GVR + ZINC + 短马达随钻地质导向仪器组合,由于油藏底水活跃,实施过程中需尽量避开底水,因此要求轨迹控制在距油顶 2m 左右,电阻率保持在 20~30Ω·m,并确保较高的油层钻遇率。Xh27 - H52 井实时地质导向模型图见图 1 - 41。

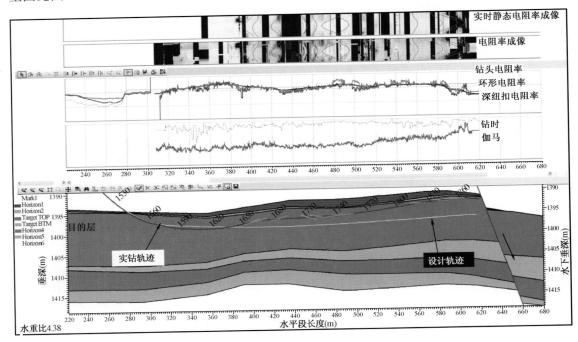

图 1 - 41   Xh27 - H52 井实时地质导向模型图

3)实施结果

新海 27 区块方案整体部署水平井 33 口,其中应用斯伦贝谢公司随钻地质导向实施 16 口,轨迹距油层顶界控制在 2m 以内,实施的 16 口井油层钻遇率均达到 100%,而常规 LWD 的 17 口井平均钻遇率为 94.3%,投产后平均单井初期产油 17.9t/d,较常规水平井增加 5.7t/d。区块投产后日产油由二次开发前的 32t 最高上升到 360t,采油速度提高到 1.36%,油井产量、采油速度增加了 10 倍,采收率翻了一番,使得频临废弃的老油藏重新焕发了青春,为二次开发示范区块的成功起到了重要的作用。

4)认识与总结

(1)GVR + ZINC + 短马达随钻地质导向仪器组合能够实时对轨迹调整提供指导,提高了轨迹控制精度,降低了钻井风险,保证了油层钻遇率。

(2)GVR + ZINC + 短马达仪器组合能有效应用于薄层油藏、复杂产状油藏、底水油藏,满足油藏对水平井井眼轨迹控制的高精度要求。

(3)GVR + ZINC + 短马达仪器组合不能全程旋转,定向钻进时摩阻大,导致钻时较长,容易误导现场地质技术人员对储层的判断,同时滑动钻进时存在卡钻风险,因此建议在重点复杂井中选择使用旋转导向系统。

2007—2009 年,辽河油田在 60 多口水平井应用斯伦贝谢近钻头地质导向技术,成功实现了钻井技术上的突破:

(1)薄层油藏井眼轨迹控制优化、精确地质导向、提高油层钻遇率和采收率技术。

(2)薄油藏水平井钻井技术,在控制井很少的情况下的区块钻成一批厚度仅为 0.5m 的薄油层水平井,轨迹控制精确,油层钻遇率达 90% 以上。

GVR 随钻测井工具在控制程度低的勘探开发一体化薄层边缘区块油藏,尤其是薄层油藏中地质导向钻进,准确实现了地质目标;保证了钻遇率的最大化和钻井的最优化;通过精确定位,产量增长了几倍甚至几十倍,降低了含水率,整体提高了经济效益。

第三节　ImPulse 地质导向技术应用

一、基本解释原理

方向性测量引入地质导向可以说是具有重要历史意义的事件,因为早期的地质导向一直是根据参考井资料结合岩屑录井、随钻测井进行对比指导下一步钻进。后来这种方法通过与钻具在井眼中的旋转相结合发展到了更完备的侧向电阻率成像测井。但这些均局限于较大的井眼(8.5in)钻井中,虽然早期的 GST 具备小井眼钻井地质导向的功能,但是由于其不稳定的方向性测量值和在一些可钻性差地层中钻速低,也逐渐被淘汰。ImPulse 是后来为填补小井眼钻井地质导向的空白而研发的,首次将伽马、电阻率测井同数据传输结合起来,同时提供可靠的方向性伽马测井,兼具简易性、灵活性、多参数等特点,为地质导向提供了有力的判断参数。

ImPulse 工具是具有井眼补偿功能的阵列电磁波传播电阻率工具。ImPulse 工具可以提供随钻测量方向性自然伽马和 10 条不同探测深度的电阻率曲线,同时兼备传输实时数据的功能,适合于 5.75 ~ 6.75in 的小井眼作业。

二、多分支水平井应用实例

小井眼水平井地质导向主要集中在煤层气的多分支水平井导向作业,实际运用方法和效果在地质导向过程中与常规油气水平井基本相同,下面主要以非常规油气藏(煤层气)水平井地质导向作业为例予以阐述。

1. 地质概况

与常规油气藏不同,煤层气藏是指富存在煤层中的以吸附状态为主的气藏,它要求具有稳定的煤层厚度、稳定的构造条件及其适合的水文地质环境。目前的煤层气多分支水平井主要位于山西省境内的沁水盆地,该盆地是我国最大的向斜构造盆地,同时也是我国最大的石炭纪至二叠纪整装煤层气盆地,构造较为稳定,盆地内大型断层不发育,局部发育有小型正断层。

2. 水平井地质导向方案分析

由于目前煤层气多分支水平井的施工,大多采用水基钻井液或清水钻进,因此,理论上讲,大部分地质导向工具均可被使用,甚至具有探边功能的 PeriScope 更是理想的工具。但从煤层气施工的现实考虑,即高角度、高速钻进和低成本要求,以及工具和采矿的安全性出发,具有多功能探边优势的 PeriScope、具有成像功能的 GVR、ARC 系列工具以及能够确定和探测煤层物理性质的放射性工具 ADN 目前都不是近期煤层气市场的选择。

因此,基于煤层气市场及多分支水平井地质导向的需要,对随钻测井工具的要求,一是能够提供能测量煤层及其围岩的电阻率曲线和伽马曲线,二是能够提供预测地层钻进趋势的方位伽马曲线。从上述两点要求来看,ImPulse 工具能够满足这些要求,该工具能够提供不同测深的电阻率曲线、平均自然伽马曲线以及方位伽马曲线。此外,该工具能够承受的最大狗腿度,在旋转钻进时可达 15°/30m,在滑动钻进时可达 30°/30m,满足了高地层倾角变化带来的高狗腿度的施工要求。

此外,ImPulse 工具与功率强劲的 PowerPak 马达组合(图 1 – 42),可提供较短的偏移距,即数据采集记录点距离钻头较近,如电阻率偏移距在 10.2m 左右,伽马偏移距在 12.3m 左右,连斜偏移距在 11.8m 左右,有利于地质导向工作。

ImPulse   Power Pak 马达

图 1 – 42　ImPulse 井下工具组合图

3. 水平井地质导向实施过程

煤层气多分支水平井的地质导向方法可以概括为如下几点:

(1)钻前的准备工作,这一点很重要,充分收集待钻井所在地的区域性地质、物探、水文等资料,特别是收集邻井的钻探资料,并对所有资料进行分析和研究。

根据邻近的注气直井资料和待钻井钻探方案,做好钻前地质导向模型,特别是对目的煤层要做详细的小层划分,划分出较纯的煤层段、软煤段及众多的夹层,对相应小层的电性特征做好详细描述,同时对目的煤层上下围岩的电性特点也要做相应的描述,做好钻前准备资料,参加钻前会议并展示初步地质导向方案。

(2)地质导向的实施阶段,在钻进过程中,根据上传的随钻测井和测斜数据,对模型做到及时更新,确定钻头的位置,并预测和计算出地层倾角,根据地层倾角的变化,对钻井眼轨迹做出相应的调整,在地质导向过程中,始终保持与现场地质师的联系。

由于煤层既是生气源岩又是储集岩,为特低孔隙度、特低渗透率的双孔隙储层,具有抗张强度小、杨氏模量低、体积压缩系数大的特点,工程上表现为易碎易坍塌的特征,因此,在导向过程中,与现场定向井工程师做好配合,尽量避免长距离地滑动钻井,以减少煤层坍塌埋钻的风险,尽可能地实施复合钻进以提高机械钻速。

以沁水盆地南部某井为例,如图 1 – 43 所示。该井的地质导向任务是:第一,在与注气直井连通之后,钻两个主井眼及在两个主井眼外侧钻 8 个分支井眼;第二,设计井深 4900m,煤层钻遇率大于 80%。

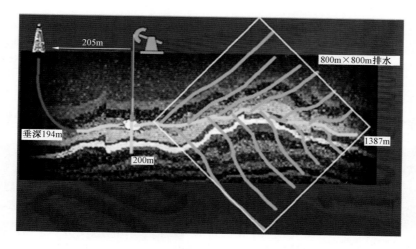

图 1 - 43 煤层气多分支水平井钻井示意图

4. 导向结果与认识

该井钻井实施采用的工具串为随钻测量短节 + ImPulse + PowerPak 马达组合,地质导向采用的参数有深浅电阻率、伽马、方位伽马、钻时及连续井斜等,钻进过程中进行了精细的地质导向工作,钻遇最大地层倾角为 10°,断层 1 条。

对该井实施地质导向后的钻井成果为:完成了两个主井眼和 8 个侧钻分支井眼的钻井(图 1 - 44 ~ 图 1 - 47),水平井段总进尺达到 5173m,煤层钻遇率达到 96.7% ,历时仅 12d。

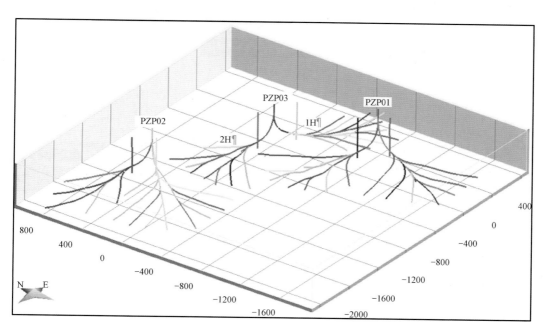

图 1 - 44 井组实际钻井眼轨迹三维图

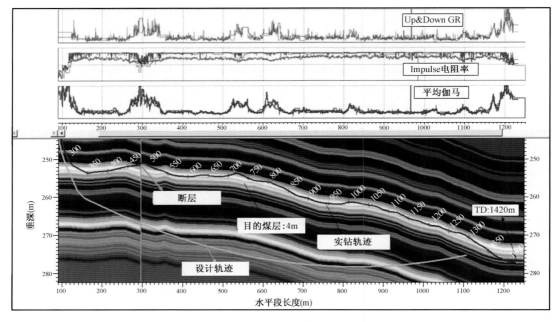

图 1-45　主井眼地质导向模型图

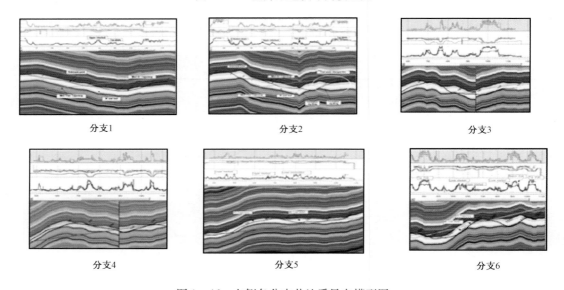

图 1-46　左侧各分支井地质导向模型图

　　该井在随后的近 11 个月的排采过程中,煤层气产量急剧增大,并于 2007 年 9 月 16 日达到峰值,日产气 105133.4m³,日产水 44m³,套管压力 0.75MPa,见图 1-48。

　　地质导向在煤层气勘探开发领域起着十分重要的作用,尤其在多分支水平井的成功应用,解决了煤层气水平井煤层钻遇率低的问题,并建立了一套适合中国煤层气地质的多分支水平井工具组合系列,创建了一套适合中国煤层气水平井的地质导向工作方法和工作程序,组建了一支技术娴熟的煤层气地质导向队伍。据统计,在 2004—2008 年,斯伦贝谢公司共承担约 35

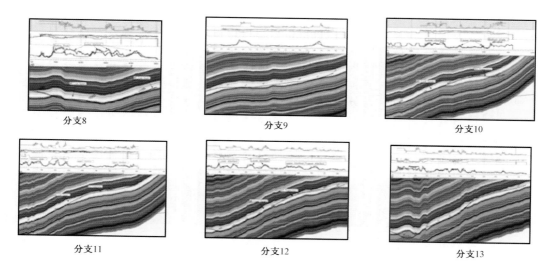

图 1－47　右侧各分支井地质导向模型图

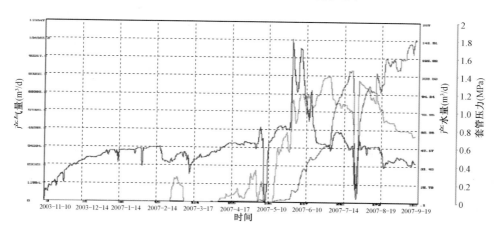

图 1－48　分支井生产曲线图

口多分支水平井的地质导向工作,占该时期中国煤层气市场的 60% 以上,仅在沁水盆地南部煤层气田,斯伦贝谢公司施工已达 32 口,总进尺 155254m,煤层钻遇率平均 92%,最高达 98%（表1－1和图1－49）。

表 1－1　沁水盆地煤层钻遇率统计

地区	井数（口）	总进尺（m）	钻遇煤层（m）	煤层钻遇率（%）	
				平均	最大
沁水盆地	32	155254	142834	92	98

ImPulse 作为简易、灵活的随钻测井、测量工具,在其他油田很多小井眼（6in 井眼）随钻测井地质导向中得到了广泛的应用,通过测量的电阻率、伽马值确定井眼轨迹在储层中的位置,方向性伽马判断轨迹的上切、下切,为实时地质导向提供方向性,均取得了非常好的效果。

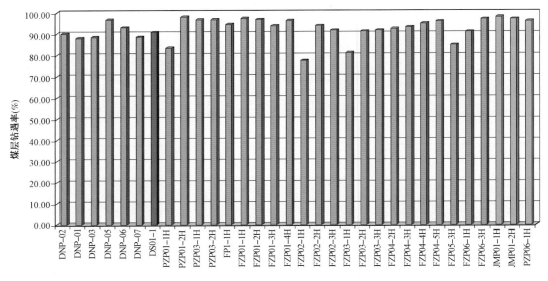

图 1 - 49　沁水盆地 32 口多分支水平井煤层钻遇率统计图

第四节　PeriScope 地质导向技术应用

如果传统地质导向的主要目的是解决钻井过程中的轨迹优化问题,边界探测技术则可以充分地将油藏问题和钻井实现紧密结合,最大限度地实现油藏地质导向的目标。PeriScope 储层边界探测技术是最新一项具有突破性的地质导向技术,摆脱了传统意义上地质导向的探测深度和方向性问题,具有更深的探测深度和更明确的储层/非储层指向性,并通过反演成图实现油藏边界实时可视化三维地质导向。此技术完全不同于以往的方向性和成像地质导向。

一、基本解释原理

PeriScope 是一个探测深度较深并具有方向性测量的随钻电磁感应测井工具,应用实时导向软件,通过对测量参数的反演,能够估算出工具到地层边界的距离和地层边界的延伸方向(图 1 - 50)。在钻具组合中,该工具位于离钻头 10 ~ 12m 的位置,在储层电阻率和非储层电阻率差异足够大的情况下能够识别出工具上下 4 ~ 5m 范围内的电阻率和电导率变化边界。PeriScope 曲线的形态特征取决于工具到地层边界的距离,以及地层边界的延伸趋势和地层边界处电导率的变化。在电阻率变化比较明显的地方,PeriScope 通过实时地质导向软件反演能够获得:(1)上、下地层边界到工具的距离;(2)地层边界的延伸方向;(3)工具所在地层的电阻率;(4)上、下地层的电阻率。

图 1 - 50　PeriScope 工具示意图

当 PeriScope 工具从电阻率较低的地层钻入电阻率较高的地层时,PeriScope 方向曲线呈正信号,反之呈负信号。如果在工具探测的范围内没有明显的电阻率变化,那么 PeriScope 方向曲线为0。该工具电阻率的测量与传统的 ARC 电阻率测量方法类似,但是其方向性却非常明确(图1-51)。方向性测量和电阻率的测量被用于反演计算工具到地层边界的距离和地层的延伸方向,并且可以实现边界成图(图1-52),直观获得井眼轨迹相对目的层边界的位置,为实时地质导向提供可靠的依据。

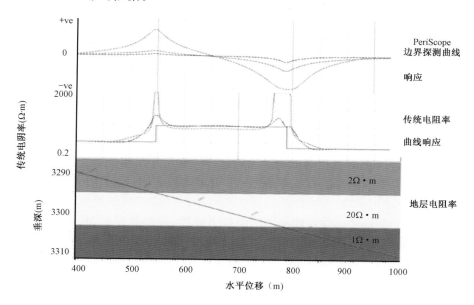

图1-51　PeriScope 边界探测曲线与传统电阻率曲线响应对比

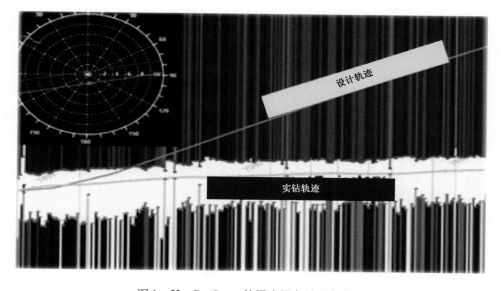

图1-52　PeriScope 储层边界实时反演结果

二、边界探测技术应用实例

以新疆油田的水平井地质导向作业为例介绍实际运用方法和效果。

PeriScope 地质导向仪器分别在新疆油田控制程度低、薄层稠油油藏和地质条件复杂的区块进行了应用。针对新疆油田陆梁区块稀油油藏薄层、边底水不确定等特点,在短期的试验井成功之后,进行了大规模的应用,取得了很好的效果。

1. 新疆油田稠油油藏应用实例

1)地质概况

新疆克拉玛依油田某区块蕴藏着丰富的稠油资源,该区块是在地史演化过程中,区域内早期形成的同源油藏遭到破坏,油气运移至克—乌断裂带上盘推覆体及地层尖灭带,经地层水洗氧化和生物降解作用而形成的边缘氧化型稠油油藏。其分布面积广,埋藏浅;岩性单一,储层物性好,储层非均质性严重;原始地层压力低、温度低、溶气量少。原油具有胶质含量高、酸值高、原油密度高和含蜡量低、含硫量低、原油凝固点低、沥青质含量低的特点。原油黏度(20℃时地面脱气油黏度)为(2000~5)×10⁵mPa·s,其中91—94区的原油黏度在2×10^4mPa·s以下。

20世纪80年代中期,对克拉玛依稠油油藏进行注蒸汽开发和试验,已形成了一定生产规模。蒸汽吞吐是开采稠油油藏的有效方法之一。开发实践表明:地质、技术和组织管理等众多因素影响、制约储量动用程度、吞吐效果及经济效益,与原油黏度、油层厚度、合理注汽参数等也有密切关系。不同周期产油量均随黏度增加显著降低;原油黏度高,开采难度增大,周期注汽量相应加大;油层厚度大,周期注汽量也相应增大,随着油层厚度变薄,开采效果变差。根据克拉玛依稠油油藏蒸汽吞吐筛选标准,对于油藏埋深小于600m、地层温度下脱气油黏度小于2×10^4mPa·s、有效厚度大于5.0m、油层系数大于0.5、孔隙度大于25%、含油饱和度大于50%的稠油油藏,技术和经济风险性较小,增产效果明显。反之,则技术和经济风险较大,增产效果不明显。

近几年来,由于油田的地面环境恶劣,薄层稠油油藏的储量所占比例较大等原因,造成油田开发较慢,油井产量递减快,常规手段开发薄层稠油油藏陷入困境。因此,改善低产井的开发效果、挖掘其生产潜力、有效地开发薄层稠油油藏是克拉玛依油田亟待解决的问题。

2)水平井技术论证

水平井钻井技术的发展为该类油藏开发提供了一条新途径。通过前期少量水平井的实验,发现水平井与周围直井相比,水平井注汽量是直井的2.4倍,累计产油、平均日产油和油汽比分别是直井的2.9倍、5.1倍和1.2倍,含水是直井的70%,表现出水平井开发稠油的优势。

稠油在注蒸汽开发中容易产生蒸汽超覆,且上下隔层损失的热量较大,水平段在油层中的位置对注蒸汽开发的影响较大。通过模拟,研究了水平段在油层中的位置对开发效果的影响。从累积产油、油汽比、体积波及系数和油层热效率等四个方面看,无底水油藏水平段位于距油层顶部2/3处效果最好,有底水油藏水平段位于距油层顶部1/2~1/3处为好,见图1—53。

针对以上稠油油藏开发的具体要求,推出了PeriScope储层边界探测仪用于探测薄层稠油下边界,以精确控制井眼轨迹,并确保在储层中的位置。

在实时地质导向钻进过程中,主要采用以下方法确保钻成平滑的轨迹和精确定位轨迹在储层中的相对位置:(1)利用方向性测量来判断轨迹相对于储层的上切或下切,从而对轨迹进行及时调整;(2)利用PeriScope的可视化边界探测技术,结合方向性测井曲线特征来精确控制轨迹,将轨迹放置于距底边界1/3的范围内。

2007年,新疆油田利用PeriScope进行了9口稠油油藏水平井的地质导向,成功实现了钻

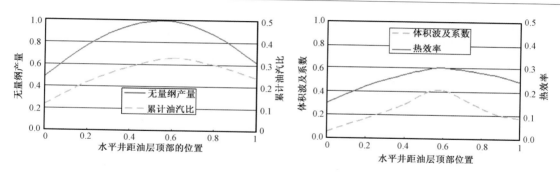

图 1-53　水平井在油层中的位置对开发效果的影响

井技术上的新突破,主要表现在:稠油油藏井眼轨迹优化、精确地质导向、提高采收率技术的提高;薄油藏水平井钻井技术的提高。

3)控制程度低稠油油藏地质导向实例

六东区克下组油藏构造形态为北部被断裂切割的半个隆起,向东南和西南方向倾斜,两翼不对称,西南翼相对平缓,倾角为2°~5°;东南翼较陡,倾角为10°~20°(图1-54)。该油藏基

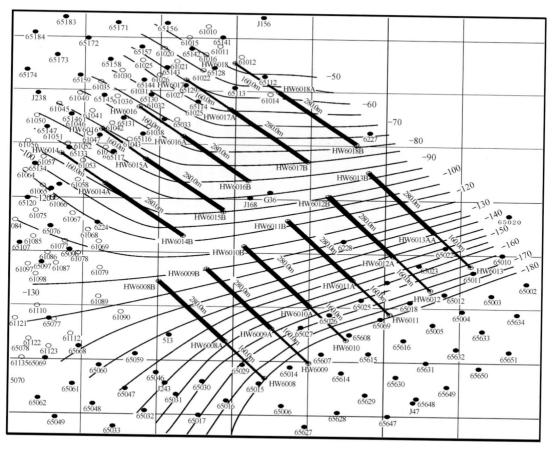

图 1-54　六东区克下组油藏顶面构造图

本上为受构造控制的油藏,但由于储层分布受洪积扇扇顶、扇中各微相的控制,所以也发育一些构造背景上的岩性油藏。该区域地面有一部分为鱼塘,常规直井无法开发,只能实施水平井开发,以提高油藏的动用程度。但鱼塘中无井点,砂体控制程度较差,水平井实施风险较大。为降低风险、提高油层钻遇率,在鱼塘占用区域的 HW6009 水平井使用 PeriScope 储层边界探测仪。

HW6009 水平井从水平段井深 587m 处开始使用 PeriScope 储层边界探测仪,在 671m 时,反演显示地层倾角由 6°突变至 20°,这时井眼轨迹不可避免地进入泥岩,后通过连续增斜,于 696.5m 左右重新进入油层,这样造成该井只有 90.4% 的油层钻遇率(图 1-55)。后来斯伦贝谢公司开发了近钻头传感器,较好地解决了该问题。

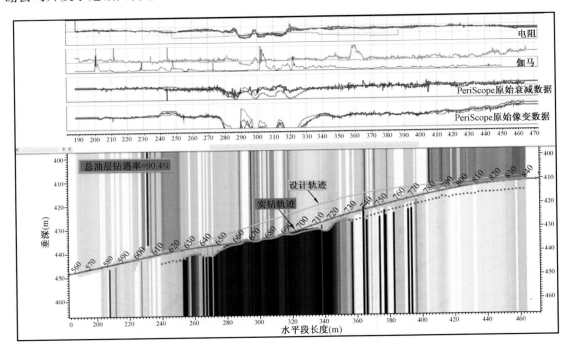

图 1-55　六东区 HW6009 水平井实钻与设计井眼轨迹对比图

4)薄层稠油油藏地质导向实例

一般来说,稠油油藏的边部油层厚度越薄,开发效益越差,如何动用薄层稠油资源是目前油田面临的主要难题。例如,克拉玛依油田九 9 区八道湾组油藏,油层厚度大于 5m 的区域已上报储量并已开发,但外围薄油层区域 J_1b_5 砂层组砂体分布稳定、油层落实。为落实外围区域(油层厚度小于 5m)的油藏产能、上报新增储量、提高油层的动用程度,部署了 HW9910 水平井。该水平井周围直井较少,控制程度低,油层较薄小于 5m。井眼轨迹设计要求在离油层底部 1.3~1.6m 储层中钻进 401.45m。

以 9 区的 HW9910 水平井为例,这是典型的薄层稠油油藏,层厚 2.0~5m,按照地质要求,全井段置于距油层底 0.5~1.5m 的下 1/3 处,油层钻遇率 100%(图 1-56)。

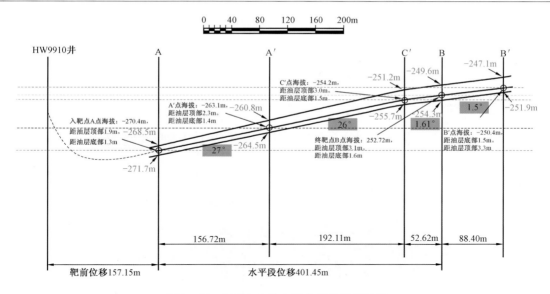

图 1 – 56　HW9910 井水平井段位置设计图

　　该井从井深 632m 处开始使用 PeriScope 储层边界探测仪,在 650m 处测取 PeriScope 数据,通过反演得出此井段地层倾角大约 2.5°上倾,在 690m 处井斜预测 95°,由于之前认识的地层倾角为 2.5°,所以进行滑动钻井把井斜降到 92°以下,以便能与地层倾角平行,同时发现地层局部有小变化,导向钻井把井斜缓慢增至 93°,在 736m 处,PeriScope 原始曲线开始看到一个底部边界,继续以 93°钻进。在 764m 处(PeriScope 测点为 754m)井眼轨迹靠近底界面,井底井斜由旋转钻井增至 96°。在 792m 处,PeriScope 反演反映井眼轨迹往上离开底边界大约 1m,要求降斜至 93°。在钻进至 840m 时,预计井底井斜大约增至 94°,PeriScope 反演显示井眼轨迹靠近底界面,由于旋转钻井能增斜,遂决定旋转钻进。地层倾角在大约 820m 时从 3.5°变缓为 2.5°,井眼轨迹从 840m 开始慢慢离开底边界。在 887m 处,PeriScope 原始曲线开始归零,表明底边界远离 PeriScope 探测深度(1.28m),要求把井斜降至 93°以抵消旋转钻井增斜的趋势。在 906m 时,发觉旋转钻井增斜趋势增大,井底井斜预计达到 95.5°,要求降斜至 93°。在 944.6m 处,反演显示地层倾角 2.5°,地质导向要求降斜至 92°以下;在 964m 处,井底井斜预计 92°,PeriScope 原始数据为小正值,表明井眼轨迹在 940~950m 与地层平行,角度为 92°~93°。在 983m 处,发现地层稍软,MWD 测得的井斜降至 91.72°,PeriScope 原始曲线有归零的迹象,估计地层倾角大约 2°上倾,继续旋转钻进。在 1001m 处,钻头井斜预计 92°,要求降斜到 92°以下以保证能在油层下部钻进,同样在 1010m 时,往下滑动钻井以达到 91°~92°,本井在 1031m 完钻。从 PeriScope 探测范围来分析,油层厚度 5m 左右。从实钻轨迹来看,与原设计差别较大,正是使用了 PeriScope 储层边界探测仪,使得在控制程度低、油层较薄的情况下油层钻遇率达到了 100%,且轨迹基本控制在油层底部 1.3~1.6m 的好储层(图 1 – 57)。该井投产后,日产油量为 18.2t,是周围邻近直井的 9 倍,取得了很好的评价和开发效果。

　　5)地质条件复杂稠油油藏导向实例

　　对于储层横向变化大、连续性差的油藏,PeriScope 储层边界探测仪还可以起到预测储层展布的作用。红浅 1 井区的克拉玛依组油藏油层纵向上分散,砂体展布非均质性强,把对部分

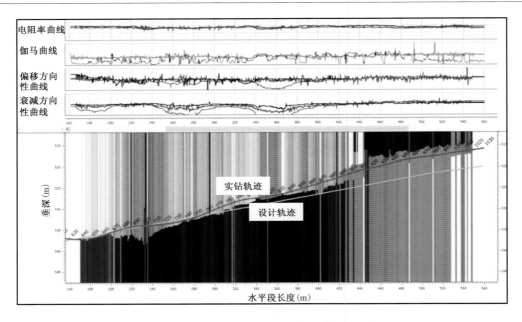

图 1-57　HW9910 水平井实钻与设计轨迹对比图

厚度相对较大、较连续的油层段能否利用水平井进行开发的问题摆在了该油藏开发方案编制的研究人员面前。

为了准确评价该油藏的水平井应用的可行性，在红浅克拉玛依组油藏部署了 HQHW003 水平井，该井在设计轨迹时认为发育有 3~4m 连续性较好的油层（图 1-58）。

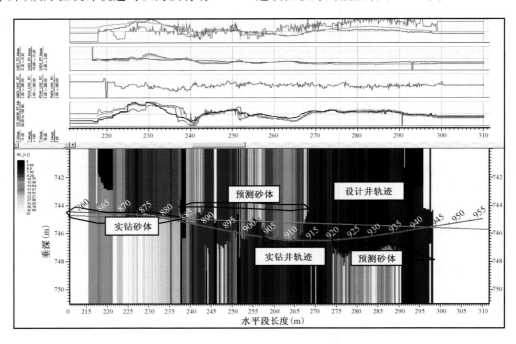

图 1-58　红浅井区 HQHW003 水平井实钻与设计轨迹对比图

该井从进入目的层井深860m处,开始使用PeriScope储层边界探测仪,88°井斜,要求稳斜88°旋转钻进(低于地层倾角),将轨迹布于油藏下部,进入油层5m后出现泥岩,方向曲线显示的是正极性(图1-59),反演图中表明目的层在下方。决定降斜1°,在875m重入目的层,由于钻头离顶只有0.2m,要求以低于地层倾角的87°井斜旋转钻进。885m后又钻遇到泥岩,方向性测量表示的是负值。决定旋转钻进30m观察方向曲线变化。岩屑显示仍为泥岩,并且方向曲线显示的是负值,决定增斜寻找目的层。全力增斜寻找上覆目的层,最大井斜93°,也未找到目的层。反而在反演图中显示下部地层存在高阻层。预测反演图中上覆和下伏均存在高阻层现象的原因是由于本地区属于河流相沉积,河流摆动频繁,原认为的连续砂体并不连续,该油藏不适于水平井开发,随后决定停止钻井。通过PeriScope储层边界探测仪在该水平井的运用,深化了对该油藏的认识。

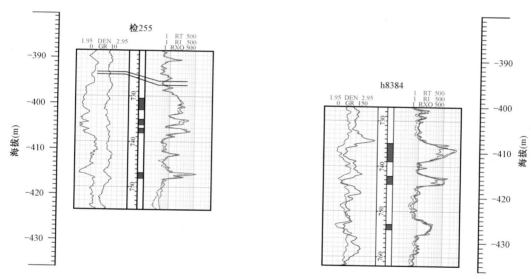

图1-59 红浅克拉玛依组油藏电性对比图

该井的钻进和地质导向的认识,得出了该油藏不适合水平井开发的结论,避免了决策失误,这也得到了研究人员的一致认可。

以上应用实例说明,针对不同油藏的性质和特点,选择适当的水平井地质导向技术是成功应用技术的前提。

6)认识与总结

以PeriScope可视化储层边界探测仪为主要地质导向工具,在薄储层稠油油藏中地质导向钻进,有助于准确实现地质目标;在地质条件复杂水平,得出了清晰准确的地质认识,有助于进行科学决策;实现了钻遇率的最大化和钻成了超浅井;通过精确定位,产能增长了6倍,降低了含水率,整体提高了经济效益。准噶尔盆地西北缘有丰富的稠油油藏,采用PeriScope可视化边界探测技术进行水平井地质导向可以为油田开发增产增效作出显著的贡献。

2. 新疆陆梁油田稀油油藏应用实例

PeriScope工具在边底水薄层稀油油藏的应用主要集中在新疆陆梁油田陆9井区的白垩

系呼图壁河组油藏,该油藏为典型的低幅度薄层边底水油藏,大多为薄层带边底水的小砂体,油层平均厚度仅3m左右,这类油藏若用直井开采,含水高,产量低,效益差。因此新疆油田公司从2006年开始开展水平井开发试验。在要求轨迹精确控制的地质需求下,先后对GVR和PeriScope等地质导向工具进行试验和评价,最终确定PeriScope工具对于低幅度薄层边底水油藏适用性最好,2008年开始规模应用。截至2010年底,陆梁油田陆9井区已应用PeriScope工具成功实施水平井98口。

1)地质概况

新疆陆梁油田陆9井区主要含油层系为侏罗系西山窑组、头屯河组和白垩系呼图壁河组,均为边底水油藏,2001年投入规模开发,两年建成百万吨级油田。

白垩系呼图壁河组油藏为典型的低幅度薄层边底水油藏,其主要具有下列地质特征。

(1)构造类型简单,为低幅度的背斜。

白垩系呼图壁河组油藏各层构造形态具有良好的继承性,大多为简单的近东西向短轴背斜构造,构造闭合度小,一般为8~12m。

(2)纵向上含油层系多,跨度大,油层层数多,单油层厚度薄。

白垩系呼图壁河组油藏在纵向上表现为大跨度、多层系含油特征,呼图壁河组可划分为12个砂层组,每个砂层组又至少具有两个含油层,个别井的油层数多达36个,油层之间的纵向跨度达800m,见图1-60。

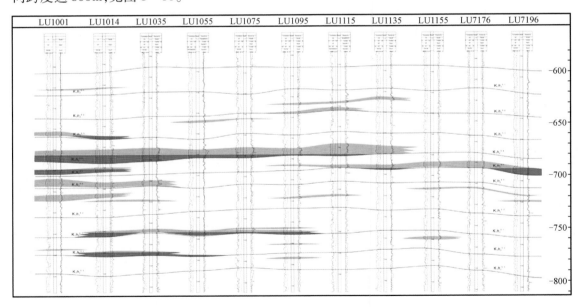

图1-60 陆9井区呼图壁河组油藏剖面图

各油层厚度较薄,一般小于5m,因此,除少数主力油层横向连片性较好以外,大部分油层分布面积小,平面连续性差。

(3)储层物性为高孔隙度、高渗透率储层。

呼图壁河组各含油层系均为砂岩储层,储层物性差异不大,均为高孔隙度、高渗透率储层。各砂层组油层平均孔隙度26.7%~29.9%,平均渗透率663.2~836.0mD。

（4）油水关系复杂，"一砂一藏"，多为边底水油藏。

白垩系呼图壁河组呈"一砂一藏"的特点，每一个砂层组实际为多个含油砂体的组合，而每个含油砂体均具有各自的压力系统和油水分布规律，无统一的油水界面。油藏类型为具有底水或边水的岩性构造或构造—岩性油藏。

2001年呼图壁河组油藏部署四套300m×424m反九点面积注水井网对主力油层进行开发，但大量的薄油层或小油砂体（尤其是底水型油藏）没有动用，实际储量动用程度仅有51.8%。随着油田含水逐步上升，2006年以后产量递减加快，如何提高储量动用程度，保持油田稳产成为迫切需要。

2）水平井开采机理分析

国内外的开采理论、技术与实践经验表明，一般对于普通底水油藏在天然能量比较充足的条件下，油井超临界产量开采必然出现底水锥进，直井底水上升速度较水平井快得多。因此薄层底水油藏如果用直井开采将很快水淹，开发效果差。陆9井区呼图壁河组底水油藏由于油层厚度薄、底水层较厚且分布范围大，直井一投产就底水锥进，如图1-61所示，基本没有临界产量存在，这类底水油藏直井开采基本没有低含水阶段，直接进入中高含水低产阶段，产量保持在1~5t/d。

薄层底水油藏水平井开采机理与直井比较类似，不同的是水锥沿水平段分布，形成了所谓的"水脊"，水脊体积明显大于直井水锥体积，如图1-62所示，使得水平井开采效果好于直井。薄层底水油藏水平井开采存在低含水稳产阶段、含水快速上升阶段和高含水低产阶段。总体上，水平井含水率、累计产油量曲线形态与直井比较类似，因水平段与油层形成了较大的渗流体积，生产压差小，使得各个阶段持续时间延长，开采效果比直井好。

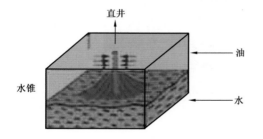

图1-61　底水油藏直井开采底水驱动方式及机理示意图

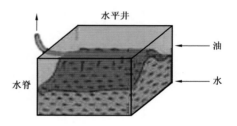

图1-62　底水油藏水平井开采底水驱动方式及机理示意图

3）水平井技术论证

对于底水油藏类型，抑制底水水脊、控制含水快速上升、提高底水驱替体积是主要开发技术目标。薄层底水油藏需要严格控制水平井眼轨迹于油层顶部，避水高度与油层厚度基本相等，可以取得较好的开采效果。根据不同油层厚度下底水油藏水平井水平段距油水界面高度的对比模拟研究结果表明：底水层厚度在1m以内，水平段避水高度从0.3m提高到2.8m，3m油层厚度底水油层预测期末采出程度可提高18.54%；水平段避水高度从0.5m提高到4.5m，5m油层厚度底水油层预测期末采出程度可提高14.2%。当底水层厚度增大时，底水水脊活跃性增强，水平段避水高度对开采效果影响更为重要。数值模拟研究表明，无量纲避水高度

（水平段高度与纯油层厚度之比）应控制在 0.8 以上，水平段轨迹尽量靠紧油层顶部穿行，如图 1-63 和图 1-64 所示。

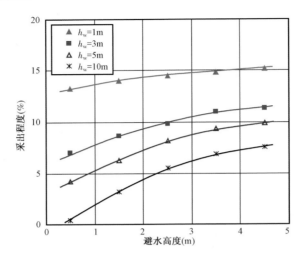

图 1-63　不同水层厚度下避水高度与采出程度关系

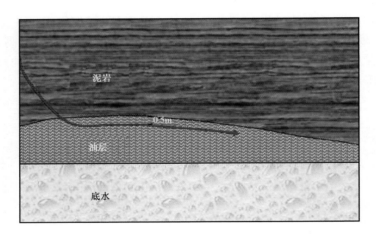

图 1-64　低幅度薄层底水油藏水平井水平段最优位置示意图

4）地质导向技术优选

2006 年，陆梁油田陆 9 井区呼图壁河组油藏开始水平井开发试验，除了要求较高的油层钻遇率外，还要求水平段尽可能贴油层顶（位于油层顶部 0.5m 内），远离油水界面，提高避水高度。当时，新疆油田常规的水平井地质导向技术，MWD（随钻测量）+ 综合录井 + 地质人员分析和导向，轨迹控制精度偏低，须引进先进、适用的水平井地质导向技术作支撑。因此新疆油田公司对国内外的相关技术进行了充分调研，最后初步确定使用国际主流地质导向技术，MWD（随钻测量）+ LWD（随钻测井）+ 测井资料处理解释软件 + 地质人员分析和导向。

2006 年，新疆油田公司在两口井上对 GVR 地质导向工具进行了试验。2007 年，在 3 口井上对 PeriScope 储层边界探测地质导向工具进行了试验。试验显示 PeriScope 除了能够随钻测量常规的 RT（电阻率）、GR（自然伽马）等测井曲线，提高地层对比精度外，还能通过软件对随钻测井资料进行实时处理，反演出地层界面，估算出井眼轨迹距地层界面的距离，并以图形的形式直观地反映出轨迹在油层中的位置，十分有利于地质导向，指导钻井施工将水平段控制在油层顶部的有利位置。后期在钻具组合中加入 ZINC 近钻头测斜短节（距离钻头 6m 左右），更加有利于精确控制轨迹。通过使用效果评价，PeriScope 十分适合陆 9 井区呼图壁河组低幅度薄层边底水油藏水平井地质导向（图 1 - 65），并于 2008 年开始规模应用。

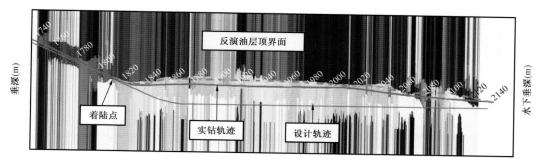

图 1 - 65　低幅度薄层底水油藏水平井 PeriScope 随钻反演剖面图

5）边界探测技术地质导向应用

通过近几年的紧密合作，目前水平井地质导向技术的应用在陆梁油田已经较为成熟，主要应用在水平井钻进过程中的着陆、入靶、水平段钻进三个关键环节，这三个环节对于水平井的成功实施意义重大，其实施过程包括以下五部分。

（1）优化轨迹设计。

合理的着陆井斜角是水平井成功着陆的关键之一，也是避免轨迹被动调整的前提条件。根据 PeriScope 工具所能承受的造斜率、轨迹入靶点距油层顶界的设计距离即可计算确定合理的着陆井斜角。对于设计油层顶界深度可能存在的误差可设计相应的稳斜段，即探油顶段来解决。综合分析确定，一般情况下该区水平井合理着陆井斜角与油层顶界约呈 4°夹角，即如果油层顶界面水平，着陆井斜角为 86°左右。

（2）精细地层对比。

PeriScope 工具能随钻测量伽马、电阻率等测井参数，分辨率较高，根据钻速，地面接收一般为 0.15 ~ 0.8m 1 个记录点，井下存储一般为 0.15m 内 1 个记录点，所测得的测井曲线形态、测井值与常规测井基本相同，可以与邻井进行精细地层对比、岩性和油层识别（表 1 - 2 和表 1 - 3）。

表 1 - 2　陆 9 井区呼图壁河组伽马—密度岩性识别标准

岩性	泥岩	泥质粉砂岩、粉砂岩	钙质砂岩	粉细砂岩、细砂岩	中细砂岩、中砂岩
伽马（API）	>80	70 ~ 80	<75	60 ~ 75	<60
密度（g/cm³）	>2.3	2.23 ~ 2.3	>2.3	2.1 ~ 2.22	<2.1

表 1 - 3   陆 9 井区呼图壁河组油层及油水同层电阻率下限

砂层组	h21	h23	h24	h25	h26	h27	h11	h12—h14	h15—h17
油层电阻率(Ω·m)	12	7	12	10	6.7	5	4.8	6	5.8
油水同层电阻率(Ω·m)	9	—	9	8	—	—	—	—	—

着陆前,地质导向工程师必须利用随钻测井曲线与邻井进行精细地层对比,预测目的层垂深,排除目的层之上邻近含油小砂体干扰,及时调整井眼轨迹,确保准确着陆。例如,LUHW2432井通过精细对比两个标志层和油层之上的含油小砂体,排除了干扰层,成功着陆(图 1 - 66)。

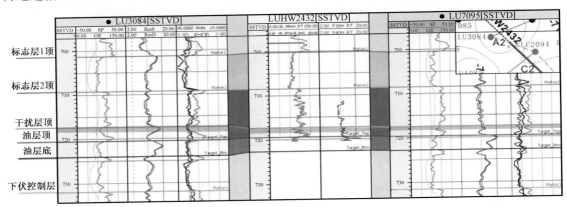

图 1 - 66   LUHW2432 井着陆地层精细对比

(3)结合应用录井信息。

综合录井能通过停钻循环,及时、有效地反映随钻测井测量盲区的地层岩性及其含油情况,对着陆及地层出现较大变化时轨迹的及时调整具有重要作用。在着陆过程中预计接近目的层顶界时,如果钻时变快,可停钻循环,地质导向工程师可结合岩屑、荧光、气测等资料判断是否着陆揭开油层,以及时调整轨迹。着陆后,测得油层测井曲线后,可进一步验证是否揭开油层。例如,LUHW2752井通过随钻测井数据结合录井信息综合分析,准确识别目的层,成功着陆(图 1 - 67)。

(4)充分发挥储层边界探测技术优势,精确控制水平段轨迹。

PeriScope 是一个具备方向性测量的储层边界探测电磁感应工具,能够测量工具所在地层的电阻率、相邻地层的电阻率以及反映地层电性响应的边界曲线,并利用边界曲线反演出地层边界,能够估算出工具到地层边界的距离和地层边界的延伸方向,并以图形方式直观显示。探测深度与本层和邻层的电阻率差异有关,通常情况下能够识别出工具上下 4~5m 范围内的地层边界。陆 9 井区呼图壁河组油藏油层与上下泥岩的电阻率差异一般只有 2~8Ω·m,只能识别出工具上下约 2m 范围内的油层边界。当油层电阻率较高,与泥岩差异较大时,反演的油层边界清晰,距离可信;反之,反演边界失真。

地质导向工程师根据反演的油层顶或底边界,以及工具距边界的距离,判断轨迹位于油层中的位置,并利用方向性测量信息来判断轨迹相对于油层边界是上切还是下切,从而相应地对轨迹及时做出调整,将轨迹控制在距油层顶界 0.2~0.5m。轨迹调整的原则是:按照构造变化的总体趋势钻进,不片面追求贴近局部变高或变低的油层界面,避免

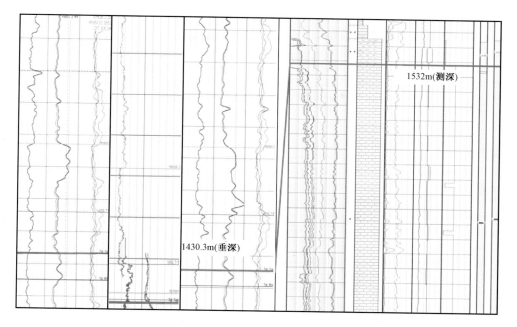

图 1 - 67　LUHW 2752 井实钻地层对比及综合录井图

因沉积原因造成的局部油层顶界构造变化对轨迹调整产生误导。例如,LUHW1411 井反演的油层边界清晰,根据反演的油层边界及时调整轨迹,保证了实钻轨迹始终在距离油层顶界 0.5m 之内(图 1 - 68)。

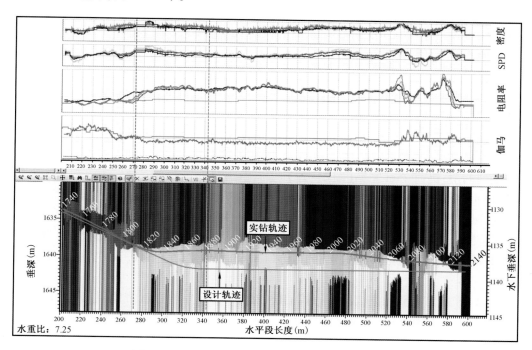

图 1 - 68　LUHW1411 井 PeriScope 随钻反演剖面图

（5）以提高开发效果为最终目的，积极沟通，灵活优化地质导向。

例如，LUHW2311井着陆过程中，发现邻井油层顶部的过渡带岩性在该井含油显示较好，立即增斜，将过渡带作为地质目标，以保证有更大的避水高度（图1－69）。

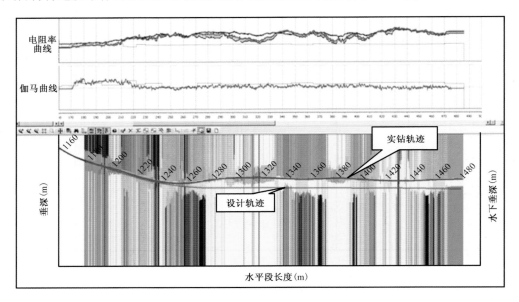

图1－69　LUHW 2311井PeriScope随钻反演剖面图

例如，LUHW1835井实钻显示设计A点前（往井口方向）有43m显示好的油层，综合分析区域地质和注采井网情况，认为向前挪A点不影响合理井距，所以将实钻A点（套管和筛管结合处，放置封隔器的位置）向前调整43m，将好油层纳入水平段（筛管完井的生产井段）（图1－70），增加生产井段的长度。

例如，LUHW1222井由于构造变化大，提前着陆，轨迹呈下凹的"勺"形，设计A点处距离油层顶2.1m，避水高度较小，因此将实钻A点向后（往井口反方向）调整35m，使轨迹位于油层顶部，提高水平段避水高度（图1－71）。

例如，LUHW2751井油层薄，底水发育。实钻发现水平段后半段油层顶部构造变低，轨迹进入顶部泥岩，为保证水平段整体避水高度，维持垂深钻进，并在平面上寻找油层，钻进48m后仍未找到油层，提前25m完钻（图1－72）。

LUHW1412井着陆过程中，穿过两套标志层后在井深1723m开始钻遇一套与油层特征类似的地层，随钻测井GR值（75～90API）、电阻率（8～10Ω·m），综合录井岩屑为粉细砂岩，钻时偏慢，气测组分C_1～C_5。综合以上资料对比邻井，确定该层是油层之上的过渡带，与LU7154井油层之上的粉细砂岩过渡带以及LU8163井油层之上的0.7m厚的含油小砂体对应，见图1－73。

于是以86°左右井斜角继续向下寻找油层；钻穿3.8m厚的过渡带地层后，至1790m处钻遇泥岩，判断为与LU8163井油层之上的0.8m厚泥岩对应，预计油层顶垂深在测深1790m对应的垂深以下0.8m左右，并通过PeriScope能够探测到下伏高阻层，判断下伏高阻层为设计的目的油层，增斜至88°准备着陆，见图1－73。

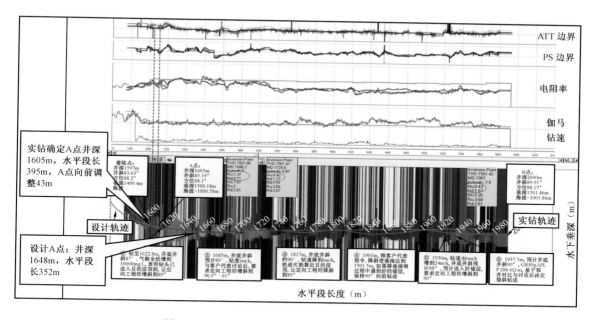

图 1-70　LUHW1835 井 PeriScope 随钻反演剖面图

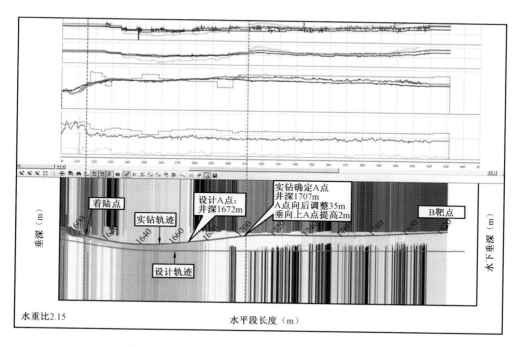

图 1-71　LUHW1222 井 PeriScope 随钻反演剖面图

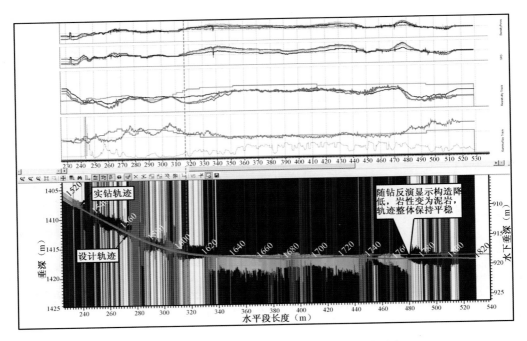

图 1-72　LUHW2751 井 PeriScope 随钻反演剖面图

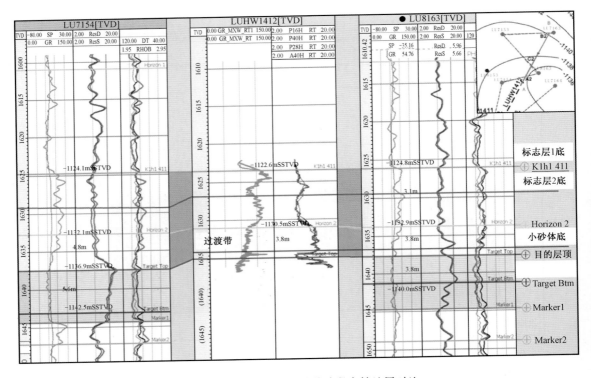

图 1-73　LUHW 1412 井着陆段实钻地层对比

至1810m处钻时变快,判断可能钻进油层,停钻循环,岩屑干照荧光2%~5%,淡黄色,中发光,气测值由背景值1.8111%升至6.8901%,组分出至C_5,表明钻头已进入油层,决定以1°~2°/30m的造斜率增斜至设计井斜角89.7°入靶。

入靶后,依据清晰的反演油层边界(图1-74),以及轨迹距油层顶界距离(图1-74中H_u即为轨迹距顶距离),调整轨迹两次。完钻后,考虑到上部过渡带岩性、含油性不及目的层,所以未将该段油层纳入水平段。完钻后将着陆点定为实钻A点,水平段188m,油层钻遇率100%,轨迹位于距油层顶0.5m内。

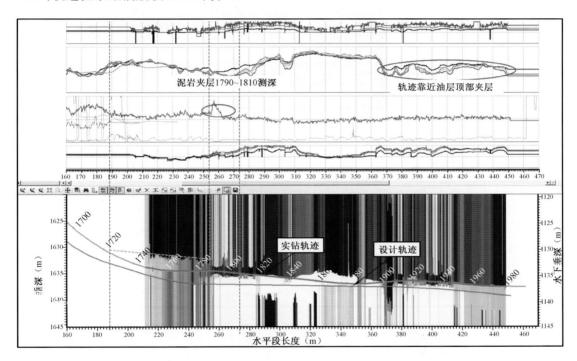

图1-74　LUHW1412井随钻反演剖面图

6)认识与总结

2007—2008年,在陆梁油田控制程度低的薄层稀油边底水油藏中针对性地实施了28口以边界探测技术进行地质导向的水平井。其中最具有代表性的是2007年最初在陆梁油田实施的3口井,通过储层边界探测进行地质导向可以清晰地观测到井眼轨迹相对储层边界的位置,并及时调整井眼轨迹,提高井眼轨迹在产层的钻遇率(图1-75)。

以LUHW903井为例,这是典型的薄层稀油边底水油藏,层厚4~5m,由于存在底水、油水关系的复杂性,对周围直井产能造成了极大的影响,一般仅产3~5t/d,含水甚至达到90%,按照有效开发的要求,需要将水平段导向于距顶界约0.5m的位置,避免早期底水快速上升,提高采收率(图1-76)。实施的结果非常好,达到了预期的井眼轨迹导向目标和产能目标,单井初期产能达到20t/d,含水降低至5%以下。

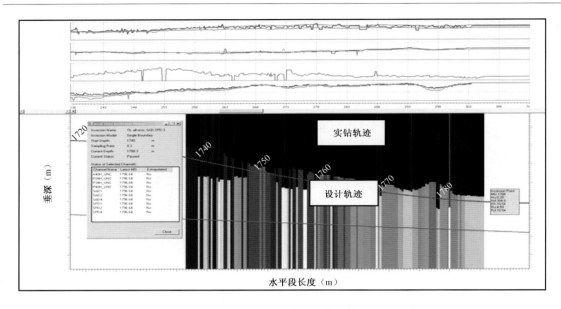

图 1 - 75　陆梁油田水平井地质导向着陆储层边界反演图

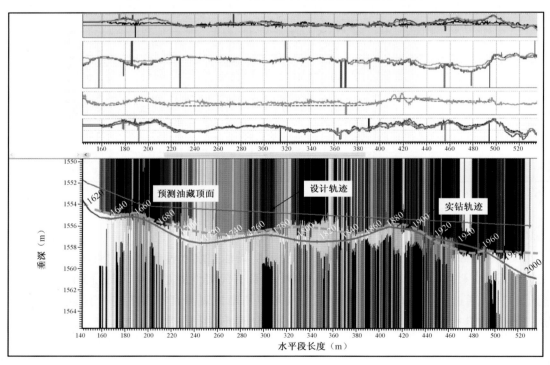

图 1 - 76　陆梁油田水平井地质导向水平段储层边界反演图

　　PeriScope 可视化储层边界探测仪为主要地质导向工具,在薄层稀油边底水油藏中地质导向钻进,准确实现了要求的地质目标;实现了钻遇率的最大化;通过精确定位,产能增长了 2 ~ 4 倍,降低了含水率,整体提高了经济效益。

新疆油田自 2008 年开始在陆 9 井区呼图壁河组低幅度薄层边底水油藏水平井上规模应用 PeriScope 进行"着陆"和水平段地质导向服务。2008 年应用 25 口井,平均油层钻遇率达 92.98% ;2009 年应用 19 口井,平均油层钻遇率达 95.1% ;2010 年应用 50 口井,平均油层钻遇率达 97.4% 。水平段基本上控制在距顶界 0.2 ~ 0.5m 的有利位置,实现了尽可能避水的要求。投产后平均单井产能超过设计,初期含水率和含水上升速度均小于直井,油层厚度越薄,水平井优势越明显,开发效果远好于预期,保持了陆梁油田的长期稳产。

新疆陆梁油田具有典型的薄层稀油边底水油藏,采用的水平井地质导向技术可以作为油田开发增产增效的典型范例向全国各边底水油藏区块进行推广。

3. 石南油气田多分支水平井应用实例

储层边界探测技术除了在新疆油田稠油油藏、陆梁区块的边底水稀油藏取得成功之外,在新疆石南油气田的多分支水平井的精确轨迹控制导向作业中也显示了其不可替代的作用。

1)地质概况

石南油气田位于准噶尔盆地腹部古尔班通古特沙漠腹地,距石西油田以北约 20km,距陆梁油田以南约 20km,SNHW836Z 井位于石南 31 井区西南部。其基本参数见表 1 – 4。

表 1 – 4　SNHW836Z 水平井基本数据

井别	采油井
井型	水平井
井号	SNHW836Z
地理位置	位于 SN8235 井西偏北方向 92m,SN8234 井东偏北方向 223m,SN8215 井南偏西方向 270m 处
构造位置	位于准噶尔盆地陆梁隆起三南凹陷石南油气田石南 31 井区
设计井深	3078.85m(主井眼斜深)
目的层	白垩系清水河组 $K_1q_1^{1-2}$

白垩系清水河组 $K_1q_1^{1-2}$ 为辫状河三角洲相沉积,砂体顶面构造形态为一南倾的单斜,地层倾角 2° ~ 3°,砂体向四周方向逐渐尖灭。SNHW836Z 井附近油层厚度为 1.5 ~ 2.8m,平均厚度 2m 左右,油层分布较稳定,油藏性质为构造岩性油藏。

目的层清水河组 $K_1q_1^{1-2}$ 储层特征:据已完钻井资料分析,$K_1q_1^{1-2}$ 储层的岩性主要为褐灰色砂砾岩,砾石成分含量为 14% ~ 75%(平均 54%),砂质成分含量 20% ~ 75%(平均 40%),分选差,磨圆度主要为次圆状;胶结物主要为方解石,其次为石膏,胶结方式主要为孔隙—压嵌型,接触方式以点—线接触为主;孔隙度为 4.6% ~ 18.9%(平均 13.2%),渗透率为 0.10 ~ 510mD(平均 20.35mD),属低孔隙度、中渗透率储层。

2)地质导向方案设计

目的层要求采用优质低固相钻井液,尽量缩短油层浸泡时间,以减少对油层的伤害;严格控制钻井液密度,确保近平衡钻进;严格控制入井钻井液添加剂质量,不得影响录井资料质量,确保油气层的发现。

由于目的层为纯油层,无边水、底水影响,同时为避免钻井液影响,提高产能,水平井主井眼水平段设计要求将井眼轨迹控制在目的层下部,主要为距油顶以下 1.71m,距油底以上

0.5m;终靶点距油顶以下1.92m,距油底以上0.5m。分支一和分支二与此轨迹要求类似。设计和实钻的分支井轨迹如图1-77所示。

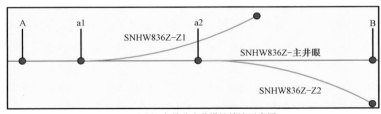

(a) 鱼骨分支井设计轨迹示意图

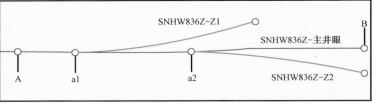

(b) 鱼骨分支井实钻轨迹示意图

图1-77 多分支水平井实钻轨迹平面图

钻前地质导向模型中表示的是单一边界和双重边界的反演与方向曲线的变化。该模型的目的是要表明:工具在设计的目的层及其周围是如何反应的。具体建模过程中参考井测井特征以及在模型中的响应和储层边界探测反演结果见图1-78和图1-79。

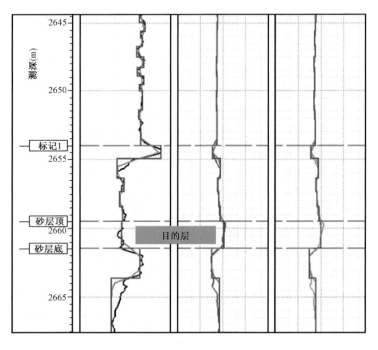

图1-78 参考井目的层测井响应特征

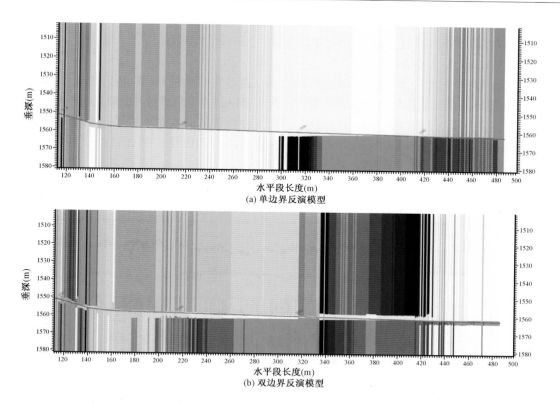

图 1-79 钻前地质导向 PeriScope 反演模型

钻前结论：

（1）从邻井的资料可以看出，目的层厚度平均为 2m，并且目的层及其围岩中存在电阻率较低的纹理层。

（2）该井目的层相对较连续，物性较稳定。但是目的层和其上部围岩的伽马值没有显著的区别，因此伽马曲线在这里参考意义不大。

（3）根据邻井的资料分析得到，目的层和其上部围岩的电阻率对比较差，并且在反演图中不能看到明显的顶部界面。因此在实钻过程中很可能看不到清晰的顶部界面。

（4）由于目的层和其底部围岩的电阻率对比较好，从反演图中可以看到较好的底部边界，建议实钻过程中以底部边界作为标志，进行地质导向钻进。

3）认识与总结

现场实时作业时，两个地质导向师提供全天候的实时地质导向解释。随钻测井中获得实时的数据，传给地质导向师以供分析。在钻入目的层前主要通过录井的岩屑和气测确定。

地质导向接手之前，认为轨迹已经在油层的底部，但是从实际的反演模型中，轨迹在油层的上部，后续的实钻过程也验证了这一点，这也给后续增斜侧钻分支井眼带来了困难。为了保证油层钻遇率，决定在增斜侧钻分支井的过程中，在满足工程要求的情况下，尽可能降低增斜井斜角。

（1）分支井 SN836Z-Z1，钻遇率 100%，井段 2856～3017m，共 161m。

（2）分支井 SN836Z - Z2，钻遇率 100%，井段 2956～3111m，共 155m。

（3）主井眼 SN836Z，钻遇率 100%，井段 2806～3107m，共 301m。

（4）共 617m，钻遇率 100%。

整个地质导向过程中 PeriScope 储层边界探测仪通过实时测量、反演，很好地识别了油层顶底边界，地质导向主要依据反演识别到井眼轨迹的油层顶底边界距离对井眼轨迹进行实时微调。

从上述主井眼、分支井眼的地质导向情况看，主井眼着陆后实时地质导向模型和各分支模型（图 1 - 80～图 1 - 82）均显示多分支水平井的水平段全部优化控制在目的层的下部，完美地实现了轨迹设计和油藏生产的要求。

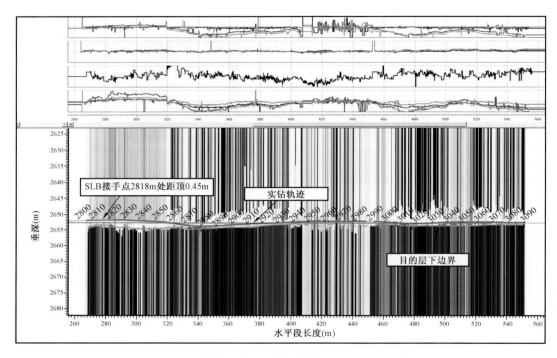

图 1 - 80　主井眼实时地质导向模型 PeriScope 反演图

4. 辽河油田应用实例

除了新疆油田外，储层边界探测地质导向技术在辽河油田针对油藏的需求也进行了一些典型井的尝试，下面对各井取得的认识作一简要阐述。

1）Xh27 - H29 井

（1）地质概况。

辽河油田 Xh27 块为一短轴背斜构造，构造较平缓，地层倾角 1°～2°，储层物性好，属高孔隙度、高渗透率储层，油层平均厚度 20.3m，为块状边底水稠油油藏，油水界面 -1412m，底水活跃。

（2）地质导向设计及建模。

Xh27 - H29 井设计垂深 1824m，水平段长度 200m，应用 PeriScope 随钻地质导向技术，由于油藏底水活跃，实施过程中需尽量避开底水，因此要求轨迹控制在距油顶 1m 左右，电阻率保持在 35～60Ω·m，并确保较高的油层钻遇率。

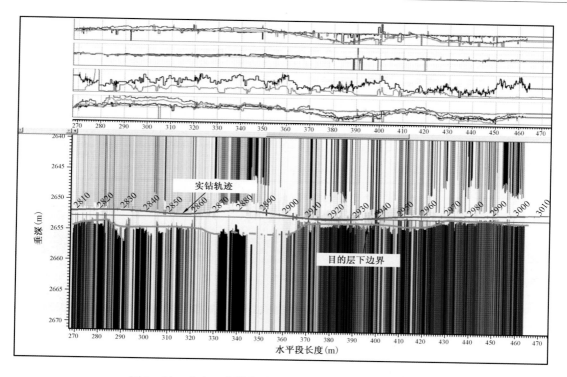

图 1－81　分支一井眼实时地质导向模型 PeriScope 反演图

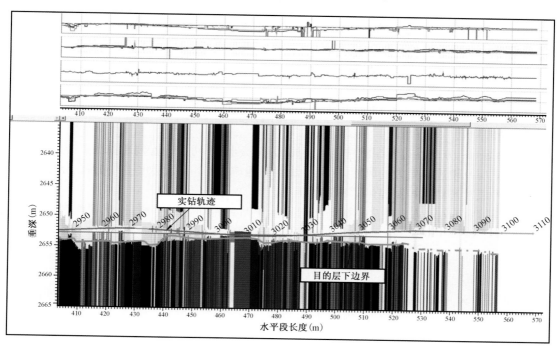

图 1－82　分支二井眼实时地质导向模型 PeriScope 反演图

建立的地质导向预测模型(图1-83)显示目的层顶部反演边界还比较清晰,测量的方向性测井参数以及随钻成像均可以辅助完成水平井地质导向的作业。

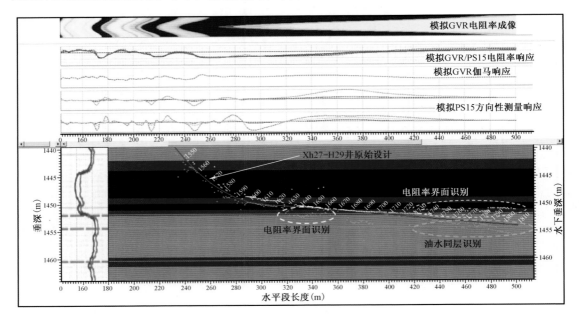

图1-83　Xh27-H29井地质导向预测模型PeriScope反演图

(3)导向结果。

Xh27-H29井应用PeriScope工具,由于参考井电缆测井资料分辨率的影响,导向过程中主要参考了方向性测量测井结合原有的伽马、电阻率测量(图1-84)。三开完井,完钻井深1830m,水平段长196m,油层钻遇率99.5%。

(4)认识与总结。

① PeriScope在辽河油田Xh27块水平井中的运用,确保了井眼轨迹处于油层最佳位置,远离油水界面,降低了钻井风险。

② PeriScope方向性边界探测功能的应用,为钻头上、下切目的层判断提供了准确依据,降低了钻出储层及轨迹偏差大的风险,提高了油层钻遇率,为今后薄层水平井部署、复杂产状油藏水平井井眼轨迹精确控制提供了有效的工具。

③ 目前PeriScope方向性边界探测功能只能在钻具转动钻进中测量,建议配合旋转导向系统应用。

2)S4-H104井

(1)地质概况。

辽河油田S4-H104井位于S4-7-14块北,整体为东南倾斜的单斜构造,倾角10°~20°,储层物性较好,为高孔隙度、中渗透率储层,油层埋深1255~1300m,油藏类型属于纯油藏。

(2)地质导向设计及建模。

S4-H104井设计垂深1289m,水平段长度376m,目的层厚度为1~5m,应用PeriScope15

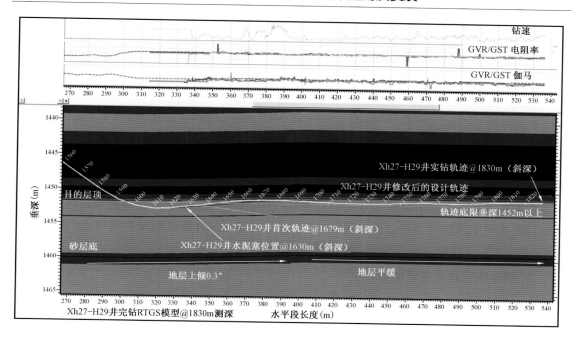

图 1 – 84　Xh27 – H29 井地质导向完井模型

工具进行水平井的导向作业。

（3）导向结果。

最终本井完钻井深 1870m，水平段长 480m，比设计长度长 104m，钻遇率接近 84%。

（4）认识与总结。

① PeriScope 能提供距离轨迹 15ft 远的电阻率边界的实时 360°成像，及时地提供导向调整报告。

② 由于地层物性横向变化，使得地层边界探测和解释非常复杂。通过 PeriScope 方向性信号解释为实时导向提供有力依据，保证了水平井地质导向作业的实施。

从辽河油田的应用效果来看，由于目的层与围岩的电阻率差异性较小，层内存在较多薄互层，对储层边界反演结果造成一定影响，但是方向性的测量结果还是可以实时指导井眼轨迹的调整，由此可见，储层边界探测技术不同于其他地质导向技术，此项技术的应用必须要以钻前模型反演、可行性分析为基础。

由上述应用实例可见，可视化储层边界探测地质导向技术应用范围广泛，在稠油油藏、稀油油藏中提高储层钻遇率、增加产能和油藏采收率方面优势明显，新疆油田的成功应用案例也可以作为油田开发增产增效的典型范例向全国各边底水油藏区块进行推广。

第五节　adnVISION 密度成像地质导向技术的应用

前面章节已经介绍过侧向电阻率成像测井用于水平井实时地质导向，其他电性测量比如密度成像、伽马成像等与之相比虽然分辨率较低，但是对于地质导向来说，也可以实现同样的目的。

一、基本解释原理

斯伦贝谢的 ADN 是方位性的密度和中子孔隙度仪器的简称,可以测量地层的密度和孔隙度、光电指数等,同时可以实现 16 个象限的密度、光电指数成像等,不仅具有多参数随钻测量功能,而且可以实现为地质导向提供实时解释参数的目的。目前主要应用于物性比较复杂、油气水关系比较复杂的储层中。

ADN 工具的测量值对地层评价具有重要意义,例如密度、光电指数、中子孔隙度和多种井径。井眼校正中子孔隙度、超声波井径和密度测量井径是 ADN 工具在密度、中子和井径测量方面的附加测井参数。

在工具旋转时将整个井眼划分成均匀的 16 个扇形区块,密度探测器所测量到的数据将被编译写入这些扇形区块中。中子传感器负责读取中子数据,而数据则分为整体平均值和 4 个象限的平均值,超声波数据就是象限性的平均读值。

二、磨溪碳酸盐岩应用实例分析

以西南某气田水平井地质导向作业为例,介绍 ADN 工具的实际运用方法和效果。

1. 地质概况

该气田位于川中油区南部,属丘陵地貌,海拔 300～500m。区域上构造近东西向展布,整体呈南高北低之势。其中最重要的储层雷一^{1}中亚段是该油气田的重要组成部分,气藏的保存条件较好,主要体现在气藏顶部直接覆盖较厚的膏岩,且构造主体无较大的上通断层破坏,上覆又在 2600m 有间接盖层。勘探开发实践已证实气藏保存条件较好,其地质特征主要表现为以下几个方面。

(1)断层:在围绕背斜的周围,特别是西北方向,有几个主断层。且从地震剖面分析来看,同相轴具有一定的起伏,地层可能有揉皱现象,说明地层在地质历史上受过挤压应力作用,可能存在断层或微断层,将构造复杂化,一定程度上增加了地质导向的风险。

(2)微构造复杂,从区块构造图上可以看出,区块局部区域地层倾角有剧烈变化。从而要求钻井工具具有较高的造斜率。而且仅有大尺度构造特征认识,没有满足水平井导向尺度要求的构造认识。

(3)区块属于海相沉积,为低孔隙度、低渗透率储层,属于较稳定的地层。较少出现储层水平方向尖灭的情况。从地震剖面、邻井曲线对比可以看到,地层发育横向连续性好。厚度也较稳定,3.5～5.6m,有利于追踪雷一^{1}中亚段第一储层目的层,但在已钻井中,雷一^{1}中亚段第一储层内部物性横向上存在较大的变化。

2. 地质导向方案

分析图 1-85 可以看出,储层测井响应特征为:(1)自然伽马 15～30gAPI;(2)电阻率 139～455Ω·m;(3)密度 2.34～2.6g/cm^3;(4)中子孔隙度 8%～14.5%;(5)储层视垂厚 6.6m,中部最佳部位厚度 3.2m;(6)储层上部为石膏,下部为灰岩。

由于目的层内伽马和电阻响应与目的层的上部和下部底层没有明显区别,密度与孔隙度的测量对于目的层的识别与判定尤为重要。地质上要求目的层为储层中孔隙度大于 3Pu 的部

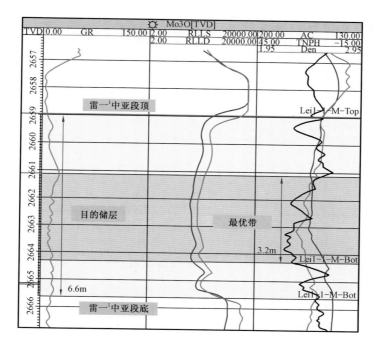

图 1 - 85 参考井测井曲线响应特征

分。孔隙度测量距离钻头较靠后,在目的层内部无法及时有效辨别轨迹确切位置,需要借助成像识别地层倾角,尤其是在穿层过程中由于部分目的层上部存在高压层,若钻遇高压层,需要下套管封闭。

根据上述参考井目的层测井响应特征分析,结合本井钻井地质导向目标,精确导向将水平井井眼轨迹控制在目的溶蚀云岩层内物性较为有利的气层位置,推荐应用 ImPulse + ADN 的 6in 井眼组合,通过密度成像进行实时地质导向。

3. 导向实施策略

所应用的地质导向方法为:(1)使用多深度电阻测量帮助判定轨迹相对储层位置;(2)利用实时成像技术识别地层倾角,提高钻遇率;(3)建立远程数据中心(OSC)做到及时沟通,充分考虑各方意见;(4)结合录井数据判断地层。

导向的目的层为云岩层中部物性较好的位置,它可以通过密度、孔隙度随钻测井来加以识别,而这套地质导向组合测量的电阻率和伽马随钻测井参数能够识别出大套云岩层。

4. 应用效果

在磨 030 - 6 井应用取得了突出的成绩。尽管目的层的实际垂深相比设计发生了 5.4m 的较大变化,使用随钻工具 ImPulse 和 ADN,实现了平稳着陆于目的薄层云岩内最有利储层部位,水平段导向钻进共 480m,钻遇率 95%。实钻过程中 ADN 的密度成像成功地指导了导向过程,结合电阻率、伽马、密度和中子测量,确保实现水平井地质目标,最大化储层钻遇率,大大提高了钻井效率,最终达到提高产能的目的(图 1 - 86)。投产后,本井获得了高达 $40 \times 10^4 m^3/d$ 的天然气产能,这也是中国石油川中气矿在碳酸盐岩项目中产量的最高纪录。

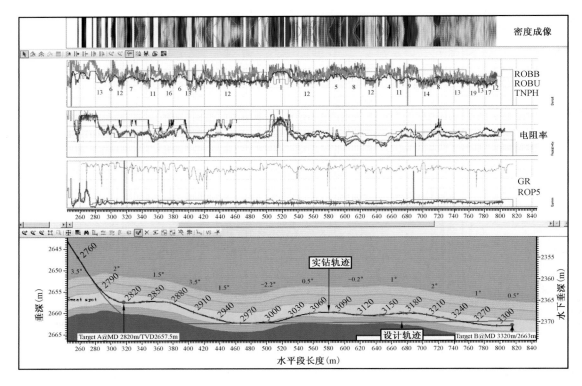

图 1 - 86   磨溪地区碳酸盐岩典型水平井实时地质导向模型图

2007—2009 年,在川中油气矿完成的水平井地质导向效果也在逐年提高,随着专业技术人员的配合日趋默契,对本区块的油气藏地质认识的逐渐熟悉,结合先进的密度、孔隙度等多参数测量以及密度成像地质导向技术的应用,磨溪气田水平井钻遇率从最初的 73.2% 逐步上升,达到 94% 以上(图 1 - 87),取得了良好的开发效果。同时,这些井的成功也部分源于 EcoScope 多功能随钻测井技术的应用,这项更加先进的地质导向技术将在下一节进行详细阐述。

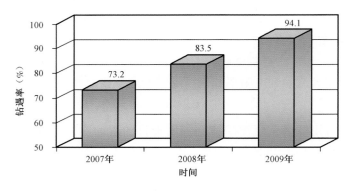

图 1 - 87   2007—2009 年川中油气矿磨溪水平井钻遇率分布图

第六节　EcoScope 多参数成像地质导向技术的应用

一、基本解释原理

从地质导向的角度来说，EcoScope 多功能随钻测井仪同样利用密度进行成像地质导向。它的作用可以看做是 ADN 中子密度和 ARC 阵列感应电阻率测井的综合，在提供更多测井参数的基础上优化了工具的长度和安全性。

EcoScope 多功能随钻测井(LWD)服务综合了斯伦贝谢在提供高质量测量方面多年累积的经验，开创了新一代随钻测井和解释技术。EcoScope 服务将全套地层评价、地质导向和钻井优化测量集成在一个短节上，提高了作业效率，降低了作业风险，改善了数据解释以及产量和储量计算结果的可靠性。

EcoScope 服务以脉冲中子发生器(PNG)为设计核心，采用了斯伦贝谢公司与日本国家油气和金属矿产公司联合开发的技术。除了电阻率、中子孔隙度以及方位自然伽马和密度系列外，EcoScope 还首次提供了元素俘获能谱、中子伽马密度和西格玛等随钻测井参数。钻井优化测量参数包括 APWD 随钻环空压力、井径和振动等。

其工具特点主要表现为如下几方面。

（1）优化钻井，更安全、更快捷；减少组合钻具时间和使用鼠洞的不便；较少的化学放射源，高机械钻速的同时得到高质量数据；测量点更靠近钻头。

EcoScope 随钻测井采用独特的脉冲中子发生器可以根据需要产生中子。其设计无须采用产生中子的传统化学源，从而消除了与处理、运输和储存这些化学源相关的风险。不使用侧装铯源进行地层密度测量，使 EcoScope 服务成为首个能提供商用随钻测井的无传统化学源的核测井服务。

EcoScope 的所有传感器都集成在一个短节上，与传统随钻测井仪器相比，能更快地安装使用，先进的 EcoScope 测量和较大的存储能力使其在机械钻速达到 450ft/h 的情况下每英尺能记录两个高质量的数据点。TeleScope 高速遥测系统使 EcoScope 测量数据的实时价值得到充分体现。

（2）多参数：可获得 20 条电阻率、中子孔隙度、密度、PEF 测量、ECS 岩石岩性信息；可进行多传感器井眼成像和测径，地层 Σ 因子测量碳氢饱和度。钻井和井眼稳定性优化：环空压力数据优化钻井液密度，三轴振动数据优化机械钻速等。

（3）更智能。

EcoScope 服务为钻井优化、地质导向和井间对比提供了一套综合实时测量数据。这些测量数据使作业者能对钻井参数进行精细调整，从而使机械钻速最大化和井眼质量达到最优。

测量数据包括来自 APWD 随钻环空压力仪器提供的数据，该仪器能监控井眼净化情况以及漏失压力等。

来自密度和多传感器超声波测量的 EcoScope 井径数据，提供了井眼形状的直观图像，从而有助于识别井径扩大和井径缩小，减少钻井问题。这些测量数据也可用于计算钻井液和固井水泥用量。

EcoScope 三轴振动测量数据则可解释钻压是有效地用于地层钻进还是被震动损耗掉了。根据能谱测量得到的岩石类型和矿物信息则使作业者能对井眼稳定性进行监测,从而便于分析作业设施面临的风险。

专用内置诊断芯片一起记录用于 EcoScope 预防性维护的有关信息,从而可以大大增加工具损坏间的钻进进尺,缩短非生产时间。

EcoScope 具有强大的存储能力,能在钻速高达 450ft/h 的情况下每英尺记录两个数据点。TeleScope 高速遥测服务可以确保实时获取 EcoScope 测量数据,使作业者能够更科学地进行决策。

EcoView 软件能帮助对 EcoScope 提供的综合数据系列进行分析,用户只需要输入地层水矿化度数据,就可得到岩石物性计算结果。EcoView 软件采用二维和三维可视化工具将高级岩石物性解释与 EcoScope 多井眼成像结合起来(图 1－88 和图 1－89)。

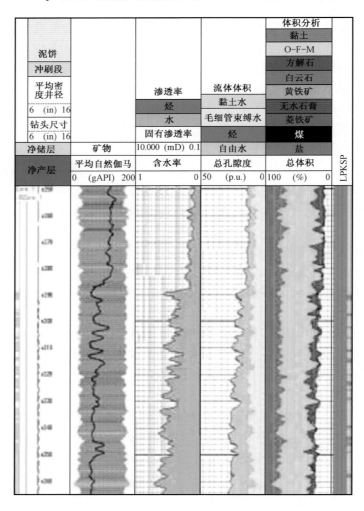

图 1－88　EcoView 软件岩性、物性解释结果图

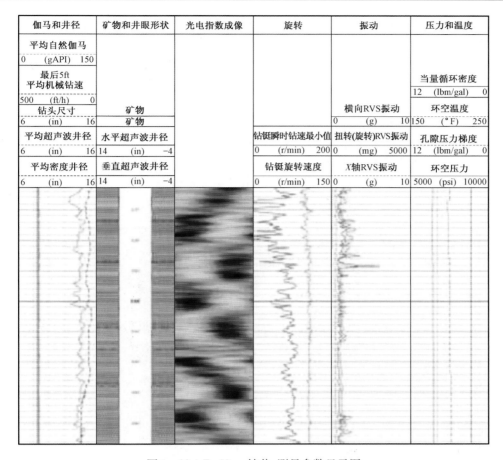

伽马和井径	矿物和井眼形状	光电指数成像	旋转	振动	压力和温度
平均自然伽马					
0　(gAPI)　150					
最后5ft					当量循环密度
平均机械钻速					12　(lbm/gal)　0
500　(ft/h)　0	矿物			横向RVS振动	环空温度
钻头尺寸	矿物			0　(g)　10	150　(°F)　250
6　(in)　16	水平超声波井径		钻铤瞬时钻速最小值	扭转(旋转)RVS振动	孔隙压力梯度
平均超声波井径	14　(in)　−4		0　(r/min)　200	0　(mg)　5000	12　(lbm/gal)　0
6　(in)　16	垂直超声波井径		钻铤旋转速度	X轴RVS振动	环空压力
平均密度井径	14　(in)　−4		0　(r/min)　150	0　(g)　10	5000　(psi)　10000
6　(in)　16					

图 1 – 89　EcoView 钻井、测量参数显示图

二、应用实例分析

EcoScope 的这些特点在实时地质导向过程中也有很好的体现,以下是在西南广安区块和磨溪区块的水平井钻井导向过程中的应用实例。

1. 广安碎屑岩应用实例

1）地质概况

广安 002 – H1 井是西南油气田分公司和斯伦贝谢公司在广安地区合作的第一口天然气水平开发井,同时它也是目前川渝地区实施的水平段最长的一口长水平段水平井,该井在钻完 12¼in 井眼后下入 9⅝in 套管,并开始在 8.5in 井眼进行水平段钻进,套管鞋深度为 2010.5m（测深）。

斯伦贝谢公司于 2007 年 3 月 29 日在 8.5in 井眼 2015m（测深）处开始地质导向工作。本井是以 83.8°井斜角在目标层须六[1] 亚段第一砂岩油层 2033m（测深）/1769.8m（垂深）处成功着陆。着陆后将井斜缓慢增至 88°,决定于 2080m 采用斯伦贝谢的旋转导向系统继续钻进。

总体上在 8.5in 井眼中,利用钻具组合：PowerPak/GVR/EcoScope/TeleScope 着陆,应用 PowerDrive X5/GVR/EcoScope/TeleScope 进行水平段钻进。应用 GVR 电阻率成像、PowerDrive

X5 近钻头井斜和 GR、EcoScope 方位密度进行地质导向,应用 EcoScope 中子孔隙度与密度交会确定有利储层。但是随着水平段的钻进,内部夹层开始发育,具有较强的非均质性,导致钻井速度有很大差异。但是,总体上钻速较快,在有利储层可达到 10~30m/h,夹层也可以达到 3~6m/h。靶点 A 点定在须六¹ 亚段第一储层顶部一段的中部,主干井眼轨迹沿测线 05GA47 线 5861CDP 点,靶前位移 500m。

广安地表构造主体呈北西西向,为一平缓的低丘状长轴背斜,高点位于白庙场附近,两翼不对称,南翼较北翼略陡,断层不发育。该构造圈闭面积不大,隆起幅度高,从须六段顶界地震反射构造图(图 1-90)来看,长轴约 40.2km,短轴约 13.1km,最低圈闭线 -1480m,闭合度达 340m,闭合面积为 241.4km²。广安地区须家河组气藏天然气分布不完全受构造圈闭控制,气藏类型以岩性气藏或构造—岩性气藏为主。

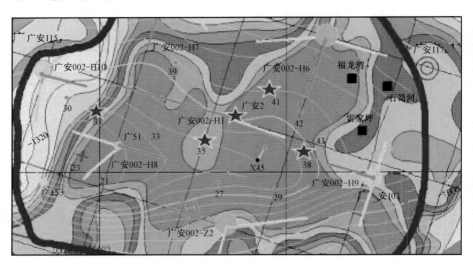

图 1-90 须六段顶界地震反射构造图

钻探表明,广安 2 井区须六¹ 亚段上部稳定发育两套较厚的优质储层砂体。广安 2 井须六¹ 亚段第一套储层厚 16.5m,平均孔隙度 13.67%;第二套储层厚 12.0m,平均孔隙度 11.3%,射孔测试获 $4.21 \times 10^4 m^3/d$。广 51 井须六¹ 亚段第一套储层厚 17.9m,平均孔隙度 13.22%;第二套储层厚 18.5m,平均孔隙度 10.73%,加砂压裂后测试获气 $8.38 \times 10^4 m^3/d$。目前刚完钻的广安 115 井须六¹ 亚段第一套储层厚 12.0m,孔隙度 8%~12%;第二套储层厚 12.5m,平均孔隙度 6%~10%。

二维地震储层预测成果表明,在广安 2 井区须六段储层较发育,主要集中在须六¹ 亚段上部的两套优质储层。从广安 2 井须六段储层测井解释图看出,广安 2 井须六¹ 亚段第一储层孔隙度高,被两段孔隙度相对较低的储层分成三段高孔隙度储层段,其中顶部一段厚度大,孔隙度也高,底部一段孔隙度高,但厚度较小,中部一段薄。须六¹ 亚段第二储层孔隙度比较接近,变化不大,见图 1-91—图 1-93。从广安 002-H1 井 05GA47 线孔隙度反演剖面看出,沿测线 05GA47 线 288°方位水平位移 1100m 处开始,须六¹ 亚段第一储层孔隙度变差,而须六¹ 亚段第二储层孔隙度好。根据以上分析,广安 002-H1 井地质目标确定如下:

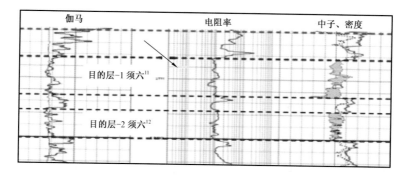

图 1－91　目的层测井响应特征

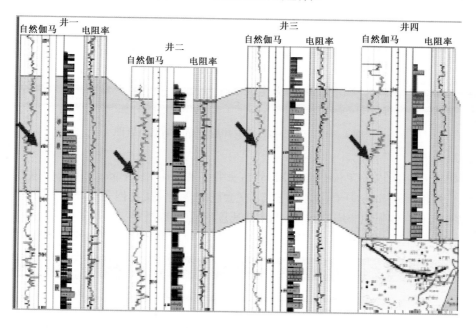

图 1－92　区域目的层地层对比图

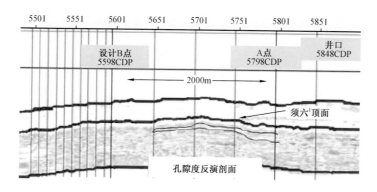

图 1－93　过水平井孔隙度反演地震剖面图

（1）靶点 A 点定在须六^{1}亚段第一储层顶部一段的中部,主干井眼轨迹沿测线 05GA47 线 5861CDP 点,沿 288°方位,靶前位移 500m。

（2）水平段长 2000m,以须六^{1}亚段第一储层和第二储层为水平段靶体。

（3）水平段 600m 后若连续 15m 中子孔隙度小于 8%,立即导向至须六^{1}亚段第二储层中部井深水平钻进,直至完成水平段长 2000m。

2）方案分析与应用

通过详细的钻前研究分析,确定了主要的地质导向风险。

（1）构造风险大:构造上控制井少,构造线相对较粗;断层存在不确定性,影响钻井安全。

（2）储层变化风险大:气水界面不确定,影响后期气层产量;内部储层物性变化差异性比较大,夹层发育不确定。

（3）连续保持远程传输系统的稳定性。

在充分理解了区块构造和储层特征后,通过钻前模型的工具响应分析,PDX5 + EcoScope + GVR 钻具组合推荐用于水平井的地质导向以实现地质目标(图 1 - 94)。

图 1 - 94　广安 002 - H1 井地质导向钻具组合图

3）应用效果

应用 GVR 电阻率成像、PowerDrive X5 近钻头井斜和 GR、EcoScope 方位密度进行地质导向(图 1 - 95),应用 EcoScope 中子孔隙度与密度交会确定有利储层。但是随着水平段的钻进,内部夹层开始发育,具有较强的非均质性,造成钻井速度有很大的差异。但是总体上钻速较快,在有利储层可达到 10 ~ 30m/h,夹层也可以达到 3 ~ 6m/h。厚度和发育不稳定夹层与目的层厚度变

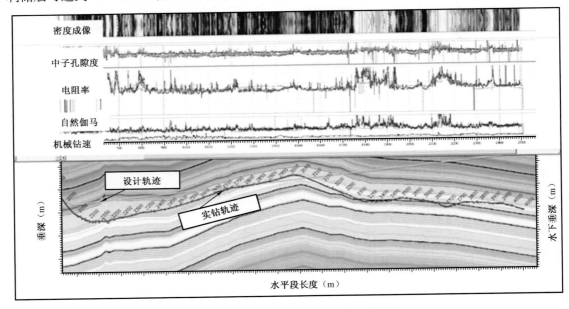

图 1 - 95　广安 002 - H1 井地质导向模型图

薄共同影响储层内夹层还是隔层的判断。综合参考密度、孔隙度、ARC 电阻率、伽马、机械钻速（ROP），2033～4055m 共统计岩性、物性隔夹层约为 69 个，扣除夹层影响，钻遇率达 88%。

水平井导向成果（图 1-96）：水平段总进尺 2010m，保持井眼轨迹在高孔隙度（>7.5%）的储层中钻遇率 85%，测试初期产量 $16 \times 10^4 m^3/d$。

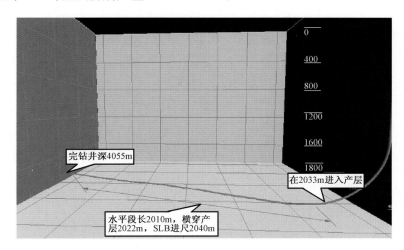

图 1-96 广安 002-H1 井眼轨迹三维透视图

2. 磨溪中生界碳酸盐岩应用实例

磨溪地区的部分水平井地质导向也应用了 EcoScope 多功能随钻测井地质导向技术，就 EcoScope 多功能随钻测井技术的本身而言，它是 ADN（方向性密度中子孔隙度测井）和 ARC（补偿阵列感应电阻率测井）的结合体，但是它缩短了整体的长度，即缩短了钻头到各个测量点的距离，同时可以提供更安全、更迅速、更多的测量、测井评价参数，其提供的密度、伽马成像也是进行地质导向的基础。

下面以磨 030-H11 井在碳酸盐岩气储层中地质导向过程为例作一简要阐述。

1）地质概况

磨溪潜伏构造北西向展布的平缓短轴背斜；主要目的层为中生界三叠雷一^{1}中亚段第一储层段，厚 4～6m；储层岩性特征表现为潮坪环境下沉积的碳酸盐岩和蒸发盐沉积物，横向分布稳定；储集岩主要为针孔状云岩，孔隙类型以溶蚀孔隙为主；平均孔隙度为 3%～10%；孔隙型气藏，高含硫甲烷气，天然气中 C_1 含量 95% 以上，不含 C_3 以下组分。磨溪构造雷一^1 气藏处于气水过渡带。

2）地质导向方案

磨 37 井储层伽马、电阻率、密度 & 孔隙度特征（图 1-97）：（1）自然伽马 15～30gAPI；（2）电阻率 50～200Ω·m；（3）中子孔隙度 7%～15%；（4）储层中上部最佳储层位置，厚度 3～4m。

本井的钻井目标需要保持井眼轨迹在高孔隙度的储层中钻进（地质导向测量 - 物性测量），这就要求导向过程中不仅要将井眼轨迹控制在目的云岩层内，而且需要寻找物性、含气性等更为有利的位置优化井眼轨迹。针对上述要求，推荐应用的解决方案为 PowerDrive + EcoScope 地质导向钻具组合。

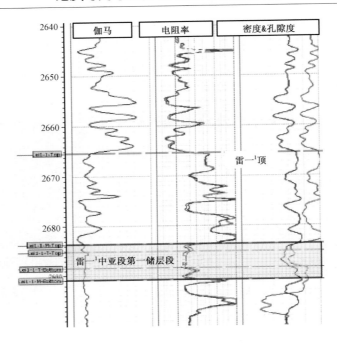

图 1 - 97　参考井测井曲线

3）地质导向实施与效果

首先,应用多功能成像测井结合实时地质导向模型(图 1 - 98 和图 1 - 99)跟踪,平稳着陆

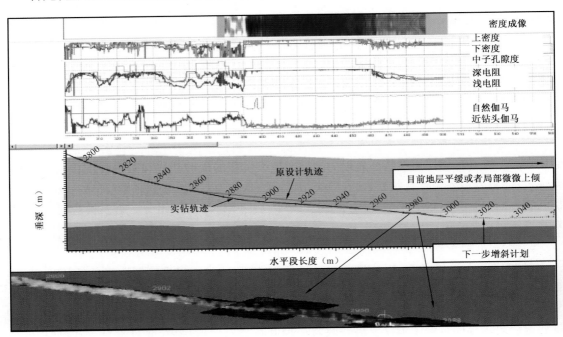

图 1 - 98　磨 030 - H11 井实时地质导向着陆模型

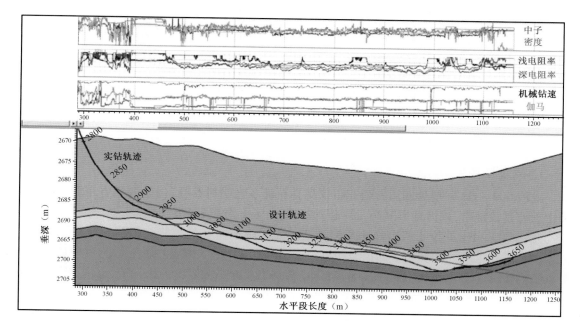

图 1 - 99　磨 030 - H11 水平井实时地质导向完井模型

于目的层有效气储层位置。此后,通过密度成像、伽马成像以及方向性测量结果,实时解释、实施调整,将整个水平段井眼轨迹控制在目的气藏内最有利的部位,实现了产能最大化。

除此之外,远程数据传输的应用使得办公室作业支持中心成为可能,从而保证了现场、后方办公室、研究单位等各种资料的共享以及决策的共同制定和执行,使项目的整体性实施效率突出。

在地层构造较为复杂、实钻目的层着陆点比设计深 5.5 m 的情况下,本井实现了水平段总进尺 686 m,储层钻遇率 90% ,投产后初期产能达到 $20 \times 10^4 m^3/d$。

第七节　MicroScope 小井眼高分辨率电阻率成像地质导向技术

一、基本解释原理

MicroScope(图 1 - 100)小井眼高分辨率电阻率成像测井原理与侧向电阻率测井(GVR)相同,均是应用电流测量的欧姆定律原理,都必须应用于低电阻率的钻井液或水基钻井液)。

图 1 - 100　MicroScope 工具示意图

MicroScope 与 GVR 的最大区别在于:(1)可以应用更小的井眼(5⅞ ~ 6⅛in),具有更高的分辨率(可以实现类似于电缆测井 FMI 超高分辨率的成像测井);(2)具有 4 种探测深度的侧向电阻率测量成像,探测深度更深;(3)更坚固、性能优良的工具硬件设计,不再受钻具黏卡等机械工程因素的影响;(4)能量供应上摆脱了对电池的依靠,主要可以通过 MWD 提供电力和进行数据传输;(5)两个纽扣电极成像,即使其中一个损坏也不会对成像结果造成很大影响;(6)由于应用了更新的压缩模式进行数据传输,使得成像的质量更高。

关于成像的地质导向解释,其方法与侧向电阻率的解释完全相同,下面通过一些应用实例进行阐述。

二、龙浅 009 - H1 井地质导向应用实例

1. 地质概况

龙浅 009 - H1 井地处四川省南充市仪陇县石佛乡光明村 5 社,位于四川省东北部低山与川中丘陵过渡地带,该区地形复杂,最高海拔 793m,最低海拔 309m。

龙浅 009 - H1 井位于四川盆地龙岗构造。龙岗构造所在的仪陇—平昌地区晚二叠世长兴期—早三叠世飞仙关期属于四川海相克拉通盆地北部,现今构造归属于川北古中坳陷带平昌旋卷构造区。其东北起于通江凹陷,向南止于川中隆起区北缘的营山构造,东南到川东高陡断褶带的华蓥山构造北倾末端,西北抵苍溪凹陷。由于本区隶属的川中地块基底刚性强,中深构造形变较弱,受其周边的大巴山、龙门山前缘及川东南高陡构造带的不同方向的侧应力的影响,形成本区的旋卷构造格局。地腹构造形态与地面构造形态宏观特征基本一致,呈现了地面构造南高北低的构造背景,见图 1 - 101。但构造细节更加丰富,发育多组潜高、鼻状构造及陡缓变异带,断层相对发育。沙二段底界叶支介页岩构造平缓,形态简单,未见断层;沙溪庙组底界断层较少,且大部分平面延伸范围较小;往下断层逐渐增多,多与构造伴生并与之平行排列。

图 1 - 101　龙岗构造龙浅 009 - H1 井区大安寨段底面构造图

本井目的层为下侏罗统自流井组大安寨段大一亚段顶部的裂缝性灰岩油层。圈闭和油气藏特征:龙岗地区位于大安寨、凉高山湖盆的浅—半深湖相带,构造相对简单,为一南高北低的平缓斜坡背景下发育的潜伏高和背斜以及陡缓变异带。沙溪庙组底界断层较少,且大部分平面延伸范围较小;往下大安寨段断层逐渐增多,多与构造伴生并与之平行排列。总的来说,该

区构造受力较强,裂缝相对发育。

　　沙溪庙、凉高山、大安寨油藏为原生油气藏,均为岩性油藏或构造—岩性油藏,有利的沉积相带及构造位置控制了油气的分布,裂缝是油井获得高产的必要条件。大安寨油气藏主要以油为主伴生气,无地层水及其他有毒、有害气体。

　　本井目的层为下侏罗统自流井组大安寨段顶部的裂缝性灰岩储层。大安寨段岩性以灰黑色页岩为主夹灰岩。根据川中地区各油田 152 口大安寨段取心井 12841 个岩块常规样品(剔除团块灰岩、含裂缝样品)分析统计,介壳灰岩煤油法基质孔隙度一般小于 2%,渗透率小于0.1mD,个别大于 1mD 的样品多有裂缝存在,表明大安寨段储层岩块孔隙度、渗透率差。根据龙岗区块测井解释成果统计,该区大安寨段储层孔隙度为 1% ~ 3%,物性较差,与区域上情况一致。

　　2. 龙浅 009 - H1 井地质导向目标

　　为了开发侏罗系的油气资源,并为计算原油预测储量提供依据,根据龙岗 171 井大一亚段储层综合图(图 1 - 102),确定本井地质目标。

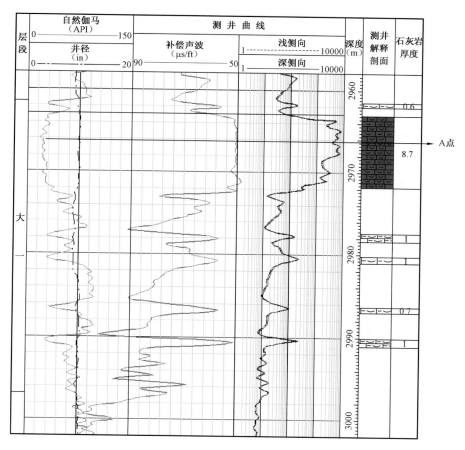

图 1 - 102　龙岗 171 井大一亚段储层综合图

　　(1)以大一亚段顶部石灰岩储层为地质靶体,以大安寨顶下垂厚 4.5m 作为入靶点(A

点），要求方位 299°，靶前位移 397m。

（2）进入 A 点后，允许水平段轨迹垂深波动上下各 2m，在大一亚段顶部灰岩储层中完成水平段长 1133m。

（3）平面上，控制轨迹于左侧断层和右侧地震波降速带之间（图 1 - 103），寻找裂缝带。同时避免进入断裂带，以降低工程风险。

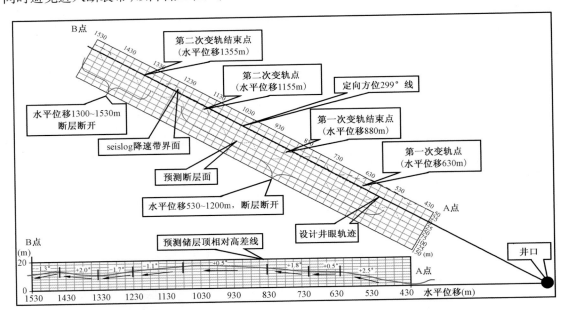

图 1 - 103　龙浅 009 - H1 井水平段井眼轨迹设计与断层面距离及储层顶相对高差图

3. 龙浅 009 - H1 井导向风险分析及对策

地质导向钻井风险分析，主要来源于对地质设计的研究和邻井实钻情况的分析。

（1）首先，断层和降速带界面发育不规则。

① 空间分布不确定性大。

② 位于两界面之间的裂缝储层形态不规则。

③ 钻入断裂带内部易导致较高工程风险。

④ 对策：基于地震剖面分析预测断面特征，结合地震降速带界面，控制轨迹方位。实时投影轨迹，与断面保持规定的安全距离，控制轨迹于断面和致密灰岩中间的裂缝储层。

（2）其次，储层发育不确定性较大。

① 裂缝发育不确定性较大，追踪较困难。

② 横向上和纵向上，页岩夹层发育不规则，与邻井对比不确定性较大，导致储层确定难度加大。

③ 水平段前方没有井位控制，目的层物性发育特征不确定（可能发育较多页岩夹层等）。

④ 对策：利用 MicroScope 提供高分辨率测量值（电阻率实时成像、近钻头电阻率、方位电阻率和方位伽马），识别裂缝和提取地层倾角（与 DCS 测井解释工程师密切合作，实时分析成像数据），确认好储层及其构造特征。并且，通过邻井曲线对比确认轨迹在储层中的位置。

（3）再次，设计轨迹靠近断层，构造特征不确定性较大。

① 地震剖面（图1-104）反映沿井眼钻进方向构造为背斜，但是设计轨迹靠近断层，构造倾角不确定性较大，同时可能钻遇微断层。

② 对策：利用地震剖面粗略预测前方构造特征（断层、地层倾角等）；充分结合钻井显示特征（气测异常、油气侵和井漏等）、录井岩屑以及其他钻井参数来综合判断储层物性、油气显示情况以及轨迹位置；密切关注井斜变化，与现场紧密联系，精确预测钻头处井斜。

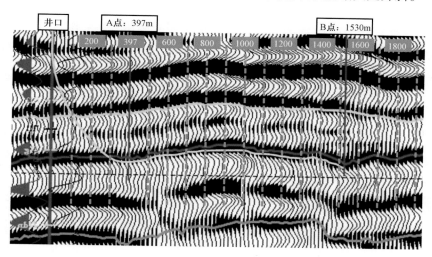

图1-104　龙浅009-H1井299°方向偏移地震剖面

（4）同时，仍然存在其他风险。

① 本井随钻测井使用的钻具组合为马达+MicroScope+ImPulse，钻具组合中离钻头最近的电阻率传感器到钻头之间的距离为5.2m，也就是说钻头钻遇某一特征地层时，测井曲线作出反应要滞后5.2m以上，对于局部地层倾角变化较大的地层，导向风险较高。

② 随钻测量信号传输受钻井液性能、泵稳定性等因素影响，随钻测井信息的实时性容易受到影响。

③ 随钻测井仪器与邻井常规测井仪器之间存在可能的响应差别，对识别地层尤其是判别储层好坏级别等会带来一定风险。

④ 马达的增/降斜能力若偏小，可能导致轨迹不能赶上地层倾角的变化。

据以上风险分析可以看出，在本井地质导向的过程中，风险不可轻视，需要地质导向师加强重视，充分综合各方资料，全面分析，及时和客户沟通，最大限度降低风险，顺利完成本井地质导向水平井作业。

4. 龙浅009-H1井邻井特征及钻前地质导向预测模型

通过对龙浅009-H1井水平段轨迹附近的邻井龙岗171井和龙浅102X井分析，可以初步预测龙浅009-H1井地层的发育特征，据此指导本井的地质导向工作。

龙浅009-H1井目的层为大安寨段大一亚段顶部的介壳灰岩。邻井对比显示厚度比较稳定（8~11m），储层孔隙度较低，符合区域性低孔隙度、低渗透率储层的特征，其中页岩夹层普遍发育,见图1-105。平面上,大一亚段顶部有利石灰岩储层物性发育不均一。靠近龙浅009-H1井的龙岗171井和龙浅102X井与龙浅009-H1井位于同一沉积微相带,储层可对比性较强,页岩夹层比较少,主要位于顶部,厚度约2m,较纯石灰岩稍厚(9~11m);而在两侧区域(龙岗18井区和龙岗19井区),沉积微相不同,储层特征有差别,石灰岩和页岩互层,目的层相对较薄(8~9m)。大安寨段内断层发育,伴生的裂缝有利于油气高产,可优化本区低孔隙度、低渗透率储层的产能。龙浅009-H1井靠近仪15号断层,且邻近龙岗171井和龙浅102X井,预测灰岩可能较厚,裂缝发育可能性较大,有高产潜力。

目的储层特征:(1)自然伽马20~30gAPI;(2)中子孔隙度3%~4%;(3)电阻率1000~7000Ω·m;(4)密度3~4g/cm^3。

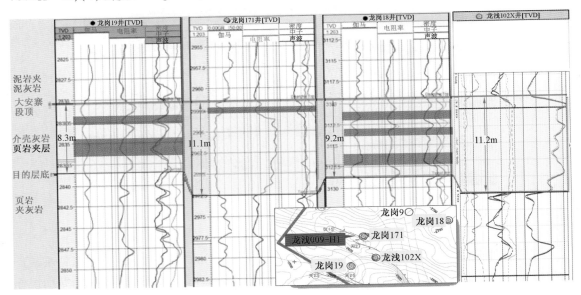

图1-105 龙浅009-H1井区目的储层特征

目的层顶底均为页岩,目的层内也有页岩夹层发育的可能,而且高阻灰岩层物性比较均一,通过邻井曲线对比确认轨迹位置不确定性较大。本井导向过程中,首次采用MicroScope工具,运用其提供的高分辨率侧向电阻率曲线和成像,以及近钻头电阻率和近钻头井斜等测量来帮助导向决策。同时,导向中除应用随钻测井资料外,要充分利用岩屑录井和气测资料作为参考来确定目的层位置及着陆、水平段施工时轨迹处在地层中的位置。

龙浅009-H1井钻前模型主要依据距离最近的龙岗171井地层厚度、测井资料建立二维地质导向模型图。将龙岗171井的常规测井数据输入地质导向软件,利用建成的地质模型模拟出随钻测井仪在钻遇该地层时的响应特征,然后再与实钻数据对比(图1-106),模拟地层构造形态,据此调整轨迹,控制轨迹于目的层的最佳位置。

根据上部井段已有曲线分析,钻头已进入目的层石灰岩,根据当前已有数据和地震资料模拟了沿钻进方向的地层剖面模型,据此制定了相应的着陆方案和水平段钻前轨迹控制策略,见图1-107和图1-108。

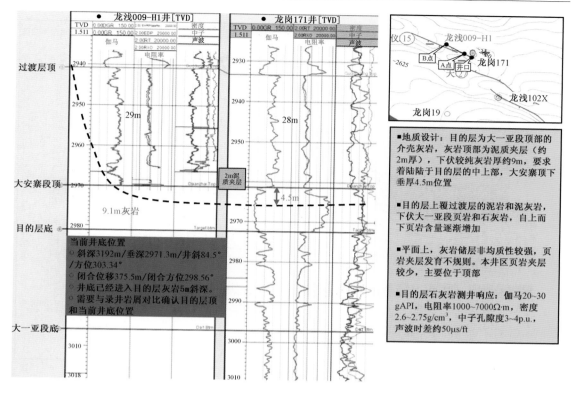

图 1 - 106　龙浅 009 - H1 井钻前曲线对比分析图

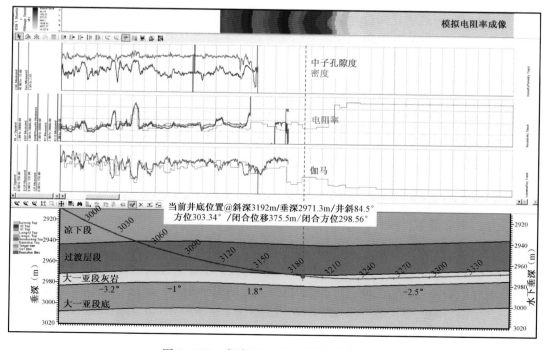

图 1 - 107　龙浅 009 - H1 井钻前着陆计划

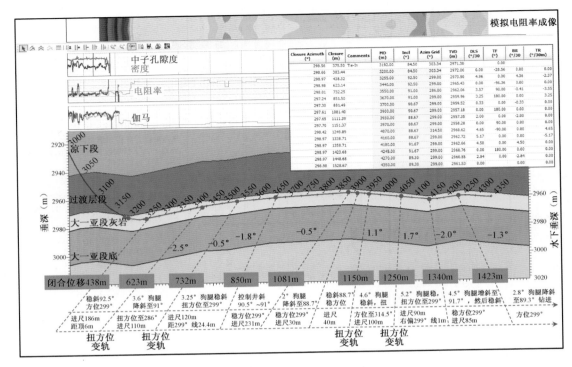

图 1 - 108　龙浅 009 - H1 井钻前水平段轨迹控制策略

5. 地质导向结果

图 1 - 109 显示,地质导向自井深 3192m 开始,至 4002m 完钻,钻遇了复杂地层,如断层、储层相变等。在 MicroScope 电阻率成像随钻测井实时解释的基础上,及时分析、及时决策,有效地将井眼轨迹控制在目的层内,并最终出色地完成了地质导向任务。

(1)本井实钻轨迹靠近断裂带,实钻模型反映水平段钻遇构造特征复杂,钻遇多个断层,整体构造形态为断裂背景下发育的向斜、背斜构造。

(2)实钻轨迹通过两次变轨,按照要求控制于预测的断面和地震波降速带之间,且与断面保持一定的安全距离。实钻显示靠近断面的储层中裂缝较发育,钻进过程中发生井漏等情况,远离断面裂缝发育较差。钻前断面预测与实际形态相差较大,导致中段轨迹靠近断裂面,轨迹钻遇左侧的高伽马带,之后通过降斜扭方位调整到预期的裂缝带中。

(3)储层中岩性较均一,页岩夹层不发育。在远离断层的储层中,中下部储层物性较好,裂缝较发育。中上部灰岩较致密,储层物性较差。轨迹整体保持在中下部的裂缝储层中。

6. 地质导向结论及建议

(1)本井 6in 井眼自 3092m 开始至 4002m 完钻,实钻轨迹通过两次变轨,按照要求控制于预测的断面和地震波降速带之间,且与断面保持一定的安全距离。轨迹空间形态复杂,马达钻具一趟钻顺利圆满地完成了着陆及水平段钻进的任务,总进尺 810m,其中由于受断层影响页岩段进尺 118m,剩余 692m 井段均保持在目的层内。

(2)实钻轨迹靠近断裂带,实钻模型反映水平段钻遇构造特征复杂,钻遇多个断层,整体

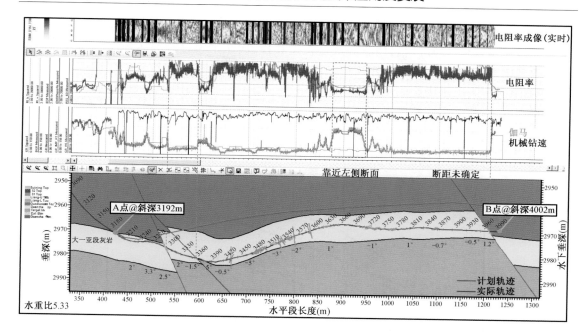

图 1-109　龙浅 009-H1 井实钻地质导向模型

构造形态为断裂背景下发育的向斜、背斜构造。在着陆段,向斜构造中发育多个逆断层,导致储层厚度和物性变化较大。在轨迹中后段,构造形态为背斜。由于左侧断裂带形态预测误差,导致中段轨迹靠近断裂带,灰岩储层中裂缝发育,但也不可避免地钻遇高伽马带。在轨迹尾段,钻遇断距未知的正断层,轨迹由中下部储层直接进入顶部的大段页岩带,基于对未知风险的控制,提前完钻。

（3）实钻灰岩储层中岩性较均一,页岩夹层不发育。在远离断层的储层中,中下部储层物性较好,裂缝较发育。中上部灰岩较致密,储层物性较差。轨迹整体保持在中下部的裂缝储层中。

（4）在本井实钻过程中,第一次运用了高分辨率微电阻率工具 MicroScope 帮助导向决策。钻具组合为马达 + MicroScope + ImPulse。本井的导向目标为在均一灰岩储层中寻找裂缝储集空间,以期提高产量。实钻过程中,高分辨率电阻率成像充分体现了其准确地层倾角提取、断层和裂缝产状识别的优势,极大地帮助了构造和地层特征判断、实时储层评价和轨迹控制。同时近钻头电阻率和近钻头井斜测量也为快速导向决策提供了准确依据。

（5）钻进过程中轨迹控制涉及断面和地震波降速带空间形态的预测,因此井区三维地震数据及其解释结果也在一定程度上提供了帮助。实时的轨迹投影有助于控制轨迹在三维靶体中的位置。尤其在轨迹中段,地震数据帮助判断和确认轨迹左偏靠近断层,扭方位即可返回好储层。同时前方储层地震属性解释结果也为导向决策提供了参考依据。

（6）导向过程中,与现场工程师保持有效沟通,合理运用钻具的自然增斜能力,减少滑动次数,以此保证了轨迹平滑,降低了钻井作业风险。

三、灵 001-H1 井地质导向应用实例

1. 地质概况

灵 001-H1 井位于四川盆地灵音寺构造,地理位置位于内江、富顺及自贡大安区境内,属

四川盆地中浅丘地带,呈低山丘陵河谷地貌,海拔 320m 左右。区域构造属川东南中隆高陡构造区自流井凹陷,北侧通过新店向斜与威远构造相接,向东平缓过渡为庙坝向斜和双凤驿鼻突,东南与杨家山、圣灯山背斜毗邻,西南与自流井构造浅鞍相接。灵音寺潜伏构造中三叠统侵蚀面以上表现为黄家场构造向西北延伸的一个宽缓鼻突。随着构造层深度的增加,三叠系嘉二^{2}底、飞一顶层表现为褶皱形态开阔的潜伏构造。地腹断层逐渐发育,断层增多、高点及断高增多、为构造细节有变化。在嘉陵江组嘉二^{2}亚段底界该潜伏构造位于家西①断层下盘与灵④号断层上盘间,轴向呈近东西向展布(图 1 – 110)。

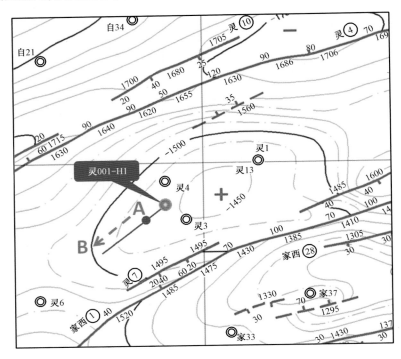

图 1 – 110　灵音寺嘉二^2 亚段底界构造图

　　根据钻井和露头资料分析,灵音寺地区下三叠统嘉陵江组主要由海相碳酸盐岩、蒸发岩和少量陆源碎屑岩组成,含瓣鳃类、腹足类等生物化石,钻厚为 300 ~ 600m,总体上表现出东厚西薄的变化趋势,与下伏下三叠统飞仙关组呈整合或假整合接触,与上覆中三叠统雷口坡组呈假整合接触。从东到西,由于康滇古陆的影响,嘉陵江组碳酸盐岩、蒸发岩与陆源碎屑岩具有明显的消长关系,形成了东部以碳酸盐岩和蒸发岩为主,而向西部陆源碎屑沉积物增多,地层厚度明显减薄的展布特征。

　　灵音寺构造嘉二^{3}储层段岩性主要为一套潮下浅滩相的粉晶云岩、粒屑灰岩、粒屑云岩。镜下粒屑主要为砂屑、生物屑、鲕粒,含量 20% ~ 45%,由于成岩后生作用,使其部分被溶蚀成土状针孔云岩。

　　灵音寺嘉二储层主要集中在嘉二^{3}亚段下部,为纵向上不连续的两套储层,岩性主要为针孔云岩、少部分为针孔灰岩和细粉晶灰岩,中间加 3 ~ 6m 灰岩。储层单层厚度小,横向变化稳定,可横向对比追踪,储层段平均孔隙度较低,累积厚度一般在 5m 左右。上、下储层比较,上储层的平均孔隙略小于下储层,储层厚度则明显大于下储层,储能系数大于下储层(图 1 - 111)。

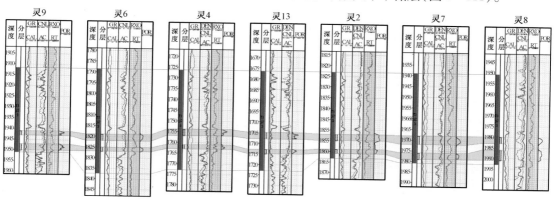

图 1 - 111　灵音寺构造嘉二^{3}储层对比图

嘉二^{3}储层的储集空间主要为晶间孔、晶间溶孔,喉道为片状喉,裂缝以构造缝为主。据灵 2 井、灵 7 井和灵 13 井取心资料分析表明,嘉二^{3}储层段孔隙度最小为 0.27%,最大为 18.73%,平均为 6.03%;据 24 个渗透率样品分析,嘉二^{3}储层段渗透率最小小于 0.01mD,最大为 5.64mD,平均为 0.91mD。储层具有中孔隙度、低渗透率的物性特征,储层类型主要为孔隙型,其次可能存在裂缝—孔隙型。

2. 灵 001 - H1 井地质目标

本井选择灵 6 井的储层段 1754 ~ 1763m 对应本井相应井段作为目的层。根据灵 6 井的储层分布(图 1 - 112),灵 001 - H1 井的地质目标确定如下:

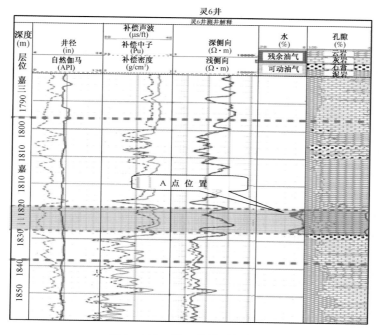

图 1 - 112　灵 6 井储层综合图

（1）以嘉二³亚段的第一储层段为地质靶体，以嘉二³亚段第一储层段顶以下2m垂深为入靶点（A点），要求方位234°，靶前距400m。

（2）进入A点后，允许上下各2m，左右各30m，在第一储层段中钻完水平段938m（图1-113）。

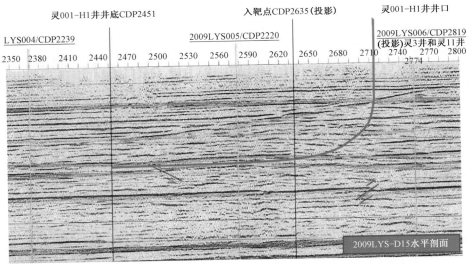

图1-113　灵001-H1井水平段井轨设计于地震剖面投影图

3. 灵001-H1井邻井资料分析

通过对灵001-H1井水平段轨迹附近的邻井灵6井和灵3井分析（图1-114），可以初步预测灵001-H1井地层的发育特征，据此指导本井的地质导向工作。

目的层（第一储层段）视厚度约2m，自然伽马19~34gAPI，电阻率60~300Ω·m，中子孔隙度3%~9%。目的层顶底均为灰岩，目的层内也有灰质夹层发育的可能。储层物性和厚度在横向上可能会发生变化：靠近着陆部位（灵3井）低电阻层位于目的层中上部，而接近完钻部位（灵6井）低电阻层位于储层中下部。

在本井导向过程中，将采用MicroScope工具，运用其提供的高分辨率侧向电阻率曲线和成像，以及近钻头电阻率和近钻头井斜等测量来帮助导向决策。同时，导向中除应用随钻测井资料外，要充分利用岩屑录井和气测资料作为参考来确定目的层位置及着陆、水平段施工时轨迹处在地层中的位置。

4. 灵001-H1井钻前模型的建立

灵001-H1井钻前模型主要依据距离着陆点最近的灵3井地层厚度、测井资料建立二维地质导向模型图。将灵3井的常规测井数据输入地质导向软件，利用建成的地质模型模拟出随钻测井仪在钻遇该地层时的响应特征，然后再与实钻数据对比，模拟地层构造形态，据此调整轨迹，控制轨迹在目的层的最佳位置。图1-115为模拟轨迹上下切储层情况下的测井响应。

5. 灵001-H1井导向风险分析及对策

地质导向钻井风险分析，主要来源于对地质设计的研究和邻井实钻情况的分析。

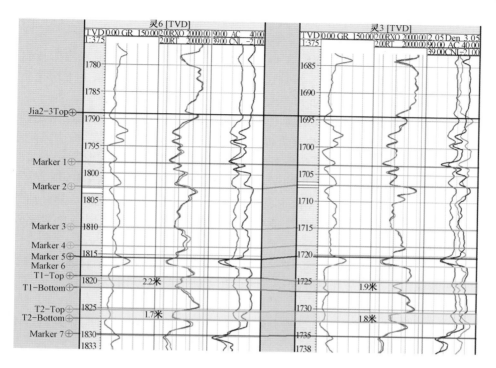

图 1-114　灵 001-H1 井区目的储层特征

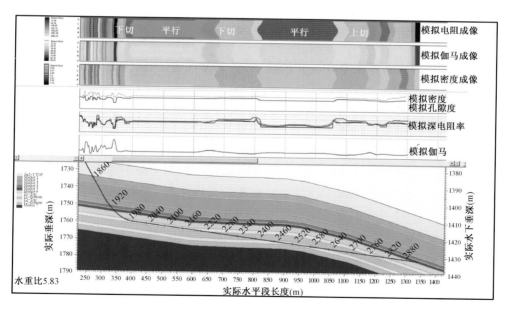

图 1-115　钻前模拟轨迹上下切储层情况下的测井响应

储层单层厚度较薄:灵音寺嘉二^{3}段多数井发育两套储层,储层累计厚度在 5m 左右,纵向上储层单层厚度一般为 0.5~2.5m,厚度很薄,考虑到工具零长,本井导向风险较高。

地层层序不确定性:嘉二^{3}为台内滩亚相,横向变化稳定,可横向对比追踪,储层段平均孔隙度较低。但储层物性存在横向和纵向上的变化,在水平段钻进中会对地质导向储层位置的判断带来难度。

工具在地层中的响应:本井目的层为嘉二^{3}亚段第一储层段,上下围岩均为灰岩,工具在地层中的电测特征及边界响应弱化。实钻过程中要实时关注轨迹与地层上下切关系,岩屑录井油气显示情况,综合判断进行导向,降低导向风险。

地层构造倾角不确定性:从地震剖面上分析,此次地震针对嘉陵江组储层采用高覆盖、小道距采集,剖面的信噪比、横向分辨率显著提高,构造细节更加清楚、丰富,构造风险小。地层整体较为平缓,但是不排出局部地层倾角有较大变化以及钻遇裂缝带的风险。

其他一些风险:本井随钻测井使用的钻具组合为马达 + Microscope + IMPulse,钻具组合离钻头最近的电阻率传感器零长距5.2m,也就是说钻头钻遇某一特征地层时,测井曲线作出反应要滞后5.2m以上,地质导向工程师才能看到这一地层,对于局部地层倾角变化较大的地层,导向风险较高。

随钻测量信号传输受钻井液性能、泵稳定性等因素影响,随钻测井信息的实时性容易受到影响。随钻测井仪器与邻井常规测井仪器之间存在可能的响应差别,对识别地层尤其是判别储层好坏级别等会带来一定风险。

马达的增、降斜能力直接影响到轨迹井斜的调整,其能力若偏小,可能导致轨迹不能赶上地层倾角的变化。

据以上风险分析可以看出,在本井地质导向的过程中,风险不可轻视,需要地质导向师加强重视,充分综合各方资料,全面分析,及时和客户沟通,最大程度降低风险,顺利完成本井地质导向水平井作业。

6. 完钻模型分析

斯伦贝谢地质导向自井深1840m开始接手,至2935m完钻,圆满地完成了本井地质导向任务。

经实钻探明,储层物性和厚度横向存在变化,着陆和前部水平段储层厚度约2m,储层中下部发育较高伽马低阻储层;水平段中后部储层厚度明显变薄,部分井段好储层仅1m,地质导向较为困难;水平段尾部储层物性和厚度都有变好的趋势,且气测显示良好。

经实钻电阻成像倾角计算分析,水平段AB点间地层平均下倾1.43°,水平段前部地层较为平缓,下倾幅度约1.1°;水平段中后部下倾幅度较大约1.8°,局部井段地层倾角较大,呈微波浪形态。灵001 – H1井实时完钻模型见图1 – 116。

7. 地质导向结论及建议

本井6in井眼自1840m开始至2935m完钻,马达钻具两趟钻,纯钻时间150.85h,高效率地完成了着陆及水平段钻进的任务,总进尺1095m,破马达裸眼井段最长纪录,平均机械钻速达7.26m/h。

利用MicroScope高分辨率电阻成像仪器,将轨迹尽力控制在薄储层内,圆满完成了地质目标。AB点之间进尺941m,扣除部分井段由于储层很薄而擦顶/底井段和局部,高电阻夹层累计85m,好储层段长856m,储层钻遇率91%。

实钻过程中,高分辨率电阻率成像充分体现了其准确倾角提取的优势,极大地帮助了构造

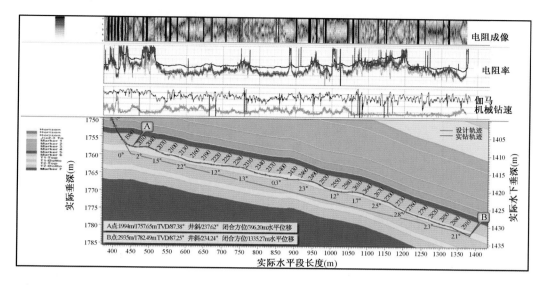

图1-116　灵001-H1井实时完钻模型(2935m)

和地层特征判断、实时储层评价和轨迹控制。同时近钻头电阻率和近钻头井斜测量也为快速导向决策提供了准确依据。为本井薄储层地质导向目标的实现起到了关键性作用。

本井为MicroScope高分辨率电阻率成像工具第二次成功应用于中国市场,为了保证该井成功应用,钻前斯伦贝谢公司DM和DCS部门进行了深入分析和研究。实钻过程中,气矿领导对地质导向给予了大力支持,实时紧密地合作保证了本井的成功完成。

本井6in井眼,斯伦贝谢公司自1840m接手,交接点闭合方位242.03°,与设计偏差较大,最终采用了6°~7°狗腿度在增斜的同时逐渐扭动方位成功实现着陆,但未能满足着陆点位置达到设计闭合方位234°要求。建议今后加强井斜方位的矫正。

本井6in井眼自1840m开始至2935m完钻,总进尺1095m,打破马达裸眼井段最长纪录。但水平段过长会带来马达滑动上的困难,定向井工程师无法准确估计增、降斜滑动效果,为了保证轨迹不钻出薄储层,势必形成上下轨迹波动,加大工程风险且影响钻遇率。建议水平段中后部采用旋转导向工具,可以保证轨迹的平缓,近钻头探测点可以精确检测钻头井斜。

四、罐008-X1井地质导向应用实例

1. 地质概况

罐008-X1井位于四川省开江县骑龙乡新店子村2组,位于沙罐坪构造北部轴偏东翼,距离罐25井最近。沙罐坪气田区域构造位置属于四川盆地川东南中隆高陡构造区温泉井构造带,为温泉井背斜西南端东翼断下盘的断鼻构造,其东北部与温泉井构造相接,西南部与檀木场构造相邻,东南部隔大方寺向斜与大天池构造带的义和场构造相望,东邻罗顶寨向斜。

该区构造是在受到北西向和北东向两组构造压应力的作用下形成的,故地腹构造呈现为多鼻褶和多断层的复杂构造格局。从阳新统底界构造形态来看(图1-117),沙罐坪潜伏构造与温泉井温3号断层南翼断下盘正鞍相接,南倾没端与檀木场潜伏构造鞍部接触,整个构造呈北北东向,构造西北翼陡,东南翼缓,其西北翼主要受温4—罐1和罐2号断层控制,东南翼发育有罐 3、罐 12、罐 13、罐 22 号等断层,在构造的东南翼向东南方向伸出一个完整的鼻凸,该鼻凸倾没于东南大方寺向斜。沙罐坪构造高点位于 inline540、crossline740 附近,高点海拔 −3620m,最低圈闭线为 −3900m,闭合度 280m,闭合面积 6.7km²。

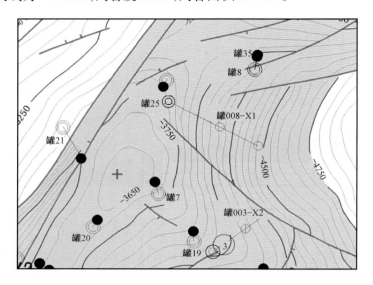

图 1−117　沙罐坪构造阳底地震反射构造图

沙罐坪构造西北翼及北端为断层封隔,东南翼和西南端(罐 31 井以南)岩性尖灭或物性极差,为地层—构造复合圈闭。

从石炭系地层厚度统计上看,地层厚度最小位于罐 18 井区,厚度仅有 1.9m;厚度最大为罐 14 井区,厚度为 80m(罐 10 井钻遇陡带,其地层厚度不具有代表性),一般为 55 ~ 75m。

纵向上,C2hl1、C2hl2 和 C2hl3 的厚度有一定的差异,C2hl 1 厚度较薄,钻厚 1.9 ~ 16m,平均厚度 8.99m,最薄处位于罐 12—罐 18 井区,其次是罐 19、罐 20、罐 3、罐 7、罐 8、罐 25 井区;C2hl2 厚度居中,钻厚 0 ~ 29.5m,平均厚度 20.79m,最薄处罐 12 ~ 18 井区被剥蚀殆尽,最厚处在罐 14 井区,厚度达 29.5m;C2hl3 厚度最大,钻厚 0 ~ 44.5m,平均厚度 29.06m,最薄处在罐 12—罐 18 井区北剥蚀殆尽,最厚处在罐 19—罐 20 井区,罐 2、罐 8 井区,厚度超过 40m。

该地区石炭系上部岩性主要为灰岩,中部为云岩、角砾云岩、砂屑云岩、灰质云岩、云质灰岩、不等粒灰岩组合,底部灰黑色灰岩夹乳白色硬石膏。根据沙罐坪气田石炭系的岩心及薄片观察结果,石炭系储层的储集空间主要有粒间孔及粒间溶孔、粒内孔及粒内溶孔、晶间孔及晶间溶孔、体腔孔及膏模孔等。虽然沙罐坪石炭系储层孔隙类型多,组合复杂,但是根据罐 3 井薄片鉴定资料,70% 以上的孔隙均经过溶蚀改造,粒间孔及粒间溶孔占总孔隙的 48.3%,晶间(溶)孔占 21.3%,溶孔占 10.3%,其他孔隙占 19.5%。表明沙罐坪石炭系储层孔隙类型以溶孔为主。

2. 罐 008 − X1 井地质目标

根据实钻资料及地震预测,罐 008 − X1 井入靶点定在三维地震 inline585、crossline763 测线交叉点附近。罐 25 井石炭系钻厚 59m,经校正地层真厚为 57.89m,据电测曲线,储层段厚 20m。罐 35 井石炭系井深钻厚 59m,经校正地层真厚为 55.87m。按电测曲线,储层段厚 16m。由此设计罐 008 − X1 井石炭系地层厚度为 60m,储层厚度 20m,位于石炭系顶下 30m。

地质目标:按照水平井地层及水平井的理论状态和地质目的要求,本井预计钻达石炭系顶点 P,海拔 -4130m,垂深 4730m;钻达入靶点 A(储层顶界),海拔 -4217m,垂深 4817m;再经 671m 的靶区水平钻进(水平位移 600m,垂直位移 301m)到达出靶点 B 裸眼或衬管完钻,海拔 -4518m,垂直井深 5118m(图 1-118)。

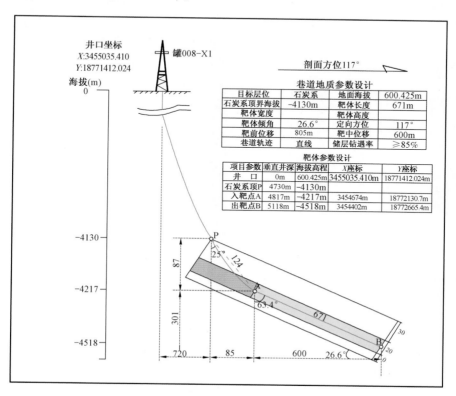

图 1-118 罐 008-X1 井靶体纵向示意图

3. 罐 008-X1 井邻井资料分析

根据沙罐坪构造阳底地震反射构造图,罐 25 井和罐 35 井相对较近,是具有参考意义的邻井。本井离罐 25 井相对最近,因而选取罐 25 井作为主要参考井,进行储层特征分析(图 1-119),罐 25 井中部发育物性较好的云岩,是罐 008-X1 井的目的层。

4. 罐 008-X1 井钻前模型的建立

依据罐 008-X1 井钻井地质设计中各个地质层面及其垂深的数据,建立最基本的二维地质模型。然后将上部井眼实钻数据导入,对模型进行精细调整,得到钻前地质导向模型。

利用地质模型,分别在不同的情形中,模拟出随钻测井仪器在钻遇该套地层时的特征响应,帮助地质导向。模型图分成上、下两部分,上部分别是模拟出的中子孔隙度与密度、电阻率、自然伽马曲线,下部所示为地层模型。

斯伦贝谢公司接手时,预计井深 5168m、垂深 4790.15m、井斜 46.8°、方位 77.33°、闭合位移 722.7m、闭合方位 104.5°。垂深 4788m 后伽马值降低,当前井底位置可能已进入石炭系,

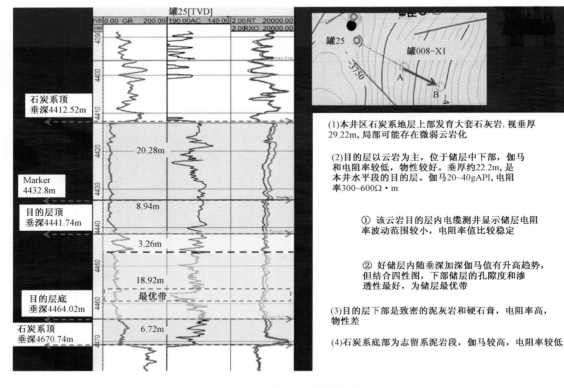

图 1 - 119　罐 25 井储层特征分析

但由于缺少最后的电阻率、密度及孔隙度测量数据,无法确定,需进一步确认石炭系顶位置。

5. 罐 008 - X1 井地质导向风险分析

通过钻前对地质情况进行研究和分析,结合实钻情况,本井地质导向存在以下风险。

(1)储层岩性、物性的不确定性:无邻近岩性数据参照,电阻率数据以及储层连井剖面图上,储层纵向上变化强烈。

(2)储层岩性、物性的不确定性,目的层厚度、倾角的不确定性:据地震剖面分析,地层相对连续,地层下倾约 26°,但该区域断层发育,地震资料可能失真,设计轨迹前方没有实钻邻井,地层倾角的估计依赖地震及曲线拟合,构造不确定性高。

(3)工具的局限性:MicroScope(高分辨率电阻率测量仪)高分辨率电阻率成像可在实时导向过程有效帮助认识地层倾角变化,但是对于横向变化及地层突变仍具有一定的局限性;工具仅在钻具旋转时可以获得电阻率成像,在滑动增斜着陆过程中无法实时提取倾角。

(4)钻井安全的不确定性。

其他风险:

(1)随钻测量信号传输受钻井液性能、泵稳定性等因素影响,随钻测井信息的实时性容易受到影响,不利于地质导向。

(2)随钻测井仪器与邻井常规测井仪器之间存在可能的响应差别,对识别地层尤其是判别储层好坏级别等会带来一定风险。

（3）马达的增、降斜能力直接影响到轨迹井斜的调整，其能力若偏小，且增降斜效果经常受地层影响，可能导致轨迹不能赶上地层倾角的变化。

6. 完钻模型分析

完钻工具起出后，地质导向模型中导入内存数据，进行进一步分析。分析后认为，后面的两个断层相对第一个来说，可能性偏小，于是取消了作为断层的理解，更新模型，见图 1 – 120。

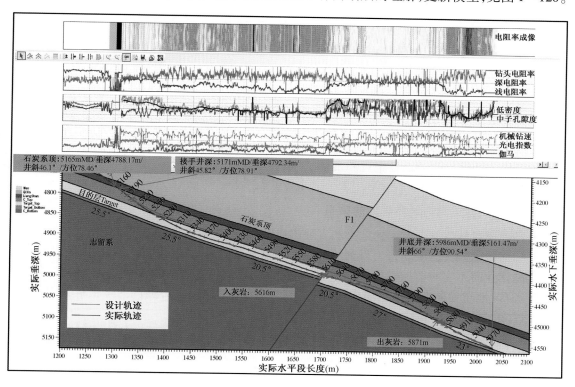

图 1 – 120　罐 008 – X1 井内存数据地质导向完钻模型

地震剖面钻井方向显示地层下倾，三维切片分析为 20°，同向轴存在错段。实钻结果表明地层下倾幅度较大，20°～30°，且发育有断层，具体情况见表 1 – 5。

表 1 – 5　罐 008 – X1 井地层倾角钻前钻后对比表

井段（m）	– 5267	5267～5655	5655～5855	5950～5986
钻前设计（°）	26.6°下倾（地质设计），24°下倾（井间夹角计算），20°下倾（地震剖面）			
钻前预测（°）	23.5°下倾			
实际钻遇（°）	25.5°下倾	20.5°下倾	27°下倾	23°下倾
断层	5616m 发育逆断			

7. 地质导向结论

（1）实钻结果表明：石炭系储层整体存在，厚度岩性发育相对稳定；地层倾角与设计有所出入，介于 20°～30°下倾，且发育断层。

（2）本井石炭系储层在横向上和纵向上，展布相对稳定，局部存在物性变化。

（3）斯伦贝谢公司自5171m接手，5986m完钻，完成进尺815m；其中云岩464m，灰岩351m。由于本井钻遇断层，故不计算钻遇率。

（4）本井钻井过程中，狗腿度相对小，机械钻速快（5~10m/h），可钻性好。

（5）MicroScope的近钻头电阻率以及较宽的电阻率测量范围有效地帮助了灰岩段电性特征的分析与井间对比，在着陆段减少了灰岩段进尺。

（6）本井虽然由于断层钻遇了灰岩段，MicroScope的高分辨率成像较大程度地帮助了地层倾角的分析及构造的识别；方位、伽马以及钻时、气测、岩屑录井资料得到了有效的应用。

第八节　地质导向技术应用的几点认识

随着国内水平井开发的规模化，地质导向技术的重要性逐渐得到了越来越多的认可。但是，由于此项技术在国内应用一直处于初级阶段，加上国内储层复杂多变，在作业过程中遇到了各种各样的问题。通过资料整理和统计，发现很多地质导向技术运用的误区和局限性，本节就以下几个方面进行讨论。

一、随钻测井工具与地质导向的关系

通过前面对地质导向技术的定义和发展趋势的阐述，可以看到地质导向技术的实施是通过地质导向技术人员的主动行为得到的结果。如果只是运用了随钻测井工具按照设计的井眼轨迹实施作业而不实时监控模拟和调整，那么这样的行为就不能称为地质导向作业。图1-121是RTGS地质导向电阻率反演模型，颜色越浅表示电阻率越高，黑色的是上覆泥岩，中部

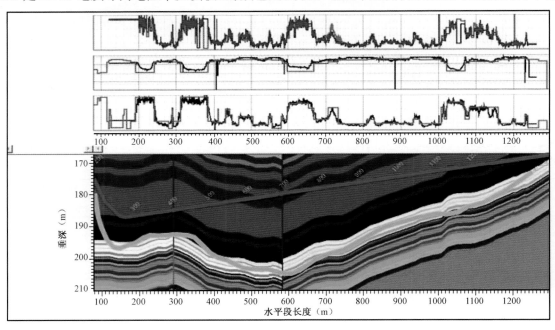

图1-121　实时地质导向模型

浅黄色和白色层位为储层;蓝色的是设计轨迹,如果运用了随钻测井工具却不实时监控模拟和调整轨迹,那么该井将没有任何有效进尺,井眼轨迹完全处于泥岩层段;绿色的是地质导向师实时调整后的轨迹形态。

二、几何导向与地质导向的关系

部分钻井作业人员一直认为将水平段井眼轨迹控制在设计靶区内(几何导向)就能够实现提高产能的目标,但是并不清楚实际油气藏地质情况的复杂性。这一点在上面的例子中就可以很清楚地理解。当地质状况,特别是地质构造发生较大变化时,作业前设计的井眼轨迹和靶区需要在实钻过程中讨论并及时修正,而不是教条地遵照执行。

三、地质导向人员作用的认识

不同测井工具有不同的测量原理和计算方法,与之相应的工程应用软件中所运用的计算方法是有很强针对性的。作为专业的地质导向人员,专业的培训、不同区域储层岩性作业的经验和相关软件模块使用的权限都保证了地质导向人员在实时导向过程中对数据的正确判断和分析。因此,专业的地质导向人员在水平井地质导向作业中作用是不可忽视的。

在地质导向技术定义的阐述中提到了成功的导向作业需要三方面人员的密切交流和团队协作。地质目标的实现需要钻井或定向井工程师的配合,同时作为区域地质专家的客户地质师也是非常重要的团队核心之一。当地质状况发生重大变化时,工具的响应会有异常或无法识别,而地质导向师对区域的了解程度和深度都可能不如客户地质师,这时唯有结合双方的强势才可能成功地实现地质导向作业,圆满完成钻井目标。

四、对地质导向目的的认识

随着整装油藏的完善开发,目前面临更多的是更为复杂的储层构造形态。这时单纯的数字化砂层钻遇率略显不足。

例如,在西南油气田某储层,其横向分布不确定性高,属于三角洲水下分流河道沉积相特征,同时仅有大尺度构造特征认识,而没有满足水平井导向尺度要求的构造认识,如果要想得到好的油气显示,仅仅定义砂层钻遇率在这个区块意义不大,而在砂层中寻找储层并保持高孔隙度储层钻遇率才是水平井设计的目标。

再如,底水油藏开发,如何延迟水侵时间是提高单井生产寿命和产量的关键,见图1-122。红色轨迹和蓝色轨迹在钻井过程中的储层钻遇率均为100%,但是,在这种底水油藏情况下,蓝色轨迹更符合提高单井生产寿命和产量的目标。

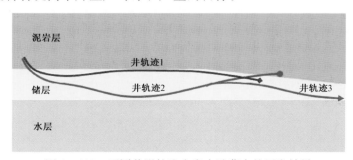

图1-122　不同井眼轨迹在底水油藏中的开发效果

第二篇
旋转导向与定向钻井技术应用及发展

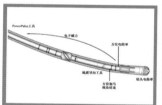
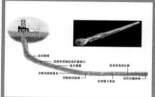
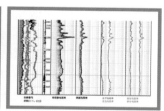

20 世纪中期,工业化浪潮席卷全球,全球对石油的需求量迅猛增加,促使人们在遥远和条件恶劣的地区开采石油。海上油田和受自然环境制约地区的油藏开发促使定向井技术快速发展,并得到了广泛应用。到目前为止,定向钻井技术的发展大体经历了四个主要阶段:(1)利用造斜器(斜向器)定向钻井,测量仪器最初为氢氟酸瓶,主要用于避开落鱼的侧钻井;(2)利用井下马达配合弯接头定向钻井,测量仪器以单多点磁性照相测量仪和电子单多点测量仪为主,在井较深(大于 1500m)和井斜角较大(大于 15°)的情况下需要用有线随钻测量仪方能较顺利地完成定向作业,用于常规定向井;(3)利用导向马达(弯壳体螺杆钻具)和 MWD(随钻测量)导向钻井,20 世纪 80 年代中后期和 90 年代主要应用于高难度定向井和水平井,随着 MWD 仪器的普及,目前也常用于常规定向井以提高施工效率;(4)利用旋转导向系统和 LWD(随钻测井)或近钻头地质导向测量参数进行导向钻井,主要用于解决复杂油气藏的高难度水平井及大位移水平井的钻井难点。

第一章　旋转导向钻井

第一节　概　　述

应用导向(螺杆)马达导向钻井,在滑动导向模式时,钻柱不旋转,贴靠在井底,钻头只在马达内部转子带动下旋转。因此,作用在钻柱上摩阻力的方向为轴向,在大斜度定向井和水平井的钻井过程中常常会导致给钻头加压困难,即现场通常所说的"托压"严重的问题;在调整井眼轨迹时容易造成"台阶",使得井眼不光滑;由于钻柱不旋转,因此不利于携屑,从而在井底形成岩屑床,增加了卡钻风险。由于以上一些不利因素,降低了施工效率,增加了作业风险。为克服导向马达在复合钻井模式下的不足,自20世纪80年代后期开始,石油界开始了对旋转导向钻井技术的研究。到20世纪90年代初期,以斯伦贝谢公司为代表的多家公司推出了商业化旋转导向技术。在用旋转导向技术钻井时,井下仪器单元在钻柱旋转过程中以推靠(井壁)式或指向式的方式实现定向井的轨迹控制,施工时始终以旋转钻井的方式钻进,因此携屑好,钻出的井眼轨迹光滑,作业效率高,有利于后续阶段的作业施工和降低作业风险。同时,由于井下仪器和地面可以钻井液脉冲方式来实现双向通信,控制井下仪器单元改变工具面的指向,从而进一步提高了作业效率和降低了作业风险。旋转导向钻井技术的上述优势,使得该项技术在高水垂比水平井、大位移井等特殊工艺井的施工中得到了广泛应用。

斯伦贝谢公司推出的旋转导向钻井系统的特点可以总结为以下几点。

(1)全程旋转:斯伦贝谢的旋转导向系统,无论是推靠式还是指向式,均可以实现全程旋转。所谓全程旋转,是指井底的仪器系统的每个单元和部件与井底钻具组合(BHA)以相同的角速度在同时旋转。

(2)工具尺寸比较完备,可满足各种井眼尺寸的钻井需求:目前,推靠式旋转导向系统可以提供所有常规井眼的钻井服务,对于特殊要求的井眼也可以提供不同的导向偏置单元来满足客户的需求。指向式旋转导向系统目前可以提供9in和6.75in的仪器服务。

(3)自动巡航功能:在稳斜井段,井下工具进入自动巡航状态,仪器自我判断井下的井斜状态,自动进行工具面的调整,避免了人为的干预时间,有效提高了钻井效率。

(4)双向通信系统:可根据预先设计的钻井液脉冲序列来实现地面与井下系统的双向通信。

(5)近钻头传感器:包括井斜和自然伽马测量,为井眼轨迹调整和地质导向的及时决策带来了极大便利。

(6)增强动力可选服务:斯伦贝谢的旋转导向系统均可以附加专用的螺杆动力单元(vorteX),在顶驱受限的情况下,进一步提升井下仪器的动力,进而提升钻井效率。

(7)匹配能力:可与斯伦贝谢的各种随钻测量仪器(MWD)和随钻测井仪器(LWD)实现实时数据链接。

斯伦贝谢公司推出旋转导向系统的历程(图2-1)如下：

(1)1999年推出了第一代推靠式旋转导向工具PowerDrive Xtra系统。

(2)2004年推出了第二代推靠式旋转导向系统PowerDrive X5和垂直钻井系统PowerV。

(3)2006年推出了指向式旋转导向系统PowerDrive Xceed。

(4)2009年推出了附加动力旋转导向系统PowerDrive vorteX。

(5)2010年将现有的PowerDrive X5工具全部升级为PowerDrive X6,完善工具在不同井况下的系统稳定性和可靠性。

(6)2010年推出了用于高造斜率条件下钻井的混合式旋转导向系统PowerDrive Archer。该系统已在国外许多油田得到应用。

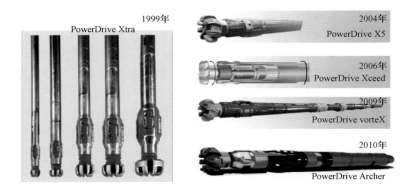

图2-1　旋转导向钻井系统年鉴

自从斯伦贝谢公司推出旋转导向钻井系统以来,旋转导向系统的应用逐年增加,钻井总进尺从2006年的5898km逐年增加到2011年的19740km(图2-2),其中以PowerDrive X5/X6的应用最为广泛,其次是PowerDrive Xceed、PowerDrive VorteX、PowerV(图2-3)。由于Power-Drive Archer仍未进行大规模应用,在此不作详细介绍。

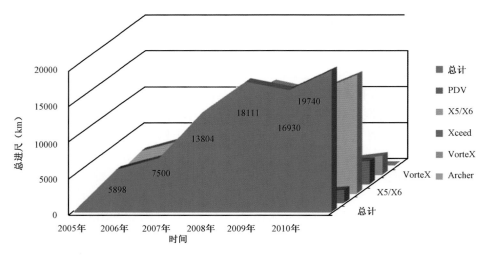

图2-2　旋转导向钻井应用统计结果

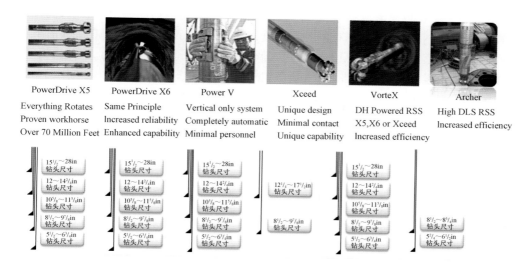

图 2-3 斯伦贝谢推出的系列旋转导向系统

第二节 推靠式旋转导向系统 PowerDrive X5／X6

PowerDrive X5 属于推靠式旋转导向系统(图 2-4)。通过可控的推靠块推靠井壁改变工具的造斜方向,从而对井眼轨迹进行控制。该系统主要由偏置单元(bias unit,BU)、控制单元(control unit,CU)、接收单元(reciever)和柔性短节(flex joint)构成。其中接收单元用于与随钻测量仪器的信号连接和传输;柔性短节用于调节钻具组合的刚性,以满足井眼狗腿度的要求。下面重点介绍偏置单元和控制单元的组成和原理。

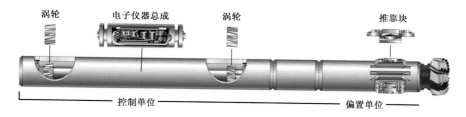

图 2-4 推靠式旋转导向系统示意图

偏置单元外镶三个推靠块,以 120°分布在单元的外体上。在导向过程中,推靠块通过推靠井壁的方式使偏置单元发生偏置,随着钻井的进行,井眼轨迹就会向设定的目标钻进,最终达到导向的目的。

偏置单元的控制工作是由一根控制轴和与其对应连接的阀门配合完成的,其上端通过控制轴与控制单元相互连接,其下端直接与钻头连接,如图 2-5 所示。偏置单元拥有三个可以沿径向伸缩的推靠块,当推靠块伸展时,偏置单元处于过满眼尺寸,推靠块接触井壁并向井壁施加压力,工具串获得一个反向推力。偏置单元的核心部件是由一对高、低位啮合阀门构成的控制阀门总成(图 2-6),可以保证在任意时刻三个推靠块中有且仅有一个推靠块进行伸展。

其中,低位阀门与偏置单元紧密相连,其上有三个通道,每个通道通向一个推靠块;高位阀门通过一个控制轴与控制单元相连,并有单一的通道,该通道的设计目的是保证在旋转时低位阀门与高位阀门上的通道能够重叠。只有这样,高、低位阀门上的通道才能相通,钻井液流经通道,其液压才能作用于推靠块并使其伸展,从而在偏置单元和井壁间产生作用力,该作用力将推动钻头反方向切割地层。在定向模式下,井下电子仪器总成(即控制单元)精确有序的控制工作,可保证钻具每旋转一周,高、低位阀门在指定方向上重合三次,三个推靠块在此方向上依次打开,保证钻具按照设计方向精确钻进。

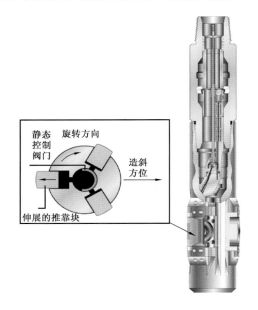

图 2-5　偏置单元(BU)

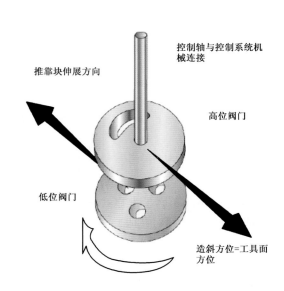

图 2-6　控制阀门总成

为保证钻井液中的块状物不会堵塞通道,工具上方加装了一个入口滤网;用于驱动偏置单元推靠块的钻井液首先通过此滤网,确保不会因钻井液中的块状物导致井下工具失效。

控制单元位于偏置单元之上的无磁钻铤中,是一个被固定在轴承组中的电子仪器总成(图 2-7)。控制单元可以独立于钻铤本体自由旋转,也可以静止于所要求的工具面方位上,而与此同时,整个钻具的其他部分仍然保持旋转。

控制单元以机械方式对偏置单元进行控制。在定向过程中,控制单元通过一对扭矩稳定器维持自身静止不转动,保证工具面稳定不动。

扭矩稳定器的主要部分是两个旋转方向相反的涡轮转子永磁交流发电机。正常工作过程中,扭矩稳定器由一套精密电子系统控制,低位扭矩稳定器按照逆时针方向旋转,高位扭矩稳定器按照顺时针方向旋转,由此产生扭矩,用于平衡来源于轴承组件和偏置单元控制阀门总成的动态摩擦力。

控制单元通过运用多种传感器来确定自身的方位,包括三轴重力加速计、三轴磁力计、倾斜陀螺仪、钻铤磁铁和磁力计。

高位扭矩稳定器通过涡轮发电机获得主要动力,同时一个内置的密封电池也为高位扭矩稳定器提供动力(主要为计时器和数据记录提供动力)。

控制单元顶部有一个外接通信端口,当工具返回地面时不需要拆开钻具即可通过此端口与控制单元通信,并进行编程;同时也可以通过该外接端口下载内存数据。

为使控制单元能够自由旋转,控制单元被固定于轴承组中,而轴承组则安装于无磁钻铤中。整个系统进行导向时,控制单元接收工具内部重力加速计和磁力计提供的信号,通过伺服控制系统使控制单元静止不动。

旋转导向系统与导向马达的不同之处在于,前者可在不改变井下工具工作状态的情况下完成对井眼轨迹的调整。入井前,在控制单元输入偏置指令,每条指令对应于某方向上某种程度的造斜率。入井后,如果要对井眼轨迹进行实时调整,则需要对控制单元发出下联信号(下联是由定向井工程师在地面向井下工具发出调整工作参数和模式的一种方式)。一个下联信号是通过有序的钻井泵排量的高低变

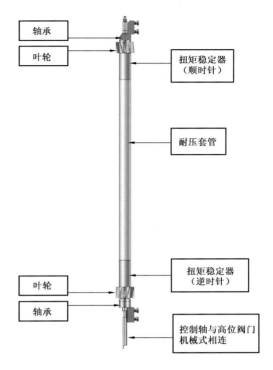

图 2 - 7　控制单元(CU)

化而组成的一组二进制编码,其中高排量对应编码为 1,低排量对应编码为 0。控制单元通过扭矩稳定器上涡轮转速的变化感知排量的变化。即井下工具在收到井上通过钻井液排量高低变化而组成的信号后,会自动解析,执行该下联信号所对应的指令,自动对工具面进行控制,在可行范围内调整任意方向上的井眼轨迹,直至收到下一个下联信号为止。

发出下联信号和正常打钻可以同时进行,而不会相互干扰。在发出下联信号期间,MWD仍然可以正常地将实时数据传输至地面。对于推靠式旋转导向系统,下联信号可以改变表 2-1 所列参数。

表 2 - 1　推靠式旋转导向系统下联信号参数

指令	描述
所需工具面角度	设置一个固定的工具面角度,或增加、减小工具面角度(工具面可能是重力工具面,也可能是磁力工具面,由井斜而定)
导向功率	设置一个固定的导向功率数值。该参数将会控制工具的定向时长占一个工具导向周期的百分比,可由 0～100%,以 10% 为改变单位

为达到较好的钻井效果,在使用推靠式旋转导向系统时,推荐使用较高的地表转速,以120r/min 以上为宜。高转速可以提高推靠块伸展频率,取得更好的造斜率。另外,为保证推靠块对地层有足够的推靠力,应该保证钻头和推靠块上的水力压降总和维持在 5MPa 左右。因此,在每次工具下井之前,需要根据钻井液性能优化钻头水眼设置。如果由于工程原因(比

如排量限制)无法达到此压降数值,可以在工具下井前由定向井工程师通过设计,选择合适的限流器并安装到旋转导向工具内(限流器会在地表排量不变的条件下,通过增加流经控制阀门组的钻井液流量占总流量的百分比,达到增加钻头和推靠块上总水力压降的目的)。

推靠式旋转导向系统可以在多种钻井液系统中正常工作,如油基钻井液、合成油基钻井液和水基钻井液。当需要在一种全新的或未经实验过的钻井液中进行作业时,需要在实验中心检验该钻井液与工具内部人造橡胶之间的匹配性能。当钻井液的 pH 值大于 12 时,工具内部的密封性能会受到很大影响,因此旋转导向系统不能在此环境下作业。另外,由于钻具组合的使用寿命取决于钻井液中含砂量的大小,钻井液的最高含砂量不宜大于 1%。

推靠式旋转导向系统自面世以来,以其全程旋转的特性解决了常规马达导向滑动钻井中钻压施加与工具面控制困难的问题,同时也提高了井眼清洁效率,改善了井壁质量,大大提升了钻井效率,并为后续固井、完井工作打下了良好基础;采用旋转导向系统之后,一些以传统技术难以完成的钻井作业,比如超深井和大位移井作业在今日也成为可能(图 2-8)。

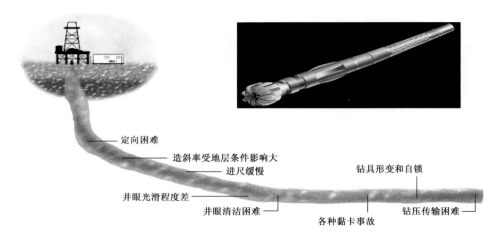

图 2-8　使用传统钻具钻井所遇到的困难

推靠式旋转导向系统的另一个特点是提供了近钻头的井斜、方位和自然伽马测量。这些测点距钻头最近处仅有 2m(此数据对于不同尺寸工具,略有不同),这既方便了定向井工程师控制轨迹,又为地质导向师实施实时地质导向服务提供了可靠依据。两者通力合作,可以将井眼轨迹钻至最佳储层,保证较高钻遇率,提高单井产能。

旋转导向系统在国内首先应用于中国南海的海上深井和大位移井。自 2000 年至今,推靠式旋转导向系统已经在中国南海、渤海湾和陆上成功完成 30 多口大位移井作业,其中大位移井测深超过 8000m,水垂比超过了 4.0,这些成果是传统钻具所无法实现的。

目前,中国南海某区块大位移井的水垂比居国内之首(图 2-9)。该井 17.5in 井段造斜至 85°,钻达井深 1072m。在钻完水泥塞后,12.25in 井段作业使用推靠式旋转导向系统从 1072m 一趟钻,稳斜钻至设计井深 5452m;8.5in 井段继续使用推靠式旋转导向系统完成着陆。该井总完钻井深为 6300m,水垂比达到 4.58。

该井的最大难点为长达 4380m 的大井斜稳斜段。根据以往经验,在使用传统钻井工具钻进时,随深度增加,马达托压现象严重,机械钻速大幅度下降,如图 2-10 所示。可以看到在较

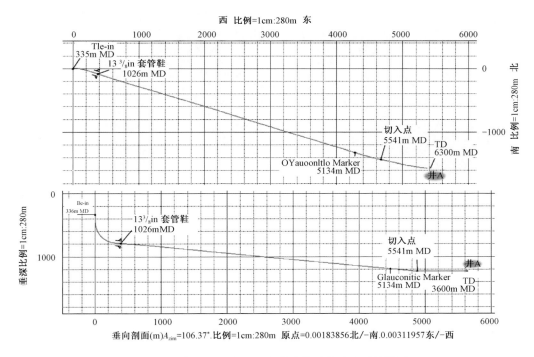

图2-9　南海最大水垂比大位移井垂直及水平投影图

浅地层,由于井斜较小摩阻相对较小,所以不需要施加高钻压也可取得理想的机械钻速;随井深和井斜增加,由于摩阻急剧增大,尽管施加了较高的钻压,但其影响大部分被摩阻所抵消,因此机械钻速相对浅层反而有较大下降。

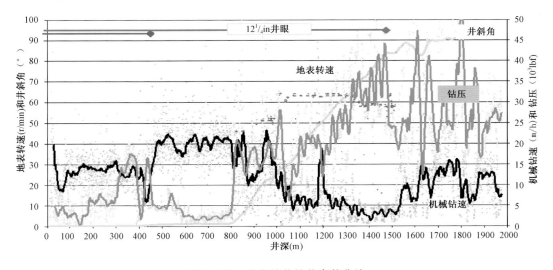

图2-10　大位移井钻井参数曲线

同时,由于交替采用滑动钻井和旋转钻井,造成井壁起伏,井眼轨迹不光滑,增加了潜在的卡钻风险(图2-11)。

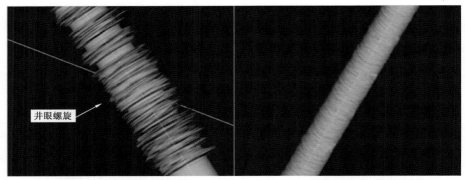

(a)马达钻井井壁质量成像   (b)旋转导向钻井井壁质量成像

图 2 - 11   马达钻井与旋转导向系统钻井井壁质量成像对比

    应用推靠式旋转导向系统由于消除了滑动钻井带来的影响,机械钻速明显提高,12.25in 和 8.5in 两个井段都为一趟钻完,且井壁光滑,为后续的下套管、固井等作业带来很大便利,使建井周期大大缩短。

    除大位移井外,推靠式旋转导向系统在定向井和超深井中也进行了大量的应用,显示了其卓越的性能。图 2 - 12 为在西部某两口相邻超深井中使用马达和使用推靠式旋转导向系统的钻井效果对比。

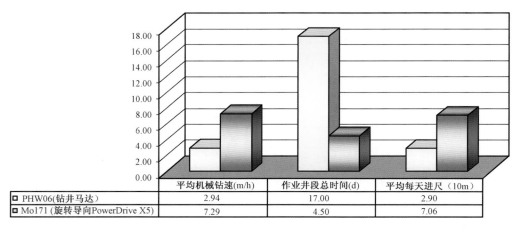

	平均机械钻速(m/h)	作业井段总时间(d)	平均每天进尺（10m）
□ PHW06(钻井马达)	2.94	17.00	2.90
▣ Mo171(旋转导向PowerDrive X5)	7.29	4.50	7.06

图 2 - 12   马达和推靠式旋转导向系统钻井效果对比图

    从图 2 - 12 中不难看出,使用旋转导向系统可以很好地解决马达滑动钻井带来的托压问题,使得在相同深度井段的钻井效率大大提高(平均机械钻速由 2.94m/h 提高到 7.29m/h,提高了 148%)。

第三节   指向式旋转导向系统 PowerDrive Xceed

    PowerDrive Xceed(图 2 - 13)属于指向式旋转导向系统。

    指向式导向是指在钻具连续转动的同时,将钻头指向所需方位而进行定向钻进的导向方

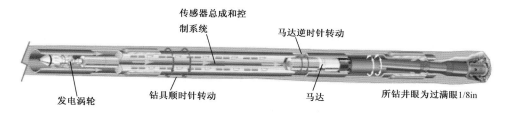

图 2 - 13　PowerDrive Xceed 工具总成图

式。工具不是通过扶正器或其他外在调节工具,而是通过一个内部伺服电动机对钻头驱动轴的工具面进行连续地控制而实现指向式导向(图 2 - 14)。这样可实现复杂工况条件下高质量的定向钻井作业,同时使工具本体的磨损最小。

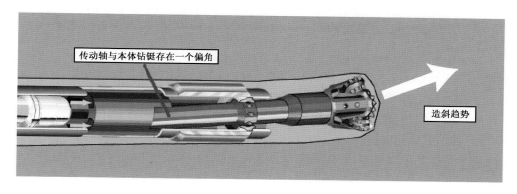

图 2 - 14　钻头指向式工作原理示意图

　　通过工具间的实时数据通信,井下钻井工况可以得到实时更新,以便实施复杂井眼轨迹的钻进,并同时得到较高钻速。虽然,此工具不依赖其他工具,可以独立进行"盲打",但是仍然推荐与 MWD 工具一起工作,通过钻井液脉冲信号将井下钻井工况的实时数据上传到地面。

　　与推靠式旋转导向系统相同,地面人员也是通过钻井泵的高低排量变化形成的下联信号与井下工具进行通信,该指令拥有高达 256 种不同的组合。工具接收到这些下联信号会通过电子系统进行解码,然后在对应的某方向上造斜来实现方向性导向。与推靠式旋转导向系统的下联信号不同,指向式旋转导向系统下联信号除改变所需工具面角度和导向功率以外,还可改变机械钻速参数和控制模式,如表 2 - 2 所示。

表 2 - 2　指向式旋转导向系统下联信号

指令	描述
所需工具面角度	与推靠式旋转导向系统相同
导向功率	与推靠式旋转导向系统相同
机械钻速参数	该参数定义了一个工具导向周期的时长,而一个工具导向周期时长由定向钻进时长和稳斜钻进时长两部分构成。该时长由机械钻速所决定,此参数为 0 ~ 6,对应不同范围的机械钻速
控制模式	该功能可以使操作人员对 Angle X(重力场方向与磁力场方向在工具横截面上的投影之间的夹角)的来源进行选择,此角度进而会应用于控制工具面角度

PowerDrive Xceed 工具支持多种控制模式,这些模式与井眼轨迹的类型密切相关。例如,在大位移井的长稳斜段中就可以选择稳斜稳方位模式,井下工具会保持现有的井斜和方位自动向前钻进,当井斜方位发生变化时,工具会自动调整(不需人工干预)到设定的井斜方位。

指向式旋转导向系统由发电总成、电子元器件总成和导向控制总成三部分组成。

(1)发电总成。

发电总成(CRSPA)为工具的导向马达和所有电子元器件提供电力,位于工具本体钻铤内部的最上部。

发电总成是一个固定于充满润滑油的压力补偿舱内的涡轮驱动三相单极交流电动机(图2-15)。

图 2-15 发电总成(CRSPA)

实时数据链接端口(EXTM-GA,MEXM-BA)固定于发电总成的顶部,用于与 PowerDrive Xceed 相连接的随钻测量工具(MWD)或随钻测井工具(LWD)实时数据传输。

钻井液流经工具时会驱动涡轮,带动交流发电机为工具各组件提供电力。在控制和测量部件中,导向马达需要高电流(压)电力(6A,350V)驱动,而标准5V和13V电压将为传感器组和其他电子元器件组提供电力,并在每次工具开关转换时,保证重要的工具配置数据完好地存储于自带的内存中。

(2)电子元器件总成。

电子元器件总成(CRSEM)包括所有的电子元器件及测斜传感器总成,如图2-16所示。

图 2-16 电子元器件总成(CRSEM)

电子元器件位于 CRSEM 内部,拥有可以控制交流电动机输出电流的电路。电子元器件总成可以解调下行及传感器信号,驱动导向控制总成,并将数据传输给 MWD 和存储于内存。

(3)导向控制总成。

导向控制总成(CRSSA)通过对钻头驱动轴的操控,以对井眼轨迹进行导向。该总成位于本体钻铤中的底部,在电子元器件总成之下,如图2-17所示。

图 2-17 导向控制总成(CRSSA)

导向控制总成的核心部件是一个直流伺服电动机和由此电动机驱动的一根偏心轴。驱动钻头传动轴经过偏心轴承发生角度偏移,使其轴线与外部钻铤中心线始终保持一个固定的夹角;在保持此夹角不变的情况下,电子系统通过伺服电动机使偏心轴指向不同方向,从而使钻头在该方向上进行定向钻进。

　　同推靠式旋转导向系统一样,指向式旋转导向系统不仅具有全程旋转的特性,而且还具有近钻头的井斜、方位测量特性。其独特的指向式定向方式在保留了推靠式旋转导向系统所具有的优势之外,还提供了更高的造斜能力。这使在一些高狗腿度的三维定向井中使用旋转导向系统成为可能,也大大提高了工具在裸眼侧钻时的成功率(图 2 – 18)。推靠式旋转导向系统最大造斜率可达到 6°/30m,指向式旋转导向系统可达到 8°/m。

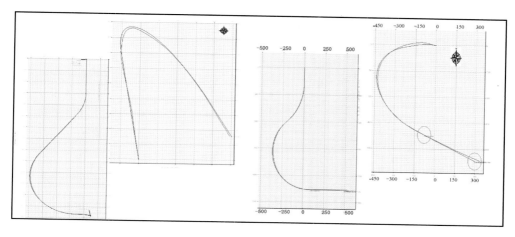

图 2 – 18　指向式旋转导向系统完成的三维定向井

　　目前渤海湾地区已成为世界上使用指向式旋转导向系统频率最高的地区。以大港油田为例,到目前为止共有 43 口定向井和大位移井使用了旋转导向系统,其中 8 口井使用推靠式旋转导向系统,24 口井使用指向式旋转导向系统(表 2 – 3)。

表 2 – 3　大港油田推靠式旋转导向系统和指向式旋转导向系统使用情况

序号	井号	旋转导向使用井段(m)	斯伦贝谢旋转导向工具类型
1	庄海 4 – H1	1926 ~ 2214	推靠式
2	庄海 8NG – H1	3376 ~ 4102	推靠式
3	庄海 8NG – H3	3482 ~ 3549	推靠式
4	庄海 8ES – L1	3512 ~ 4035	指向式
5	庄海 8ES – H4	3369 ~ 3806	推靠式
6	庄海 8NM – H3 引	4438 ~ 5388	指向式
7	庄海 8NM – H3	4438 ~ 4729	指向式
8	庄海 8ES – H2	3504 ~ 3806	指向式
9	庄海 8ES – L3	3788 ~ 4880	指向式
10	庄海 8NM – H2	3410 ~ 3910	指向式
11	庄海 8NM – H1	2481 ~ 2820	指向式
12	庄海 8NG – H8	3343 ~ 3940	指向式
13	庄海 8NM – H3K	4076 ~ 4730	指向式
14	庄海 8NM – H4	2204 ~ 2445	指向式

序号	井号	旋转导向使用井段(m)	斯伦贝谢旋转导向工具类型
15	庄海 8NG – H5	3114 ~ 3468	指向式
16	庄海 8ES – H6	4026 ~ 4590	指向式
17	庄海 8NG – H4	3238 ~ 3466	推靠式
18	庄海 8NM – H6	3440 ~ 3585	指向式
19	庄海 8NG – H3K	3490 ~ 3945	指向式
20	庄海 8NG – H1K	3315 ~ 3764	指向式
21	庄海 8ES – H8	3977 ~ 4223	指向式
22	庄海 8NG – H6	3179 ~ 3500	推靠式
23	张海 27X1	3305 ~ 4389	推靠式
24	张海 21 – 21L 侧 3	3093 ~ 4070	推靠式/指向式
25	张海 27 – 29H	3216 ~ 3550	指向式
26	张海 11 – 22L	2611 ~ 3580	指向式
27	张海 13 – 25L 原	2941 ~ 3602	指向式
28	张海 13 – 21L	3074 ~ 3500	指向式
29	张海 10 – 24L	2760 ~ 3532	指向式
30	张海 13 – 22L	2935 ~ 3650	指向式
31	张海 13 – 26L	3312 ~ 4021	指向式

庄海 8NM – H3 井是一口三开变曲率三维大位移水平井,设计井深 5361.52m,垂深 1562.30m,水平位移 4629.22,最大井斜 90.00°,造斜点深度在 100m。实际井深 5388m,垂深 1579.86m,水平位移 4639.62m,实际最大井斜角 88.89°。侧钻井段 4438 ~ 4729m,进尺 291m,井深 4729m,垂深 1071.06m,水平位移 4196.35m,实际最大井斜角 91.12°,水垂比达到 3.89,从井深 1168m 开始到 4349m 长达 3181m 井段的稳斜角高达 85.47°,且还要接着造斜到 90°并同时扭 1°方位,是该地区难度最大的一口井。在该井 12.25in 井段的钻井中,使用常规导向马达造斜到 85.47°并稳斜钻进至 3350m 时,由于井斜大、位移大、摩阻大导致无法继续定向钻进(钻具放不到井底)。

根据该井录井数据,用 LANDMARK 的摩阻计算软件对该井段作了摩阻分析,其结果包括以下几方面:

(1)庄海 8NM – H3 井的 12.25in 大斜度井段,如果滑动钻井过程中施加到钻头上的真实钻压超过 15t,钻具就会发生正弦甚至螺旋屈曲;

(2)录井数据中的钻压不一定就是加到钻头上的真实钻压,由于摩阻的影响,在大斜度井中井口显示的钻压有相当一部分消耗在沿程井眼与钻具的摩阻上;

(3)在井深为 3140 ~ 3250m 井段,当套内和裸眼的摩阻系数分别达到 0.3 和 0.25 时,由于摩阻的影响将无法向钻头正常传压,因此导致钻柱不能滑动下入和滑动钻进。为此,决定改变钻具组合。

选用旋转导向系统 PowerDrive Xceed 900 与随钻测井仪器 arcVISION 和随钻测量仪器

TeleScope联用,由于整个钻柱处于旋转状态,轴向摩阻很小,其轴向应力未超过钻杆自身屈曲极限,钻压传递顺畅,以25.97m/h的平均机械钻速一趟钻钻完12.25in井眼剩余的1088m。此后通过使用旋转导向 Power Drive Xceed 675,又分别以一趟钻钻完8.5in井眼的导眼井和开发井段。首先,第一趟钻完成导眼井钻井,进尺950m,将井斜从88.17°降斜至31.25°,平均机械钻速20.2m/h。该井段完钻后水泥回填至9.625in套管鞋内。然后,第二趟钻以40.42m/h的平均机械钻速钻完整个291m水平井段,完钻井深4729m。马达与旋转导向系统钻井时轴向载荷对比见图2-19。

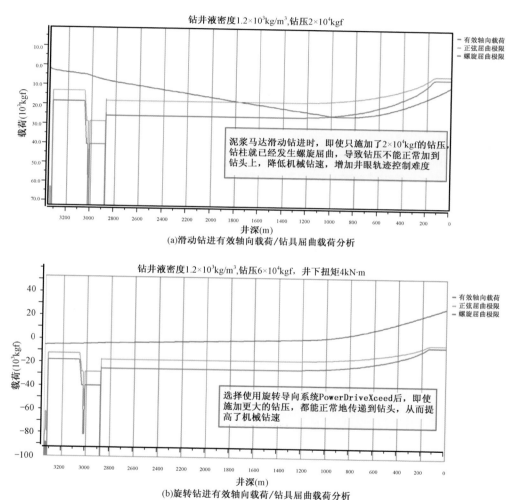

图 2-19　马达与旋转导向系统钻井时轴向载荷对比

该大位移井水平位移达4195.5m,垂深1071m,水垂比3.92,创造了渤海湾地区大位移井水垂比的新纪录(图2-20、图2-21)。

在其他区块,指向式旋转导向系统以其稳定的造斜能力也被多次成功应用于裸眼侧钻。图2-22是中国南海某井使用指向式旋转导向系统进行侧钻的实例。

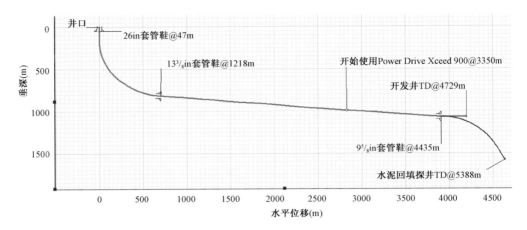

图 2-20　渤海湾某大位移井水平段井眼轨迹

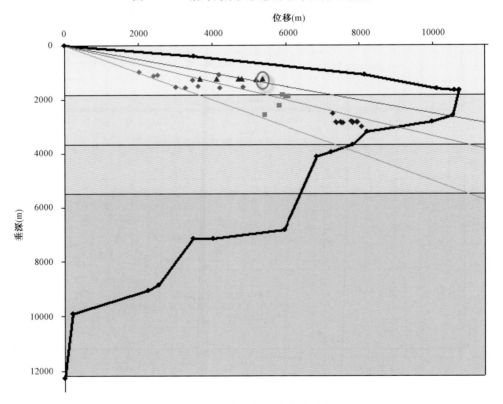

图 2-21　中国石油大位移井水垂比统计结果
（三角标注的是中国石油大位移水平井的统计结果，
红色标注的是大港油田水垂比为 3.92 的新纪录）

Power Drive Xceed 675 工具一次下井完成两次 8.5in 井眼裸眼侧钻，并打完两个分支共 759m 井段。在工具造斜比率为 60% 时可取得 3°/30m 以上的造斜率，而在造斜比率 80% 时可达到 5°/30m 的造斜率，完全满足了侧钻与定向钻进的要求（图 2-23）。

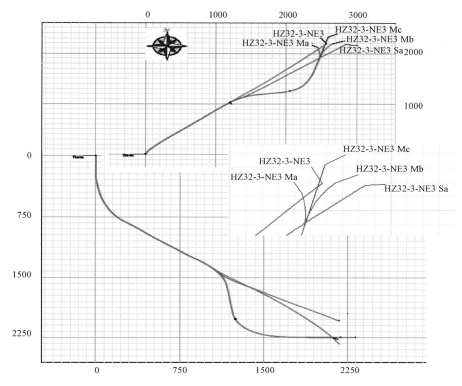

图 2 – 22　指向式旋转导向系统在裸眼侧钻方面的应用

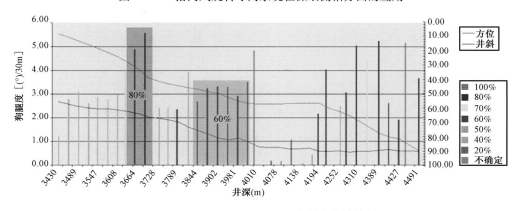

图 2 – 23　Power Drive Xceed 造斜率统计结果

第四节　复合式旋转导向系统 PowerDrive Archer

除了前几节介绍的推靠式旋转导向系统和指向式旋转导向系统外,斯伦贝谢公司于2010年又正式推出了兼具两者优点的复合式旋转导向系统 PowerDrive Archer。

PowerDrive Archer 之所以被称为复合式旋转导向系统是因为它的导向机制兼具推靠式和指向式导向的特点。如同 PowerDrive X5/X6 一样,PowerDrive Archer* 也有控制单元和偏置单

图 2-24　复合式旋转导向系统示意图

元,且其在两套系统中的工作原理一致。唯一区别是 PowerDrive Archer 中的偏置单元为内置式,不与井壁接触。当工具接收到定向钻进的下联信号时,内置推靠块会向信号下联指示的方向伸展,通过万向接头使钻头轴向发生偏移,从而指向需要定向钻进的方向。PowerDrive Archer 系统内部采用的是推靠式导向的工作原理,而其钻头轴向则指向定向方向不动,体现了指向式导向的工作原理,因此 PowerDrive Archer 被称为复合式旋转导向系统(图 2-24,图 2-25)。

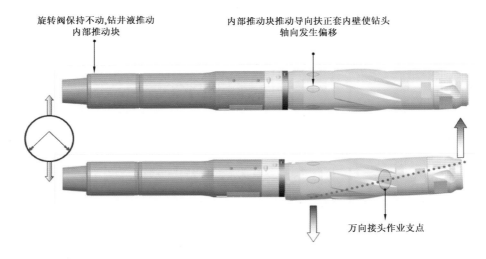

图 2-25　复合式旋转导向系统工作原理示意图

　　由于采用了独特的复合式旋转导向系统,PowerDrive Archer 的造斜能力比单纯的推靠式和指向式旋转导向系统大为提高。在保持全程旋转的前提下保证提供较高的造斜率是 PowerDrive Archer 最突出的特点。经过对现场作业数据进行统计分析发现,推靠式和指向式旋转导向工具最大造斜率均可达到 8°/30m,但是综合来看,推靠式旋转导线系统稳定的造斜率输出区间大概为 0°~4°/30m,指向式旋转导向系统稳定的造斜率输出区间大概为 0°~6°/30m;与之对比,复合式旋转导向系统稳定的造斜率输出区间达到了 0°~15°/30m,与马达相同,而比前两者提高了 2~3 倍。

　　高造斜率可以允许较深的起始造斜点和较小的靶前位移。图 2-26~图 2-29 显示了使用不同的钻井工具钻出的井眼轨迹以及钻井时效的对比。从图 2-26,可以看到,使用马达钻井可以在较深的地层开始造斜,其着陆点的靶前位移较小,但是受到滑动钻进时摩阻的限制,其水平段较短。另外由于需要对马达弯角进行调整,通常需要 3 趟钻完成整个水平井作业。

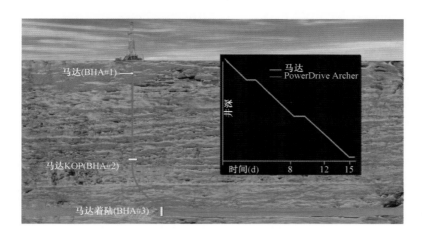

图 2 - 26　使用马达钻井轨迹和时效示意图

如图 2 - 27 所示,使用常规旋转导向系统时由于造斜率较小,因此需要在较浅的地层就开始造斜,其着陆点距井场垂直投影的水平位移(即靶前位移)也较大。

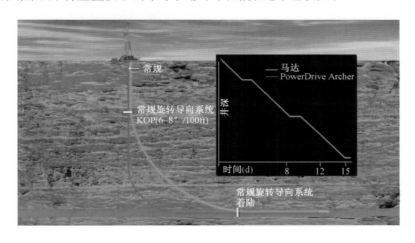

图 2 - 27　使用常规旋转导向钻井轨迹和时效示意图

如图 2 - 28 所示,使用复合式旋转导向系统由于可以提供和马达一样大的造斜率,因此也可以在深层开始造斜并在较小的靶前位移处着陆,而其全程旋转的特性大大降低了钻进过程中的摩阻,因此可以钻进较长的水平段,从而增加了井眼轨迹在油层中的泄油面积。

以二维水平井为例,如果采用 4°/30m 的造斜率,则从造斜点到着陆点的垂深差距和靶前位移均为 430m,如果采用 15°/30m 的造斜率,则上述距离可缩短至 115m,约为前者的 1/3。另外,从时效统计上来看,复合式旋转导向系统避免了滑动钻进,因此机械钻速大大加快;同时,由于马达在垂直段、造斜段和水平段均需要起钻调整弯角,而复合式旋转导向系统可以一趟钻完成从垂直钻进、造斜、着陆到水平段的钻井工作,因而相对马达来讲大大减少了井场时间从而节省了作业经费。

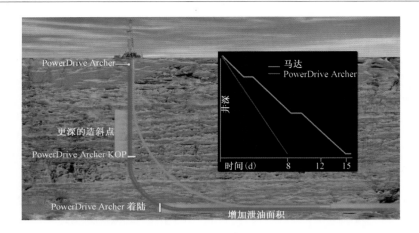

图 2-28　使用常规旋转导向钻井轨迹和时效示意图

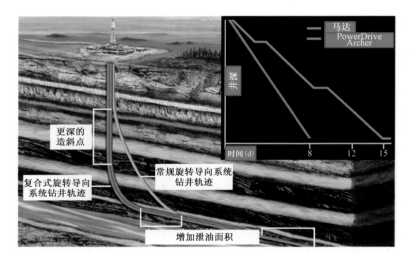

图 2-29　不同钻井工具钻井轨迹和时效对比

目前已经得到商业化运用的复合式旋转导向系统本体为 6.75in,主要应用于 8.5~8.75in 井眼,其他尺寸的型号也正在进行现场测试。复合式旋转导向系统由于投入商业运用的时间不长,因此国内钻井作业尚未使用此种工具。复合式旋转导向系统迄今应用最广的区域为北美,在加拿大和美国的陆上钻井作业特别是页岩油气的开采中发挥着日益重要的作用。复合式旋转导向技术规范见表 2-4。下面将举例简要说明一下复合式旋转导向系统的钻井表现。

表 2-4　复合式旋转导向技术规范

标称外径(API)(in)[mm]	6.75[171.45]
适用井眼尺寸(in)[mm]	8.5~8.75[215.90~222.25]
工具总长(ft)[m]	16.44[5.01]
最大造斜率(°/ft)[°/m]	15/100[15/30]
最大承受扭矩(ft·lbf)[N.m]	16000[21693]

最大承受载荷(lbm)[kg]	400000[181437]
最大钻压(lbf)[N]	60000[266893]
最大堵漏剂浓度(lbm/bbl)[kg/119L]	50[22.68]果壳堵漏剂
排量范围(galUS/min)[L/min]	250～650[946～2461]
钻井液密度(lbm/galUS)[kg/L]	8.3～18[1～2.16]
最大转速(r/min)	350
最大承受扭转震动	±100%平均转速
最大工作温度(°F)[℃]	300[150]
最大水力压力(psi)[kPa]	20000[137895]
流体流经压降	$(lbm/galUS \cdot galUS/min^2)/56000$ $[(kg/L \cdot L/min^2)/25400]$
推荐钻头压降(psi)[kPa]	600～750[4137～5171]
最大承受含砂量	1%(体积)
下部接头扣形	$4\frac{1}{2}$ Reg
上部接头扣形	$4\frac{1}{2}$ IF
扶正器外径(in)[mm]	$8\frac{3}{8}$～$8\frac{5}{8}$[212.725～219.075]
近钻头井斜测量误差范围	±0.11°
近钻头方位测量误差范围	±2°
近钻头伽马测量误差范围	±5%

复合式旋转导向系统同传统旋转导向系统一样,具有全程旋转的特性,因此相比马达具有更高的钻井效率。美国 Marcellus 区块的钻井数据统计显示了 10 口使用复合式旋转导向系统完成的水平井与使用马达完成的同类型井的钻井时效对比。在前期使用马达进行钻井作业时,主要存在以下三个问题:(1)由于滑动时摩阻很大导致了严重的托压现象,因此机械钻速受到很大影响;(2)使用马达在造斜段和水平段钻进时需要使用不同的弯角设置,因此打完造斜段后必须起钻调整弯角后重新下钻;(3)根据马达使用规范,带弯角的马达在钻进时对其自身转速有一定限制,弯角越大转速越低,这大大影响了井眼清洁,降低了时效而增加了作业风险。使用传统旋转导向系统理论上可以解决上述问题,但是由于该区块布井时预留靶前位移较小,这就需要工具保证提供稳定的 10°/30m 以上的造斜率,而这是传统旋转导向系统所无法做到的。复合式旋转导向系统则在继承了传统旋转导向系统优点的同时可以提供高达 15°/30m 左右的造斜率。Marcellus 区块的统计数据表明复合式旋转导向系统的机械钻速比马达平均机械钻速提高了 180%,同时避免了额外的起下钻;另外,由于其允许全程高速旋转,所以大大提高了井眼清洁效率,保证了钻井作业的高效和安全。如图 2 - 30 所示,使用复合式旋转导向系统的 10 口井累计节省作业时间 10d,累计节省经费达 1×10^6 美元,取得了巨大的经济效益。

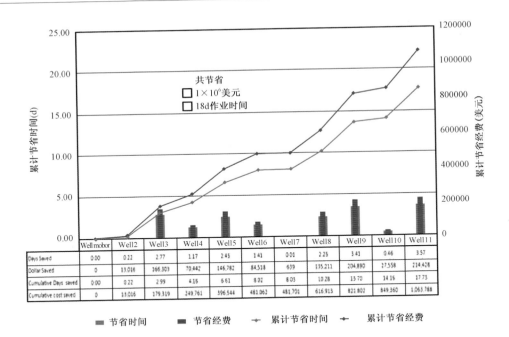

	Well mobor	Well2	Well3	Well4	Well5	Well6	Well7	Well8	Well9	Well10	Well11
Days Saved	0.00	0.22	2.77	1.17	2.45	1.41	0.01	2.25	135.211	0.46	3.57
Dollar Saved	0	13.016	166.303	70.442	146.932	84.518	639	135.211	204.890	27.558	214.428
Cumulative Days saved	0.00	0.22	2.99	4.16	6.61	8.02	8.03	10.28	13.70	14.16	17.73
Cumulative cost saved	0	13.016	179.319	249.761	396.544	481.063	481.701	616.913	821.802	849.360	1.063.788

■ 节省时间   ■ 节省经费   ━ 累计节省时间   ━ 累计节省经费

图 2 – 30　复合式旋转导向系统在 Marcellus 区块提高了钻井效率

　　复合式旋转导向系统继承了传统旋转导向系统的优点,而在提供高造斜率方面有着卓越的表现。可以预见,这种新型旋转导向工具将在短半径钻井作业中得到越来越多的应用。

第五节　附加动力旋转导向系统 PowerDrive vorteX

　　附加动力旋转导向系统 PowerDrive vorteX(图 2 – 31)是旋转导向系统(包括推靠式旋转导向系统、指向式旋转导向系统和垂直旋转导向系统)与附加的动力输出短节的复合体。旋转导向系统依靠顶驱或方钻杆提供扭矩带动整个钻具组合旋转,因此普通旋转导向系统的转速与地面转速是一致的;而附加动力旋转导向系统上的动力输出短节具有与螺杆钻具相同的作用,与顶驱或方钻杆提供的扭矩和转速相结合,可以显著增加旋转导向系统的可用扭矩和钻头转速,从而提高了机械钻速和钻井效率;而工具中特别设计的系统轴承与传输系统则为工具在高负荷下正常工作提供了保障。

图 2 – 31　附加动力旋转导向系统示意图

　　相对于普通旋转导向系统,附加动力旋转导向系统除可用于常规钻井环境外,更可在如下钻井环境中发挥优势:

　　(1)钻机不能提供足够的驱动钻柱高速旋转的功率时。旋转导向工具在较高的转速时更能体现其导向控制功能,当地表转速不足时,旋转导向工具无法充分发挥其导向控制优势。这时使用附加动力旋转导向系统可以弥补钻机能力的不足,提高系统的导向控制能力和钻井效率。

(2)钻井作业中存在套管或钻柱过度磨损时。套管和钻柱的磨损严重程度与钻柱转速成正比。附加动力旋转导向系统可通过其动力短节使钻头快速旋转,从而允许降低地表转速即钻柱转速,减缓套管或钻柱的磨损。同时,由于钻柱转速低,也降低了高转速可能导致的各种严重的井下振动并由此带来的钻头、井下工具以及钻柱失效和破坏的风险。

(3)钻遇对钻头转速敏感的岩层时。某些岩层对于钻头转速非常敏感,提高钻头转速往往可以大幅度提高机械钻速。这种情况下,附加动力旋转导向系统与普通旋转导向系统相比,大大提高了钻头转速,从而进一步提高了钻井效率。

针对不同的附加动力旋转导向系统组合,斯伦贝谢公司提出了不同的扶正器尺寸和安放位置的建议。

(1)对于推靠式旋转导向系统:在附加动力短节上方接一个欠 0.125in 或欠 0.25in 扶正器;当狗腿度要求较小时,下方旋转导向系统部分不加扶正器,附加动力短节的轴承总成上加装扶正套;当狗腿度要求较大时,下方旋转导向系统部分的控制单元上加扶正套,附加动力短节上不加扶正套。

(2)对于指向式旋转导向系统:在附加动力短节上方接一个欠 0.125in 或欠 0.25in 扶正器;必须安装指向式旋转导向工具上自带的标准尺寸上下扶正器;附加动力短节上不加扶正套。

由于在旋转导向系统上方加装了动力输出短节,旋转导向系统的数据端口无法与随钻测量或随钻测井仪器连接,因此早期的附加动力旋转导向系统的近钻头井斜、方位和伽马测量不能通过随钻测量仪器实时传输。针对这一情况,斯伦贝谢公司研发出了专为附加动力旋转导向系统配置的近钻头信息接收器——C Link(图 2 - 32)。C Link 为一组两个接收/传输器,下方的 C Link 加装在旋转导向系统和动力输出短节之间,接收旋转导向系统的近钻头测量信息,并通过无线电磁信号传输给上方 C Link,后者与随钻测量或随钻测井仪器直接连接,可将接收到的近钻头测量信息传输给随钻测量仪器,然后由随钻测量仪器通过钻井液脉冲传输到地面。这样地面地质师和定向井工程师可以通过实时近钻头测量对地层进行判断和控制井眼轨迹,保证精确着陆并将轨迹控制在最佳层位内。

附加动力旋转导向系统 PowerDrive vorteX,因其是在旋转钻井中进行轨迹控制,解决了常规导向钻井系统由于滑动钻井导致的托压和定向困难的问题;附加动力输出短接节输出额外的井下转速与扭矩,大幅度提高了机械钻速。这些特性使附加动力旋转导向系统成为强有力的井下工具。目前附加动力旋转导向系统在渤海湾地区和内陆油田都有使用。以下为近期在渤海湾和吐哈油田两口井钻井作业的实例。

转换接头
上部CLink

附加动力短节

柔性短节(可不装)

滤网短节
下部CLink

转换接头

旋转导向

钻头

图 2 - 32　井下传输工具
组合示意图

在渤海湾某平台大位移水平井项目施工时,当钻至垂深1530m进入沙河街地层后机械钻速急剧下降。经分析发现该地层对钻头转速非常敏感,而受井场顶驱转速限制,使用旋转导向系统的机械钻速基本等同于使用常规马达钻具组合的钻速,同时马达钻具组合滑动钻井时也存在着托压和定向困难的情况,钻速呈迅速下降趋势。

该平台已完成的两口邻井均为大位移水平井,都使用了两趟钻以上钻至完钻井深。第一趟钻使用旋转导向系统,钻入沙河街地层后,起钻下入马达钻具组合以钻穿该地层。马达平均机械钻速为5~8m/h,滑动钻井进尺占总进尺的比例接近40%。

此平台第三口大位移井井身轨迹与邻井类似(图2-33),造斜率为2.1°/30m。针对前两口井钻井过程中出现的困难,决定在该井试用附加动力旋转导向系统。

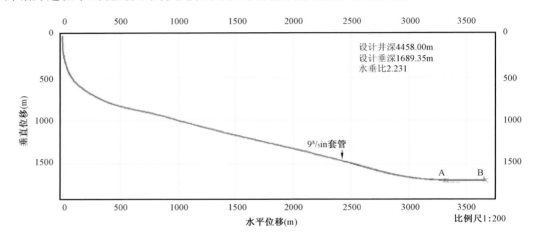

图2-33　渤海湾某大位移水平井井眼轨迹

在实际施工过程中,附加动力旋转导向系统一趟钻钻至8.5in井段设计井深,工具性能稳定,完全满足设计造斜率要求。纯钻进时间33.17h,平均机械钻速12.87m/h,比邻井旋转导向系统提高104%(图2-34)。在相同进尺长度条件下使用PowerDrive vorteX比使用常规旋转导向工具节约8.4d。

在吐哈油田对薄气层开发过程中,由于储层埋藏较深,须在高硬度、高研磨性的硬质夹层中钻进,而井场钻机条件有限,因此总体钻井时效低下且钻遇率不高。另外,在之前使用马达完成的几口邻井中,都出现了严重的井下扭转振动和套管磨损。复杂的井下条件导致单趟钻平均进尺仅为20m,完井投产周期很长。

在新的一口井水平段152mm井眼钻井作业中试用附加动力旋转导向系统。PowerDrive vorteX在钻井过程中很好地发挥了它的特性,在地面转速较低的条件下,系统的动力输出短接为钻头提供了额外的扭矩,保证了高效钻井;同时,以前钻井作业中出现的井下扭转振动和套管磨损也得到了显著缓解。PowerDrive vorteX创下了吐哈油田作业的多项最新纪录:单趟钻最长进尺134m,是邻井马达进尺纪录的6倍(图2-35);单井最长产层内水平段进尺497m。另外,本次作业还创造了6in井眼旋转导向系统单趟钻循环时间的世界纪录,为177h。

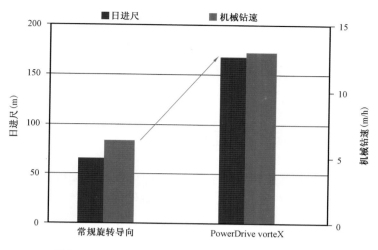

图 2 - 34　PowerDrive vorteX 与常规旋转导向对比图

（日进尺提高 154%，机械钻速提高 104%）

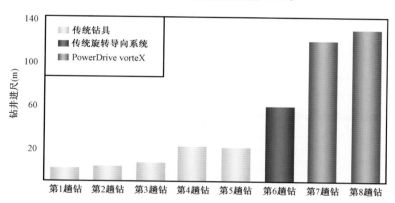

图 2 - 35　PowerDrive vorteX 在吐哈油田的应用

第二章 垂直钻井技术应用及发展

第一节 垂直钻井系统工具简介

PowerV*是一个闭环工作的旋转导向系统,该系统可以自动保持井眼垂直状态而几乎不需要任何井上的干预措施。从本质上来说,垂直钻井旋转导向系统也是一种推靠式旋转导向系统,即利用钻井液推动推靠块作用于井壁获得反推力,保持井眼轨迹处于近乎垂直。但与前面介绍的推靠式旋转导向系统不同的是,它不接收任何井上发出的下行信号,而是通过自带的测斜传感器测量井斜,一旦发现井眼轨迹偏离垂直即会自动调整工具姿态,重新找回垂直并继续钻进。因此,垂直钻井旋转导向系统是一种自动化的钻井工具,此工具既可以单独入井完成钻进任务,也可以与其他工具相连一起入井工作以获取更多的测量信息。与 PowerDrive X5* 类似,PowerV*主要由偏置单元(BU)和控制单元(CU)两部分组成(图2-36)。

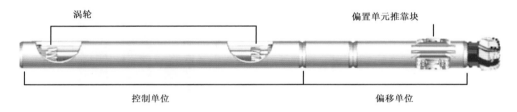

图2-36 PowerV 工具示意图

控制单元包括了电子元器件组,该单元固定于轴承组中,位于本体钻铤内部,并直接连接在偏置单元的顶部。控制单元执行默认程序,使工具面永远与重力方向保持一致。一个机械式连接到控制轴上的阀门组合总成控制着偏置单元里的推靠块,偏置单元通过推靠块推靠井壁获得反推力,从而使钻头永远向着降低井斜的方向(即重力低边)切削井壁。这样,工具即可自动完成垂直定向钻井。

此工具可以与任意种类的钻头相连工作。保径段和扣体的长度对工具的工作性能有很大的影响。实际经验表明钻头的保径段长小于2in 将大大提高工具导向效果。同时,要尽可能地保证扣体长度越短越好。

要想使工具处于最佳工作状态,需要在工具推靠块和钻头上保持5MPa 左右的压降。必要时可以通过现场安装限流器的方法,在较小的排量下,满足此压降要求。

在需要工具实现较高狗腿度时,可以考虑在工具上方加装柔性短节。该短节能够有效地改善旋转导向工具的柔性,但不会影响到钻具组合其他部分的刚性。一般来说如果狗腿度要求大于3°/30m 时,则需要安装此柔性短节,反之,如果小于3°/30m,则无需此短节。需要注意的是加装柔性短节会增加 MWD/LWD 测量点到钻头的距离。

与前面提到的推靠式旋转导向系统和指向式旋转导向系统一样,垂直旋转导向系统也可以在其上方加装附加动力输出短节组成附加动力垂直旋转导向系统 PowerV VorteX*。附加动力垂直旋转导向系统利用附加动力输出短节将钻井液的水力动能转化为机械动能,从而为钻头提供了额外的扭矩输入,提高了钻头破岩效率,进而提升了井下机械钻速。

此工具可以与所有其他随钻测量/测井工具配合使用。在设计钻具组合时应检查核实工具接口扣形是否匹配以决定是否需要安装转换接头。

第二节　垂直旋转导向系统在国内油田的成功应用

一、垂直旋转导向系统在国内的推广进程

垂直旋转导向系统因其可以自动找回垂直并维持垂直钻进,减少了地面人工干预,增加了纯钻时间,因而提高了机械钻速。特别是在高陡地层中,垂直钻井旋转导向系统可以有效地克服地层倾角带来的不利影响,避免了使用传统钻具钻直井时所必须的轻压吊打,从而释放了钻压,大大提高了钻井效率;同时,使用垂直钻井旋转导向系统还可以避免常规钻井中的纠斜钻井作业,因而可以大幅度减少钻井周期。

塔里木油田山前高陡构造构造属于易斜区域,地层倾角大多为15°~80°,且地层各向异性差异大,岩性软硬交错,自然造斜能力极强。为解决高陡构造防斜与提高钻速之间的矛盾,从1993年东秋5井开始,塔里木油田就开展了高陡构造防斜打快技术攻关,其间也试验了多种防斜方法,在个别山前井上也见到了一定效果,但是山前高陡构造防斜打快问题始终没有得到根本解决,始终未找到一种高效的、具有广泛适应性的防斜打快新技术,因上部井段井眼质量差造成的一系列工程复杂,如套管磨损、钻具偏磨、钻具先期疲劳失效等问题也时常发生。

2004年塔里木油田首次引进斯仑贝谢垂直旋转导向系统,在克拉2气田开发井上进行了应用,其防斜打快效果十分明显,但在应用初期也出现了工具可靠工作时间短等问题。塔里木油田与斯伦贝谢公司共同结合山前构造地层特点及垂直旋转导向钻井工程开展研究,最终解决了垂直旋转导向系统可靠工作时间过短的问题。在推广应用过程中,通过开展钻头优选、钻具结构优化、水力参数优化、编制垂直旋转导向系统现场操作规范等方面工作,实现了陡构造地层中既防斜又钻快的目的。垂直旋转导向钻井技术目前已成为山前陡构造地层钻井的主体技术。

垂直旋转导向钻井技术应用取得了以下成果:

(1)形成了以垂直旋转导向钻井技术为核心及与之相匹配的钻井装备、工具、钻头、钻井液及现场操作工艺技术。

(2)应用垂直旋转导向钻井技术保证了井身质量,是防止套管磨损的关键;同时在狗腿度严重井段使用橡胶护箍避免套管与钻杆的直接摩擦,应用特种高密度重晶石钻井液体系或在高密度铁矿粉钻井液中添加减磨剂进一步降低对套管的磨损。通过防磨技术的综合应用,2006—2007年山前地区钻井中未发生一起套管磨穿现象(见图2-37)。

(3)编制完成了适合陆上钻井的垂直旋转导向系统现场操作规范。

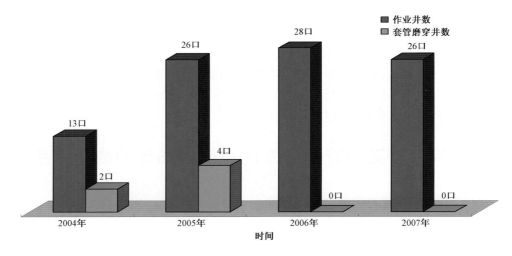

图 2-37　垂直旋转导向系统减少了钻井作业中套管磨穿井数

（4）在山前构造井上部井段全面推广应用了垂直旋转导向钻井技术。

自 2004 年在克拉 2 气田首次应用垂直钻井技术以来,在山前构造井上部井段应用垂直旋转导向系统钻井总进尺超过 12×10^4 m,平均机械钻速达到了 5.45m/h,井斜角基本控制在 1°以内。而未应用垂直钻井技术山前井上部(3500m 以上)大井眼平均机械钻速只有 2.27m/h 且井斜角平均在 3°以上。可见,应用垂直旋转导向钻井技术在提高机械钻速和保持井身垂直方面效果是十分显著的。

图 2-38 和图 2-39 为使用垂直钻井旋转导向系统打井的井斜和进度曲线与使用传统钻具作业的邻井井斜和进度曲线的对比。

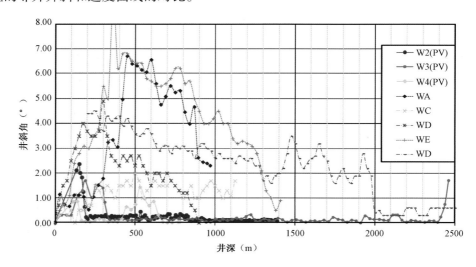

图 2-38　PowerV 与常规钻井井斜比较图

目前,新疆地区已经成为世界上应用垂直旋转导向技术较为成熟的区块。截至 2011 年底,塔里木油田使用垂直旋转导向系统钻井 92 口,共进尺 205216m,其中 16～17.5in 井眼共

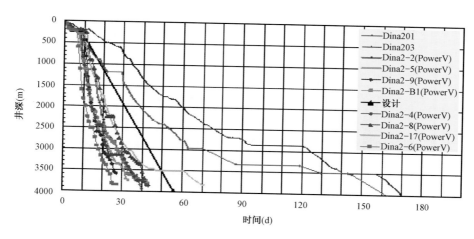

图 2 – 39　PowerV 与常规钻井打井进度比较图

67 个井段,进尺 151902m;12 ~ 13. 125in 井眼共 29 个井段,进尺 50121m;8. 25 ~ 9. 5in 井眼共 4 个井段,进尺 3193m。新疆油田使用垂直旋转导向系统钻井 10 口,共进尺 13532m,其中16 – 17. 5in 井眼共 3 井段,进尺 5123m;12. 25in 井眼共 5 井段,进尺 6324m;8. 5in 井眼共 2 井段,进尺 2085m。吐哈油田使用垂直旋转导向系统钻井 7 口,共进尺 10655m,其中 12. 25in 井眼共 4 井段,进尺 7116m;8. 5in 井眼共 2 井段,进尺 2680m;6in 井眼共 2 井段,进尺 859m。

除了新疆地区,垂直旋转导向系统在青海、玉门、长庆、大庆、大港等陆上油田以及我国渤海、南海等沿海油气区块也得到了推广和应用,并在垂直钻井作业中发挥着日益重要的作用。

二、垂直旋转导向系统在国内的应用实例

自从 2004 年中国石油开始在西北地区大规模运用垂直钻井旋转导向系统以来,该系统以其优质高效的服务质量获得了高度评价。《塔里木石油报》为此曾经专门刊登了《油田钻井技术创新取得突破》的文章(2007 年 11 月 26 号刊)。文中写道:"垂直钻井技术已成为较为成熟的钻井技术……PowerV(即垂直钻井旋转导向系统)在大北、迪那、阳北等山前井上广泛应用……使得在该区块的钻井活动走出了高成本、低效益的困境……为避免套损和山前井上部井段钻井提速开辟了捷径……山前井平均钻井周期减少 19. 78d,钻机月速度提高 107. 64m,增幅 21. 32%……迪那 2 – 8 钻至 5036m 仅用 117d,比设计周期节约了 72d,成为迪那区块钻至 5000m 用时最短段井"。塔里木油田垂直旋转导向系统应用概况见图 2 – 40。

1. 克拉 2 地区垂直旋转导向系统与常规钻井方式应用效果对比

克拉 2 气田作为西气东输的主力气源地,气田储层压力高,单井产量高。上部井段地层倾角一般都高达 15°~30°,防斜难度大,因此克拉 2 气田建设对钻井质量提出了非常严格的要求。为了提高山前高压气井的钻井质量,大幅度提高钻井速度,保证西气东输工程的稳定供气,塔里木油田在克拉 2 气田的 14 口开发井中上部井段全部采用斯伦贝谢公司的 PowerV 垂直旋转导向系统,累计垂直钻井完成进尺 26478. 14m,平均单井垂直钻井进尺 1891. 30m,平均机械钻速 6. 63m/h,井斜基本控制在 2°以内,为保障气井安全生产和及时供气奠定了良好的基础。

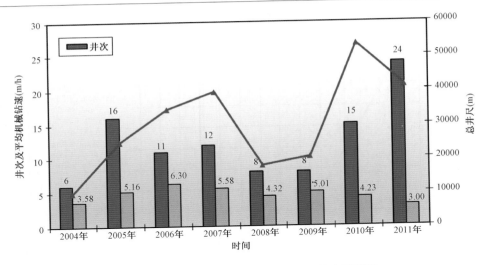

图 2 - 40　塔里木油田垂直旋转导向系统应用概况

克拉 2 地区所钻的 14 口垂直井所钻层位和井身结构,与邻井克拉 2、克拉 205 井基本相同,对垂直旋转导向系统应用前后的效果对比(表 2 - 5)如下:

表 2 - 5　克拉 2 地区 17½in 和 16in 井眼垂直旋转导向系统与常规钻井方式使用情况对比

钻井方式	井号	井段 (m)	进尺 (m)	纯钻时间 (h)	平均钻速 (m/h)	周期 (d)
垂直旋转 导向钻井	KL2 - 1	180 ~ 2713	2284.45	262.44	8.7	19
	KL2 - 2	206.4 ~ 2081	1873.6	178.92	10.47	12
	KL2 - 3	350 ~ 2675	2320.2	446.41	3.04	28
	KL2 - 4	1626 ~ 2033.5	367.4	129.3	2.84	9
	KL2 - 5	178.54 ~ 1988	1809.46	111.5	16.23	12
	KL2 - 6	189.74 ~ 2044	1854.26	146	12.7	10
	KL2 - 7	302 ~ 2919	2617	1007.06	2.6	67
垂直旋转 导向钻井	KL2 - 8	344 ~ 2329	1954	270.28	7.23	18
	KL2 - 9	220 ~ 3526	3186.96	644.34	4.95	45
	KL2 - 10	247 ~ 2283	2036	194.53	10.47	14
	KL2 - 11	180 ~ 1224	1044	58.2	17.94	7
	KL2 - 12	189 ~ 2215.45	2017.33	210.24	9.6	17
	KL2 - 13	225.88 ~ 2129.3	1887.42	242.6	7.78	16
	KL2 - 14	581 ~ 1901.16	1225.82	92.86	13.2	11
	合计		26477.9	3994.68	6.63	285
常规钻井	克拉 2	101 ~ 1303	1202	1045.25	1.15	59
	KL205	148 ~ 2590.5	2442.5	1788.76	1.36	107
	合计		3644.5	2834.01	1.29	166

（1）钻速对比：应用垂直旋转导向系统的 14 口井累计进尺 26477.9m，钻进井段平均机械钻速 6.63m/h，采用常规钻井方式所钻两口井累计进尺 3644.5m，平均机械钻速 1.29m/h，采用垂直旋转导向系统的机械钻速是常规钻井的 5.14 倍。

（2）如果采用常规钻井方式，平均日进尺 21.95m，达到与垂直旋转导向系统钻井所钻进尺 26477.9m 需要时间为 1206d，而实际垂直旋转导向系统所用钻井周期为 285d，缩短钻井时间 921d。

（3）14 口井垂直旋转导向系统总费用为 4781379.93 美元，共计节约费用 3893 万元人民币。

综合钻井费测算：钻机费 48911 元/d + 井控 2172 元/d + 监督 4 人×1100 元/d + 钻井液服务费 1 人×820 元/d + 油差 12712 元/d + 录井 5365 元/d + 钻具修理 4900 元/d + 生活费 1883 元/d = 8.12 万元/d。

（4）除在应用初期因仪器故障 KL2 - 3、KL2 - 14 两口井井斜出现超标外，其他井井斜基本上控制在 2°以内，均达到了设计要求。

（5）经过不断的完善，垂直旋转导向系统取得的机械钻速不断上升，井斜不断下降，服务质量日趋稳定，特别是 KL2 - 13 纯钻时间 18.1h，日进尺 681m，最大井斜 0.19°，创该区块内 16in 井眼最长垂直钻井日进尺，KL2 - 9 垂直钻井井深更是达到了 3526m。克拉 2 气田通过以应用垂直旋转导向系统为主的综合提速，2006 年完成的第三轮井钻井完井周期较第一、二轮井钻井完井周期分别提前 25% ~ 30%（图 2 - 41），表明垂直钻井技术在克拉 2 地区已经成熟。

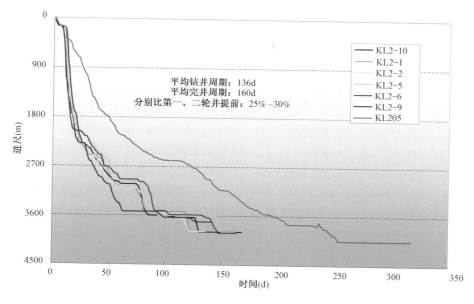

图 2 - 41　克拉 2 地区钻井进度统计

2. 迪那 2 构造垂直旋转导向系统与常规钻井方式应用效果对比

迪那 2 气田是近年塔里木油田重点开发和评价的气藏，但该地区地层倾角一般较大，且地层各向异性差异大,自然造斜能力强;岩性软硬交错,导致钻井中易产生较大井斜。迪那 2 构造目前已有 9 口井在 17½in/16in 井眼中应用垂直旋转导向系统,其使用效果对比如下(表2-6):

表 2-6　迪那 2 区块 16in 井眼垂直旋转导向系统与常规钻井方式使用情况对比

钻井方式	序号	井号	井段 (m)	进尺 (m)	纯钻时间 (h)	平均钻速 (m/h)	周期 (d)
垂直钻井	1	DN204	230～3996	3699.6	933.3	3.96	68
	2	DN2-1B	246.6～3825	3578.4	492.27	7.27	34
	3	DN2-2	246～3940	3694	368.92	10.01	34
	4	DN2-3	253.42～1908.39	1654.97	109.8	15.07	12
	5	DN2-4	206.8～3860	3649.2	329	11.09	32
	6	DN2-5	256.15～3743	3486.85	391.24	8.91	26
	7	DN2-6	230～3845	3614.91	275.64	13.11	19
	8	DN2-8	210～3680	3470	415.9	8.34	30
	9	DN2-17	238～3513	3275.57	544.52	6.02	36
	合计			30123.5	3860.59	7.8	291
常规钻井	1	DN202	148～2590.5	2442.5	1788.76	1.37	107
	2	DN203	191.9～3500	3308.1	1846.41	1.79	128
	3	DN201	204.63～3503	3298.37	1429.33	2.31	115
	合计			9048.97	5064.5	1.79	350

(1)应用垂直旋转导向系统的 9 口井,累计进尺 30123.5m,钻进井段平均机械钻速 7.80m/h,采用常规钻井方式所钻的 3 口井,累计进尺 9048.97m,平均机械钻速 1.79m/h,采用垂直旋转导向系统钻井机械钻速是常规钻井机械钻速的 4.36 倍。

(2)如果采用常规钻井方式,平均日进尺 25.85m,完成垂直旋转导向系统钻井所钻进尺 30123.5m 需要时间为 1165.32d,而实际垂直旋转导向系统钻井所用钻井周期为 291d,应用垂直旋转导向系统共缩短钻井时间 874.32d。综合钻井日费仍按 8.12 万元测算,共计节约钻井费 7100 万元人民币。

(3)9 口井垂直旋转导向系统总费用为 4615367.63 美元,共计节约 3638 万人民币,平均单井节约钻井费 400 多万元。

(4)迪那地区上部 4000m 以上井段 16in 井眼全部采用垂直旋转导向系统钻井技术,钻井时间控制在 40d 以内,与最初的常规钻井相比,平均单井节约周期 105d 以上。通过以应用垂直旋转导向系统为主的综合提速,目前迪那地区开发井钻井周期 177.37d,控制在 180d 以内,最快的 DN2-6 井钻井周期 102d,基本实现了山前开发井一年完成两口井目标(图 2-42)。

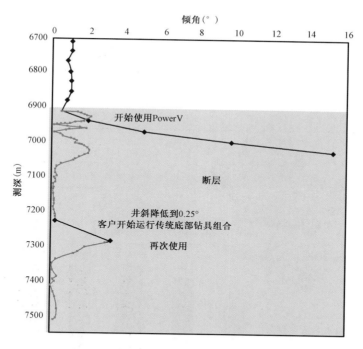

图 2 - 42　垂直旋转导向系统创造该工具钻深的世界纪录

（5）迪那地区通过攻关上部井段井斜基本控制在 1°以内，迪那 2 区块 PowerV 服务井段井斜分析三年里再没有因上部井眼质量问题而出现套管磨损事故。

3. 垂直旋转导向系统在其他井的应用情况

中国石油塔里木油田库车一体化项目部与斯伦贝谢公司在克深区块也进行了垂直钻井的合作，并在克深 2 号构造西侧翼部的评价井克深 205 井的钻井过程中创造了一系列当地钻井纪录。在 17½in 井眼钻井作业中，斯伦贝谢公司垂直旋转导向系统从 241.00m 钻进至 1802.00m，累计进尺 1561.00m，累计井下时间 176.50h，最大井斜 0.18°；在 13⅛in 井眼钻井作业中，斯伦贝谢公司垂直旋转导向系统从 1828.00m 钻进至 5538.00m（其中 1829.70 ~ 1847.70m 和 5102.72 ~ 5132.00m 两段共 47.28m 为井队常规钻具钻进），累计进尺 3662.72m，累计井下时间 2330.25h，最大井斜 0.84°。其中，17½in 井眼垂直旋转导向系统第一趟钻进尺 1561.00m，最大单日进尺 513.68m；13⅛in 井眼垂直旋转导向系统第二趟钻进尺 1225.30m，最大单日进尺 343.00m，均创造了克深大北区块 17½ 及 13⅛in 井眼最大平均单日进尺记录。

在新疆地区，垂直旋转导向系统创造了迄今为止全球使用该系统钻井深度的世界纪录。该井井身位于高温（井底静止温度高于 150°）、高陡破碎带，使用常规钻具钻进至 7025m 时由于无法克服地层倾角的影响，井斜达到 16°。回填侧钻后使用垂直旋转导向系统顺利钻至完钻井深 7510m，井底井斜仅为 0.25°。在整个 547m 的钻进过程中，平均机械钻速 1.25m/h，比上部传统钻具钻速（1m/h）提高了 25%。

　　除了上述区块,垂直钻井旋转导向系统在内陆其他油田以及沿海的渤海湾、南海等区块都有成功的应用。目前,垂直旋转导向系统在国内总进尺数已经超过 200000m,见图 2 - 43,其中,最大垂深 5500m,单趟钻最大进尺 2834m,最大日进尺 895m;16in 井眼钻井作业中单趟最长进尺为 3031m,单趟最高井下工作时间 489.5h;13.125in 井眼钻井作业中单趟最长进尺为 1849.5m,单趟最高井下工作时间 370.5h 并且这一纪录还在不断更新中。

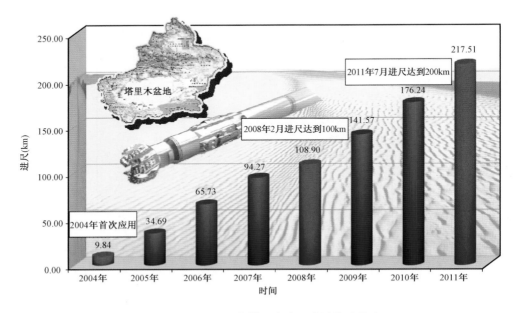

图 2 - 43　PowerV 在塔里木油田进尺的里程碑

第三章 井下导向马达

第一节 概　　述

自 1873 年第一个螺杆钻具获得专利权以来,各种螺杆钻具的设计方案和构思大量涌现。如今,带弯壳体的正排量马达(positive displacement motor,PDM)也称导向马达,在油田的定向井轨迹控制作业中占据主导地位。

导向马达组合用旋转和滑动钻进相结合的方式定向钻井。在滑动钻井时,钻头朝着弯外壳马达上工具面的方向钻进,因此,在滑动钻井时可以控制井眼方向。PowerPak 是一种专为满足定向钻井要求而设计的导向马达,采用成熟的技术使其在现场工作时具备优良可靠的性能。PowerPak 马达总成见图 2 – 44。

第二节　PowerPak 马达的设计和试验

PowerPak 马达自 1992 年初推出以来,产品在可靠性、工作性能和维修费用等方面都不断达到或超过设计目标,并已制定了新标准,以便进一步提高性能、降低钻井费用。

PowerPak 马达具有多种转子/定子配置,既可满足低转速/高扭矩要求,也可满足高转速/低扭矩要求。另外还可对大部分尺寸和配置的马达提供加长的动力短节。

PowerPak 马达(图 2 – 45)具有如下特性:

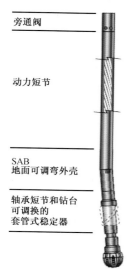

图 2 – 44　PowerPak 马达总成

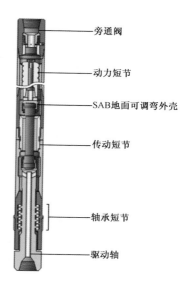

图 2 – 45　马达总成剖面图

（1）马达具有 SAB 地面可调弯外壳，可提高使用效率和满足现场对井眼轨迹控制的需要。

（2）采用锻钢驱动轴增强马达的强度。

（3）密封传动短节可防止钻井液污染，延长马达寿命。

PowerPak 马达既可应用于垂直钻井，也可应用于定向钻井。对于常规的定向钻井，传动短节部分的弯外壳和轴承短节上的稳定器使 PowerPak 马达能够以定向（即滑动）方式钻进，或以旋转方式钻进。

在实际应用中，PowerPak 的可调弯角可在钻台上快速调定。可提供弯角范围 0°~2°和 0°~3°两种不同规格的外壳。对于 PowerPak 系列中加大弯度（XC）马达的弯角地面可调范围为 0°~4°。

第三节　PowerPak 导向马达构成

PowerPak 导向马达由动力短节、传动短节和轴承短节三部分组成。

一、动力短节

动力短节由一个转子和一个定子组成，把水力动能转化为机械旋转动能。PowerPak 转子由耐腐蚀不锈钢制造，通常镀有 0.010in 的铬层以减小摩擦和磨蚀，也可提供镀碳化钨的转子以更加降低磨损和腐蚀损伤。转子上有镗孔以便安装分流喷嘴，以满足大排量的需求。

定子是一节钢管，管内壁有模压的合成橡胶衬套，这种衬套橡胶配方特殊，可抗磨蚀和碳氢化合物引起的老化变质。

转子和定子的截面形状相似，都是螺旋形，但转子的螺旋线数目，即螺旋线的头数比定子的头少，见图 1-46。在一根组装好的动力短节中，转子与定子在它们沿一条直线的接触点上形成一个连续的密封面，从而建立起若干个独立的空腔。当流体（水、钻井液或空气）在压力下通过这些空腔时，迫使转子环绕定子内壁做"棘轮式"运动，这种运动称为"章动"。转子在定子内每转动一个周期所转过的距离为一头螺旋线的弧面宽度。对于转子、定子头数比为 7:8 的马达，如果钻头接头的转速为 100r/min，则章动速度为 700 周/min。

螺杆钻具的动力短节是以转子、定子头数比配置标示的。例如，4:5 动力短节的转子有 4 头，定子有 5 头。一般来说，头数越多，马达的输出扭矩越大而转速越低。PowerPak 马达可提供 1:2、3:4、4:5、5:6 和 7:8 几种头数配置。扭矩还取决于级数（定子螺旋线一整圈称为一级）。PowerPak 马达可配备标准长度的动力短节，也可提供加长的（XP）动力短节。XP 动力短节的级数更多，可提供更大的扭矩而不降低转速。

图 2-46　动力短节总成

1. 转子、定子头数比

转子和定子的螺旋弧面所起的作用类似于齿轮箱。对于一定尺寸的马达，螺旋弧面的头数增加一般使输出扭矩增大而输出轴转速降低。图 2 – 47 是动力短节转速和扭矩与头数比之间一般关系的示例。由于功率的定义是速度乘以扭矩,因此增加马达头数并不一定能产生更大的功率。具有更多头数的马达实际上效率更低,因为转子同定子之间的密封面积随着头数增多而加大。

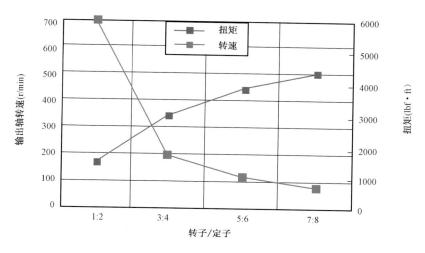

图 2 – 47　输入轴转速与转子/定子的关系
（马达转速与排量成正比,随钻井中的负荷增加会略有降低）

2. 螺旋线的单级长度

定子螺旋单级长度(简称级)的定义是:定子里的一条螺旋弧面沿螺旋轨迹绕定子本体旋转 360°所需的轴向长度(图 2 – 48)。

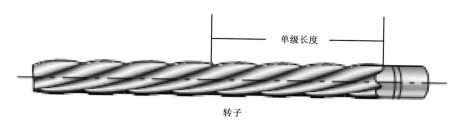

图 2 – 48　螺旋单级长度

多级马达通常比单级马达可产生更大的扭矩,但每分钟的转数更少。正如前面已提出的,多级马达的缺点在于,因转子与定子密封面长度随级长加长而加长,密封效率和马达转速都要降低。多级结构马达主要用于空气钻井。

3. 级数

马达采用更多级数的动力短节是有效提高功率的唯一途径。增加级数的 XP 型动力短节可用来产生更大的扭矩,也可用来使马达的负载分散,即每一级在较低压降下运转。在较低压降下运转一般可延长定子的寿命。

4. 钻井液温度

根据钻井液循环温度决定装配转子、定子的过盈量。预计的井下温度越高,转子与定子间的压紧力应越小,组装马达时减小的过盈量用以补偿合成橡胶在井下因温度和钻井液特性而产生的膨胀。如果转子与定子间的配合过盈量在运转条件下过大,定子就会受到很大的剪切应力,从而导致疲劳损坏。这种疲劳损坏引起定子的剥落损坏。未能补偿由井下温度引起的定子膨胀是造成马达损坏的首要原因。

5. 钻井液

PowerPak 马达可在各种水基钻井液和油基钻井液中有效工作,还可在混油乳化、高黏度、高密度钻井液以及空气、雾气、泡沫等流体中有效工作。钻井液可能有多种不同的添加剂,其中有些添加剂对定子合成橡胶和不锈钢转子、镀铬转子有不利影响。

众所周知,油基钻井液通常会引起定子膨胀。如果使用油基钻井液,就要考虑井底循环温度和钻井液的苯胺点,这一点很重要。因为 PowerPak 定子是用丁腈橡胶制成的,苯胺之类的芳香族化合物能使丁腈橡胶膨胀并且老化变质。所谓苯胺点就是相同体积的新鲜蒸馏苯胺溶液与石油能完全混合的最低温度。油基钻井液的苯胺点比钻井液循环温度低越多,对橡胶元件的损害就越严重。因此,如果要用油基钻井液,建议使用含芳香族化合物低的、低毒性的(苯胺点高于 200 ℉ 的)钻井液,并应记录井底温度和苯胺点。

多种钻杆防腐蚀剂中所含的石脑油基能使合成橡胶过分膨胀,特别是当这些防腐蚀剂成团加进钻杆内时,会使高浓度的石脑油基与合成橡胶接触。

钻井液中的氯化物能严重腐蚀标准转子的镀铬层。这种腐蚀除了损坏转子外,被腐蚀的转子螺旋弧面上产生的粗糙棱角还会割伤定子弧面上的合成橡胶,从而损坏定子,造成转子与定子的密封性能降低,引起低压差下马达停转(使定子剥落损坏)。

6. 压差:马达的动态特性曲线

钻具接触井底正常钻进时的立管压力与钻具离开井底空转时的立管压力的差值叫做压差。该压差是由马达的转子和定子部分产生的。压差值越大,马达的输出扭矩越大。让马达在达到或接近额定最大压差的状态下运转会严重降低定子寿命。

为延长马达寿命,一般对任何给定排量都要在额定最大输出功率的 90% 以下运转。泵排量应保持在最大额定值的 90% 以下。如果马达在任一参数(泵排量、钻压、马达压差、转盘转速)达到最大额定值水平下运转,马达的总寿命,尤其是定子的寿命会降低。

二、传动短节

传动总成接在转子的下端,它把动力短节产生的转动和扭矩传送给轴承和驱动轴(图 2 - 49)。它还具有补偿转子转动的偏心运动并吸收其下推力的功能。

转动是通过传动轴传送的。传动轴两端都装有万向节以吸收转子的偏心运动,见图 2 - 50。两个万向节都是密封的,并充有润滑脂以延长寿命。

PowerPak 传动短节还包括 SAB 型地面可调弯外壳。大多数马达的传动短节允许可调弯外壳度为 0°～3°;但是,XP 型马达的最大弯角为 1.83°,这是因为大扭矩要求轴的直径要大些,从而使转动机构的间隙减小了。如果把弯角调定到大于 1° 会使 XP 型马达的传动机构与可调弯外壳内径(ID)发生干扰。

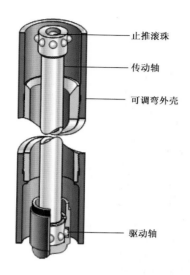

图 2－49　传动总成

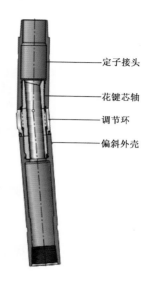

图 2－50　SAB 总成

三、轴承短节和驱动轴

　　轴承短节由一根锻钢的驱动轴及支撑驱动轴的轴向轴承和径向轴承组成。轴承短节通过止推轴承和驱动轴将钻压和马达的转速和扭矩传送给钻头。由于轴承短节是螺杆钻具中受载严重且最易损坏的部分,其寿命往往决定了马达的工作寿命,因此在设计 PowerPak 马达时综合考虑了诸如钻井液特性、钻压和侧向载荷、转速、通过钻头的压降等因素,以保证其最大工作效率。

　　根据定向要求,在轴承外壳上可以安装能在钻台更换的套筒式稳定器,或安装连体稳定器。在设计时提供了各种直径的稳定器以满足不同用途的需要,稳定块形状和表面硬度可按用户要求进行调整。

　　轴向轴承由钻井液润滑的多道滚珠、座圈组成(图 2－51)。钻进时,它承受钻压负载;当离开井底循环,以低于平衡钻压钻进和倒划眼时,它承受液压下推力和转子以下部分及钻头的重力(图 2－52)。

　　碳化钨径向轴颈轴承安装在轴向轴承的上面和下面,起双重作用:(1)抵消钻进时钻头上的侧向力;(2)阻止钻井液流过轴承短节,使得总钻井液流量中仅有很少一部分用来润滑径向轴承和轴向轴承。

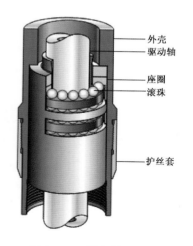

图 2－51　轴向轴承总成

　　流过轴承的流体量是由钻头喷嘴所产生的钻头压降和径向轴承间隙决定的。为了使轴承适当冷却,钻头压降必须在 $2 \sim 10MPa$ 范围内。如果钻井水力参数要求钻头压降小于 2MPa,马达可安装专用的低钻头压降径向轴颈轴承。

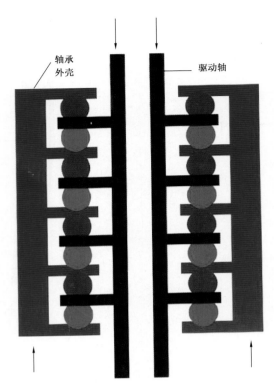

图 2 - 52　轴向轴承负荷

（离开井底时,红色滚珠加载;在井底时,绿色滚珠加载）

第三篇
随钻测量与测井测试技术应用及发展

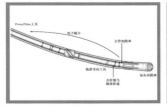 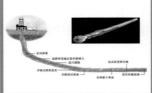 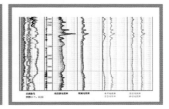

随着定向井、大位移井、水平井等特殊工艺井在各油田的广泛应用以及勘探开发难度日益加大,对钻井的要求也越来越高,为了满足定向钻井工程师实时监控井斜、方位及工具面等需求,石油科研技术人员研发了一种能够实时提供井下轨迹参数并能将这些参数及其他参数一起传输到地面的测量工具来替代早期的单点或多点测量,这就是随钻测量(Measurement While Drilling,MWD)技术。同时,随着钻井作业中高角度斜井、大位移井及水平井的不断增多,一种能够将测量工具组合在钻具中,在随钻过程中实现类似于常规电缆测井项目,并且能够将测量数据实时传输到地面供油藏地质专家进行储层评估的测量技术,即 LWD 技术,逐渐发展成熟起来,成为解决高风险井的首选测量技术。

第一章　随钻测量技术

第一节　随钻测量技术概况

一、随钻测量技术的组成

随钻测量技术主要包括地面系统和井下系统(图3－1)。其地面系统主要包括地面钻井参数测量(深度跟踪)、地面传感器(接收井下MWD工具发出的信号)、地面计算机(解码和处理数据)三部分。

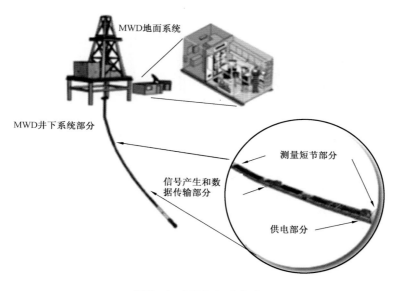

图3－1　MWD组成部分

井下系统主要包括供电、井下测量、井下信号的发生、井下数据遥测传输四部分(图3－1)。

(1)供电部分:提供电池电源或井下替代电源(涡轮发电),为井下工具串提供电力。其中,使用电池可以在停泵状态仍然能够提供电力,但是其作业时间和电力输出有限(可能会限制某些大功率及耗电量较大测量项目的使用)。采用涡轮发电等替代电源则需要开泵并且能够保证在不同排量下均能提供电力。

(2)井下测量部分:主要是对井眼轨迹形态和井下钻具基本状态进行测量,包括井斜、方位、工具面等,其主要目的是为定向钻井专家提供基本参数来控制和调整井眼轨迹。同时,MWD工具通过加装测量短节,还可以实现其他可选参数的测量,例如,自然伽马、井下钻头钻压、井下钻头扭矩及环空温度和环空压力。

（3）井下信号的发生部分：主要通过转子和定子之间过流通道的闭合和开启产生压力脉冲波，作为信号传输载体，实现数据传输。

（4）井下数据遥测传输部分：主要是将模拟信号转换成数字信号，再将这些数字信号转换成压力脉冲波，通过钻井液传输到地面。

MWD 井下系统这四个部分的功能紧密配合，在随钻过程中为定向井提供实时井下信息；钻井工程师和定向井工程师依据这些信息可以及时调整钻井参数，规避钻井风险，安全高效地实现定向井的钻井目标。

二、MWD 随钻测量技术的发展

如图 3-2 所示，三十多年来斯伦贝谢通过工程技术研究及现场的实际应用经验积累，先后研发并向市场推出了同时代业界内传输速率最快、性能最可靠的 MWD 工具系列。

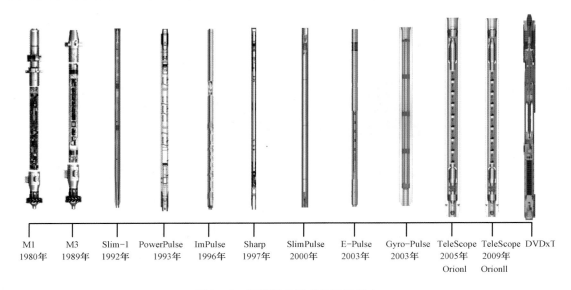

M1	M3	Slim-1	PowerPulse	ImPulse	Sharp	SlimPulse	E-Pulse	Gyro-Pulse	TeleScope	TeleScope	DVDxT
1980年	1989年	1992年	1993年	1996年	1997年	2000年	2003年	2003年	2005年	2009年	
									OrionⅠ	OrionⅡ	

图 3-2　随钻测量技术的发展简史

1980 年，斯伦贝谢推出了业界内第一支 MWD 工具 M1，能够提供井斜方位和工具面测量，定向钻井进入快速发展的时代。1993 年，斯伦贝谢推出了高速钻井液脉冲 MWD 工具 Power-Pulse（俗称 M10），该工具能够获得稳定的钻井液传输信号，实现高速传输，其传输速率最高可达 16bit/s；相比上几代工具，其最大优势是"更高的可靠性、更低的维护费用和更高的传输速率"，同时还具有"长度更短、更加防磨、工作频率可变、更好的抗振性、工作排量范围更广和上限排量更高"优势。2000 年，斯伦贝谢推出了满足小井眼定向井需求的 MWD 工具 ImPulse，它是"小尺寸的 PowerPulse"，但 ImPulse 同时具有 MWD 和 LWD 功能，其工具设计确保了其在小井眼中能够与其他小井眼随钻测井工具和旋转导向工具配合使用，使得斯伦贝谢在小井眼的定向钻井和测量技术处于领先的地位。

进入 21 世纪以来，定向钻井对随钻测量技术的要求越来越高，如图 3-3 所示，调查研究结果表明，油田专家对"随钻高实时传输速率"的期望仅次于对"近钻头"的要求，说明需要一种新型、更高传输速率的随钻测量工具。

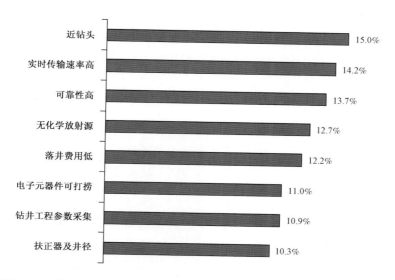

图 3 - 3　国际石油工程师协会(SPE)年会对随钻测量和随钻测井技术的期望

2005 年斯伦贝谢推出了最新一代 MWD 工具 TeleScope,它在 PowerPulse 成熟技术的基础上,采用 110W3 源供电板电源替代 PowerPulse 工具的 LTB 电源,采用带 2M 内存的双核处理器芯片替代了原来 PowerPulse 工具的控制板。下面以 TeleScope 的基本特征为例来简单说明斯伦贝谢新一代 MWD 工具的基本特点。

TeleScope 基本的测量项目如表 3 - 1 所示,TeleScope 的硬件遥测性能和供电特点如表 3 - 2 所示。

表 3 - 1　TeleScope 的测量项目

测斜	诊断性测量	可选项测量	其他测量
方位、井斜、旋转状态下方位、旋转状态下井斜、磁工具面、重力工具面	MWD 状态字、油量警告、涡轮转速、LWD 状态字、LTB 重试状态字	自然伽马,轴向、径向、周向振动,井下钻头钻压和钻头扭矩	井下温度,标准横向振动和冲击

表 3 - 2　TeleScope 的硬件遥测性能及供电特点

参数	单位	TeleScope 规范
遥测类型	—	连续波(QPSK/CPMSK)
遥测速率	bit/s	0.5,0.75,0.8,1,1.6,1.5,2,3,3.2,6,6.4,8,12,16
供电类型(寿命时间)	h	涡轮发电(没有时间限制)

由于 TeleScope 采用了 ORION 技术,在上述硬件遥测性能的基础上,可以进一步提升实时传输速率。ORZON 技术主要体现在以下四个方面:

(1)DSPT 技术,即在信号源处直接数字化信号,排除了电噪声影响。

(2)HSPM 技术,采用了改进的分级接收技术和新的贝叶斯接收技术及宽频去噪技术。

(3)连续波调制技术(8PSK),有望直接实现 18bit/s 的硬件遥测速率。

（4）高效数据压缩技术。

采用这一系列的新技术后，TeleScope 的有效传输速率最高可达 120bit/s。如图 3－4 所示，在随钻过程中，通过使用 TeleScope 超高速实时传输，油藏地质专家实时获得了绝大部分内存数据，包括四种成像数据和全套的三组合测井数据和元素俘获能谱数据体及西格玛热中子俘获截面曲线，使用这些实时资料，油藏专家可以实时对储层进行全面评价。

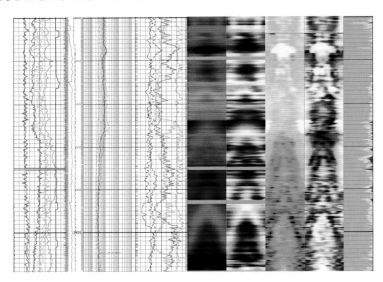

图 3－4　北海超高速实时传输实例

（实现了 120bit/s 的高速传输，在不限制机械钻速的情况下，实时传输了 EcoScope 的常规三组合曲线和随钻元素俘获能谱及西格玛等新一代测井项目曲线和伽马、密度、光电指数及超声波井径四种实时成像）

三、MWD 传输速率讨论

MWD（随钻测量）工具一项重要的功能就是要实现实时传输，即将井下仪器测量到的部分或全部信息实时传输到地表计算机采集系统。该功能也是评定随钻测量工具性能最为关键的一项指标，其定量指标是单位时间传输数据的字节，即 bit/s。通常，传输速率为 3bit/s 就可以实现伽马、电阻率、中子、密度等常规三组合曲线的实时传输。如果传输成像资料或边界探测等数据量相对较大的测量项目，则采用 6bit/s 甚至更高的传输速率。表 3－3 列出了斯伦贝谢常见 MWD 工具的数据传输速率，根据不同的实时传输需求选择适当的 MWD 工具。

表 3－3　不同速率 MWD 工具的数据传输速率

MWD 工具名称	数据传输速率（bit/s）
TeleScope	0.5～120（通常 12）
PowerPulse	0.5～16（通常 6）
ImPulse	0.5～12（通常 6）
SlimPulse	0.75

MWD 工具最重要的目标之一就是在地面获取实时数据，这一目标的实现受测井测量速度、机械钻速和 MWD 实时传输速率的影响。目前测井测量速度远远高于机械钻速和实时传

输速度,不会影响地面实时数据获取。这样,确保机械钻速和实时传输速度匹配后就可以很好地获取实时数据,因此,MWD 工具的实时传输速率对定向钻井的意义非常明显:低传输速率会限制机械钻速,只有在降低机械钻速的情况下才能在地面获得必要的实时数据;高传输速率可以解放测量对机械钻速的约束,可以在任何自然钻速下实时提供更多的实时定向、测井、测量数据。如图 3-5 所示,通过斯伦贝谢新一代 MWD 工具 TeleScope 与目前行业中常用 MWD 速率的简单对比,可以看到,在机械钻速相同的条件下,TeleScope 可以实时传输 25 条随钻曲线,而通常 MWD 仅能实时传输 6 条随钻曲线。如果在相同数据量情况下(以 6 条曲线为例),使用常规 3bit/s 传输速率的话,机械钻速最高不能超过 100ft/h,而使用 TeleScope 12bit/s 传输速率,机械钻速最高可达到 450ft/h。

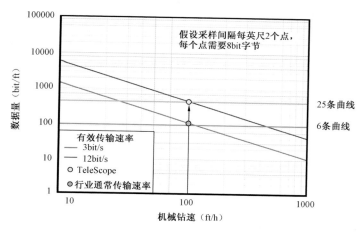

图 3-5　通常 MWD 与 TeleScope 传输速率的差异对实际应用的影响

随着定向钻井技术的发展,机械钻速会越来越快,同时复杂的井下情况要求采集的实时井下信息也越来越多,常规 MWD 技术的传输速率限制对随钻技术以及钻井技术的制约将越来越大,因此,TeleScope 高速传输优势在现代钻井技术中的应用优势和作用将越来越明显。

四、MWD 耐温性能讨论

耐温耐压性能是 MWD 工具的一项重要参数指标,决定了其应用的可靠性,尤其是在深井和地温梯度异常区块的一些重难点井中需要考察 MWD 耐温、耐压性能。首先,来看一下全球的高温工作现状统计。图 3-6 为 2010 年 Spears 报告的斯伦贝谢公司钻井与测量部门的高温作业占全部作业量的统计(这里定义高温作业为地层静温超过 150℃/300℉)。

图 3-6　斯伦贝谢公司高温作业量比例统计

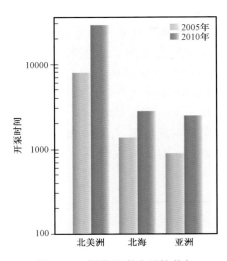

图 3-7 斯伦贝谢公司钻井与
测量高温作业全球统计

由此可见,高温作业是一个重要的钻井与测量作业领域,由于在钻井过程中通常需要考虑的是循环温度的高温极限情况,并且地层的静温通常要比循环温度高出 20℃/70℉左右,在钻井过程中测量到的循环温度在 130℃以上即定义为钻井与随钻测量的高温作业。图 3-7 为斯伦贝谢公司钻井与测量部门的全球高温作业分区统计情况,可以看到高温作业 5 年来的增长幅度达到了 200%(图中纵坐标为对数刻度)。

从高温仪器工艺技术上来讲,由于井下温度升高必然带来仪器设备寿命的递减,油田公司对高温钻井与测量服务的需求和期望如图 3-8 三角形阴影区间所示,当温度升高时候,设备寿命会减小,但是仍然期望最低寿命在 50h 以上才能实现真正有意义的高温作业。

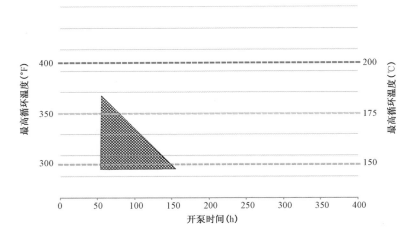

图 3-8 高温作业温度与仪器寿命的期望区域

下面来看一下三种主要 MWD 仪器在全球范围内 2008—2010 年全部作业的统计情况。首先来看 TeleScope 温度及开泵作业时间统计情况,如图 3-9 所示,其中每个点代表了一次作业(一趟钻),可以看到,随着温度升高到 150℃以上,TeleScope 的作业开泵时间仍然分布在一个相对较广的范围内(最高达到 350h),说明 TeleScope 的耐温性能较好,可以很好地应用到高温井的作业中。

再来看应用于恶劣井眼环境下的 MWD 工具 SlimPulse 温度及开泵作业时间统计情况,如图 3-10 所示,每个点代表了一次作业(一趟钻),可以看到,随着温度升高到 150℃以上,SlimPulse 的作业开泵时间也分布在一个相对较广的范围内(最高达到 300h),说明作为恶劣井眼环境下的 MWD 工具 SlimPulse 具有较好的耐温性能,可以很好地应用到恶劣井眼环境下的高温井作业。

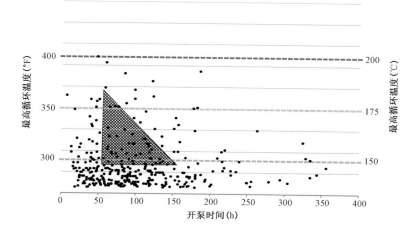

图 3 – 9　斯伦贝谢公司 TeleScope 高温作业统计（2008—2010 年）

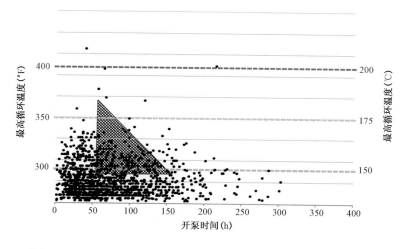

图 3 – 10　斯伦贝谢公司 SlimPulse 高温作业统计（2008—2010 年）

　　最后来看一下小井眼中的 MWD 工具 IMPulse 温度及开泵作业时间统计情况，如图 3 – 11 所示，每个点代表了一次作业（一趟钻），可以看到，随着温度升高到 150℃ 以上，IMPulse 的作业开泵时间也分布在一个相对较广的范围内（最高达到 300h），说明小井眼环境下的 MWD 工具 IMPulse 具有较好的耐温性能，可以很好地应用到小井眼环境下的高温井作业。

　　图 3 – 12 为斯伦贝谢公司钻井与测量部门的仪器设备基于现场实际应用经验的耐温性能统计，其中红色框内为高温 MWD 工具的耐温性能指示，可以看到在实际使用过程中，高温 MWD 工具及测量项目均达到了 175℃ 的耐温水平，完全满足目前常见的一些高温井的作业需求。

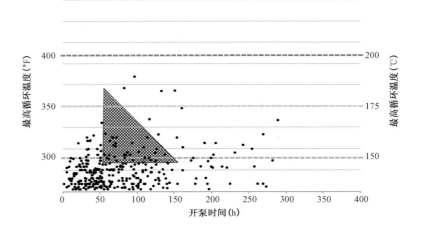

图 3－11　斯伦贝谢公司 ImPulse 高温作业统计（2008—2010 年）

	$12\frac{1}{4}$in	$8\frac{1}{2}$in	6in	$4\frac{3}{4}$in
PowerPulse				
ImPulse				
SlimPulse				
TeleScope				
Epulse*				
GyroPulse				

随钻测井工具一般额定最高温度为150℃
*额定最高温度为125℃

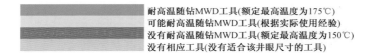

耐高温随钻MWD工具(额定最高温度为175℃)
可能耐高温随钻MWD工具(根据实际使用经验)
没有耐高温随钻MWD工具(额定最高温度为150℃)
没有相应工具(没有适合该井眼尺寸的工具)

图 3－12　斯伦贝谢公司 MWD 耐温耐压性能统计图

第二节　随钻测量技术的应用

随钻测量技术应用广泛,主要体现在以下三个方面:

（1）为定向井专家提供实时井斜方位和工具面等基本定向信息,实现实时轨迹监控和调整。

（2）为油藏地质专家传输实时储层评价信息,实现实时地质决策。

（3）为钻井专家提供和传输实时钻井工程参数,以便采取有效措施实现安全钻井和钻井优化。

前两方面属于随钻测量技术最基本的应用,已经广泛应用在石油行业,这里不再赘述。下面主要介绍一下随钻测量技术在安全钻井和优化钻井方面的应用。

随钻测量技术在安全钻井和优化钻井方面的应用,最根本的一点就是要通过实时井下工程参数分析,监控井下钻具工作状态及可能存在的安全隐患,及时采取措施规避钻井风险,调整合适的参数进行优化钻井。

图3-13(a)通过分析井下CRPM来监控Stick-Slip参数的变化,判断井下钻具的黏滑指数变化与钻井事件之间的关系,确定井下安全状态,也可以据此关系调整钻井参数,降低钻井风险;图3-13(c)为卡钻这一钻井事件下CRPM的特征;图3-13(b)通过分析CRPM来分析井下钻头反转,进一步分析井下的状态及需要采取的措施;图3-13(d)通过冲击风险分级指数可以判断井下钻具的冲击状态,据此采取一定的措施来确保钻井安全。

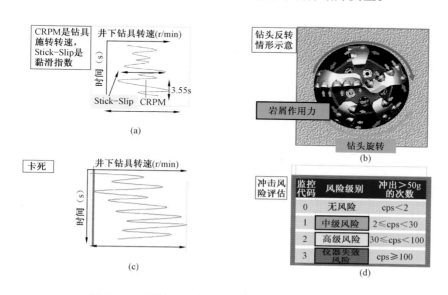

图3-13　随钻测量参数基本应用分析监控井下安全

一、随钻测量技术监控钻井状态应用实例

随钻测量工具能够测量大量与井眼和钻井相关的参数,包括井眼轨迹参数(井斜、方位)、温度、钻压、钻具转速、扭矩、钻井液密度(循环当量密度和静止当量密度)、排量、涡轮转速、振动等。这些参数可以很好地应用在钻井作业中,进行钻井参数监控和实时调整,确保钻井安全,实现安全高效钻井。下面用实例来说明这些参数的应用。

图3-14为随钻测量的按时间变化的工程曲线图,图中展示了部分随钻测量参数随时间变化的随钻实时曲线,是随钻实时工程监控的主要资料。钻井工程师和定向井工程师依据这些曲线的变化情况,判断井下扭矩、振动、压力、排量等参数是否存在异常,某一段时间内有没有发生变化,与邻井的变化趋势是否一致等。斯伦贝谢的钻井工程师和定向井工程师以及低风险钻井监督在钻井作业过程中24h全天候地监控这些参数变化,认真分析每一段曲线的变化细节,从而确保钻井的安全和优化,实现高效钻井。

如图3-14所示,在8月7日凌晨4点到6点这段时间内,工程钻进顺利,钻速8m/h,黏滑指数相对较低,钻压稳定,泵压稳定,井下MWD涡轮转速稳定,钻井工程师根据这些信息,可以判断目前井下一切正常,可继续安全钻进。

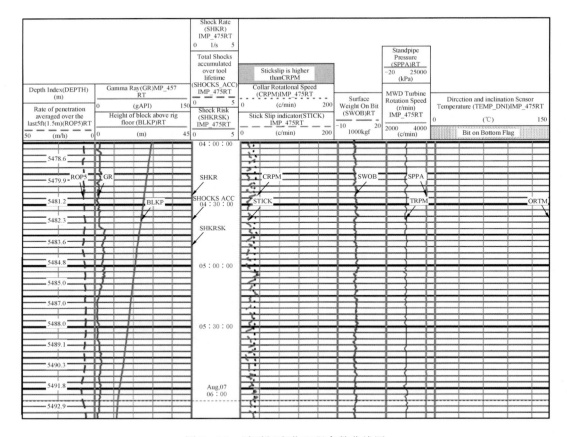

图 3 – 14　随时间变化工程参数曲线图

(第一道蓝色虚线 ROP5 为钻速,单位 m/h。第二道绿色为自然伽马 GR,红色 BLKP 为游车高度。第三道
即时间道中绿色 SHKR 是冲击率,单位为每秒钟的冲击次数;红色 SHKRSK 是冲击风险级别;蓝色
SHOCKS_ACC 是工具生命周期内累积冲击风险级别。第四道黑色虚线为钻具本体旋转速度,单位 r/min,
红色 STICK 为黏滑指数,单位 r/min。第五道绿色 SWOB 为地面钻压,单位 10^4 N。第六道绿色 SPPA 为
立管压力,单位 kPa;蓝色 TRPM 为 MWD 涡轮转速,单位 r/min。第七道红色虚线为测斜传感器温度)

二、随钻测量技术进行钻具刺漏探测应用实例

随钻钻具刺漏探测技术是指在随钻过程中,通过随钻测量参数的变化,判断井下钻具是否
发生刺漏及发生刺漏的相对位置的一项实用技术,其基本流程如图 3 – 15 所示。此项技术主
要包括识别、评估、决策三部分。

1. 利用刺漏探测技术避免严重事故实例

如图 3 – 16 所示,根据现象"泵压(最右边一道红色虚线)和涡轮转速(最右边一道黑色虚
线)的下降而排量不变",判断出钻具刺漏的发生,及时起钻检查钻具发现钻杆刺漏(图 3 –
17)。

同时,根据随钻测量参数及钻井参数综合分析,还可以进行事故调查,本例事故调查结果
显示以下原因导致本次钻具刺漏:(1)钻具振动太大,加剧钻杆疲劳;(2)钻井液系统含砂量高
于平均值;(3)高排量使用;(4)没有配备固相含量控制设备;(5)钻杆维护管理差。

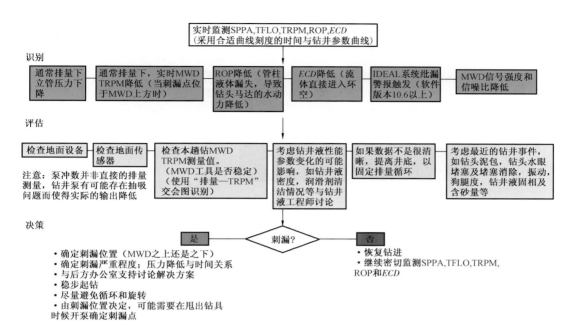

图 3 - 15　随钻井下钻具刺漏监测和识别流程

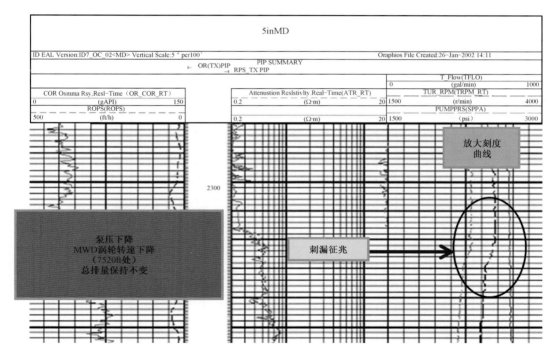

图 3 - 16　根据泵压、涡轮转速及排量信息监控刺漏征兆

图 3 - 17 刺漏的钻杆图片

2. 忽视随钻钻具刺漏探测导致落井事故实例

相反,没有很好使用钻具刺漏探测技术,不能及时发现钻具刺漏,会导致落井事故的发生。事故第一阶段如图 3 - 18 所示,曲线反应正常(立管压力变化不大,涡轮转速变化不大),未出现任何刺漏征兆。

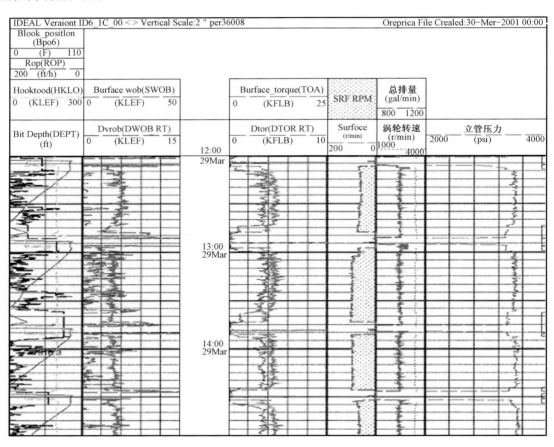

图 3 - 18 第一阶段随钻工程参数曲线图

事故第二阶段如图 3 - 19 所示,在总排量不变的情况下,曲线开始发生变化,具体表现为立管压力下降,同时,MWD 井下涡轮转速下降,开始出现刺漏征兆,但现场工作人员没有采取任何补救措施。

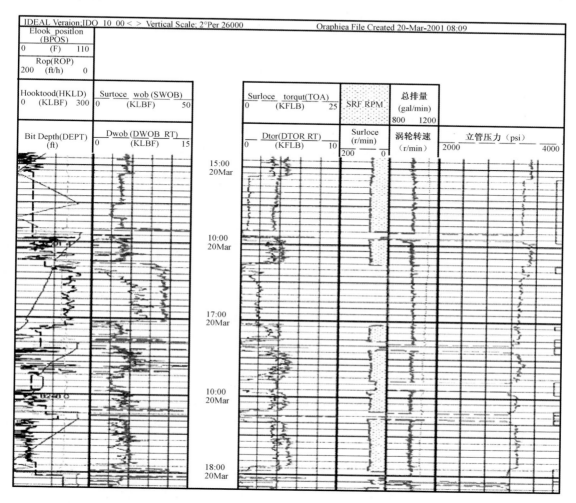

图 3 - 19　第二阶段随钻工程参数曲线图

事故第三阶段如图 3 - 20 所示,此时总排量不变,曲线发生明显变化,具体表现为:立管压力明显下降,同时 MWD 井下涡轮转速明显下降,可以证实出现刺漏,但现场工作人员仍然没有采取措施。

事故第四阶段如图 3 - 21 所示,此时总排量不变,曲线发生快速变化,具体表现为:立管压力快速下降,同时 MWD 井下涡轮转速快速下降,可以证实出现刺漏,现场工作人员注意到异常,开始起钻,并检查刺漏点位置。然而,由于采取措施的时机太晚,在起钻过程中钻具断落井底造成严重后果。

通过以上两个实例分析可以看到:(1)多参数随钻测量技术为钻具刺漏探测提供了基础;(2)综合应用钻具刺漏探测技术是关键。

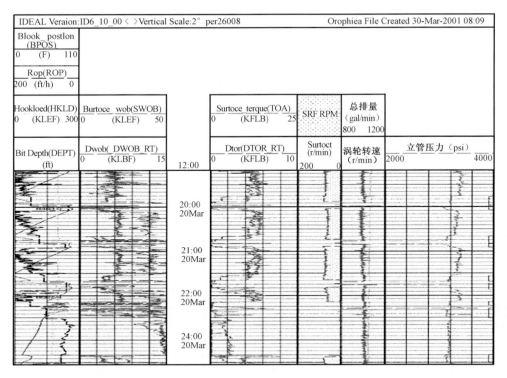

图 3 - 20　第三阶段随钻工程参数曲线图

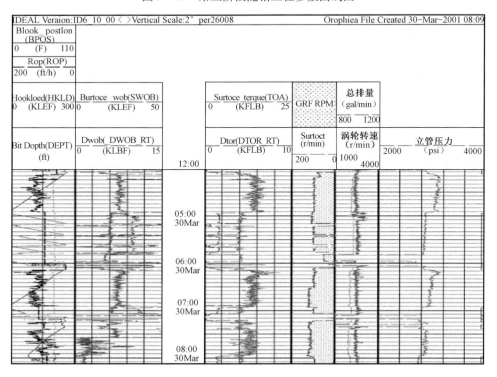

图 3 - 21　第四阶段随钻工程参数曲线图

三、利用 *ECD* 随钻测量技术进行优快钻井的应用实例

循环环空当量密度 *ECD*（equivalent circulating density）是通过环空压力进行当量计算出来的，如图 3 – 22 所示，通过压力传感器可以实时测量井眼的压力，当钻井液静止时，该压力就是由井筒钻井液柱的水头压力；当开泵循环后，井眼压力会有相应的升高，这是因为钻井液与井眼及钻具存在摩擦，摩擦作用会形成一个压力消耗（环空压力降），这样就需要更高的压力才能确保钻井液正常循环起来，这样实际的井眼压力就要高于井筒钻井液的水头压力，把此时传感器测量到的井眼压力按照水头压力计算的钻井液密度就是循环当量钻井液密度 *ECD*，可以清楚地看到，循环当量钻井液密度 *ECD* 要大于静态当量钻井液密度 *ESD*。在钻井作业过程中，*ECD* 的测量对钻井作业尤其重要，因为它反映了井下实际压力的变化情况，而井下压力的变化常常是由某种井下异常情况所导致的。下面来具体看一下，井下哪些可能情况会导致 *ECD* 及 *ESD* 的变化，从而在实际应用中更好地使用 *ECD* 及 *ESD* 来诊断井下情况，实现安全高效钻井。需要注意的是，当分析某一项影响因素的时候，我们总是假定其他影响因素不变。

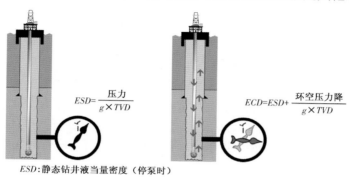

$$ESD = \frac{压力}{g \times TVD}$$

$$ECD = ESD + \frac{环空压力降}{g \times TVD}$$

ESD：静态钻井液当量密度（停泵时）

ECD：循环钻井液当量密度（开泵时）

图 3 – 22　随钻 *ECD* 及 *ESD* 定义示意图

首先来看一下岩屑对 *ECD* 及 *ESD* 的影响情况，如图 3 – 23 所示，岩屑对 *ECD* 及 *ESD* 的影响主要取决于它在钻井液中的状态，由于岩屑是属于比重较大的成分，当它悬浮时，必然导致 *ECD* 及 *ESD* 的增加；当它从钻井液中沉降下来时，必然降低 *ECD* 及 *ESD*。那么岩屑的影响，

岩屑在钻井液中属于密度较大的成分；
岩屑在悬浮状态下，会增加钻井液密度；
岩屑在沉积状态下，会降低钻井液密度；
高钻速（快钻时）会产生更多岩屑，增加钻井液密度

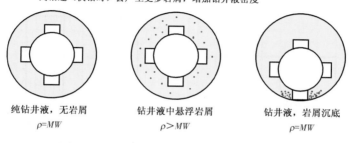

纯钻井液，无岩屑　　　　钻井液中悬浮岩屑　　　　钻井液，岩屑沉底
$\rho = MW$　　　　　　　　$\rho > MW$　　　　　　　　$\rho = MW$

图 3 – 23　岩屑对 *ECD* 及 *ESD* 的影响示意图

归根结底是考虑岩屑在钻井液中的状态,比如高速钻井(快钻时)情况下,会产生大量的岩屑悬浮在钻井液中,增加钻井液的密度,导致 ECD 及 ESD 同时升高。

我们再来看一下排量变化及井眼状况对 ECD 及 ESD 的影响,从图3-24可以清楚地看到排量及井眼尺寸对 ECD 的影响主要是由钻井液流速大小决定的,即这两个参数的变化对 ESD 没有影响,仅对 ECD 产生影响,并且影响特性如下:(1)排量升高,ECD 升高,排量降低,ECD 降低;(2)井眼扩径段 ECD 降低,井眼缩井段 ECD 升高。

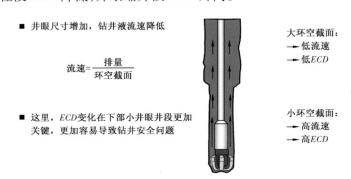

图 3-24 排量及井眼尺寸对 ECD 及 ESD 的影响示意图

另外,我们来看一下钻进方式对 ECD 的影响,如图3-25所示,当钻进方式为旋转和滑动相结合的时候,ECD 的变化比较大;当钻进方式为均匀滑动钻进的时候,ECD 非常平稳。这个现象跟我们前面分析提到的岩屑对 ECD 及 ESD 的影响是相关的,当均匀钻进的时候,岩屑均匀地悬浮或者沉积在井眼中,钻井液本身的密度保持稳定;而当旋转和滑动钻进相结合的时候,大量岩屑一会儿沉积在井底,一会儿又被扰动悬浮起来,导致钻井液密度的变化异常。在实时监控 ECD 时,也要考虑钻进方式的变化影响。

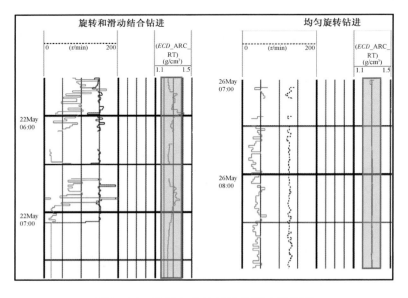

图 3-25 钻进方式对 ECD 的影响示意图

以上分析了 *ECD* 及 *ESD* 的影响因素,下面基于这些影响因素,引出 *ECD* 在钻井中的应用,如图 3 – 26 所示,可以简单归纳出这 9 个方面的应用,即:

(1)控制钻井作业的井筒压力相对稳定。

(2)井眼清洁状况监控和管理。

(3)提前检测浅层出水。

(4)检测井涌和溢流等复杂情况。

(5)区分溢流和渗流。

(6)实施欠平衡和近平衡钻井。

(7)监控重晶石堆积情况。

(8)跟踪钻井工具的工作状况。

(9)检测钻具刺漏。

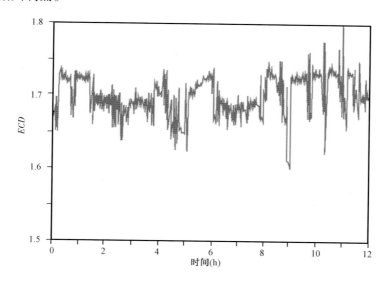

图 3 – 26　单独使用 *ECD* 无法指导钻井

那么在实际生产中如何来使用 *ECD* 呢?由于影响 *ECD* 的因素很多,单纯的 *ECD* 曲线不能给我们提供任何有用信息,必须对各种可能因素进行综合分析,判断 *ECD* 的变化特征与哪些因素相关,从而指示出钻井安全方面需要考虑的问题和解决问题的方向。如图 3 – 27 所示,结合排量、转速及模拟 *ECD* 就可以相对清晰地看到 *ECD* 的几次低峰都和排量变化相关,而后面几次高峰值区间对应了转速的提高,这样来看的话,这一段 *ECD* 的变化都与这些基本钻井参数相关,井下情况应该是稳定的,存在安全风险的可能性较低,可以继续正常钻进。表 3 – 4 为钻井事件与 *ECD* 变化关系表。

我们将通过实例展示应用 *ECD* 测量进行风险控制钻井技术(NDS)解决窄压力窗口的钻井技术难题。在塔里木油田迪那 204 井的钻井过程中,使用了斯伦贝谢公司 NDS 随钻测量工具,随时监测地层孔隙压力、地层漏失压力、地层破裂压力和当量循环钻井液密度(*ECD*),减少了井漏次数和钻井液漏失量。

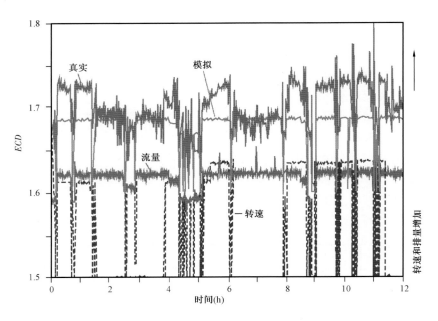

图 3 - 27　综合使用 *ECD* 有效指导钻井

表 3 - 4　钻井事件与 *ECD* 变化关系表

事件/作业流程	*ECD* 变化	其他指示	结论、建议
胶质钻井液的胶化,开泵	突然的、短暂的压力振荡	类似的突然泵压振荡	缓缓开泵和旋转,可避免振荡
岩屑增多	增加后稳定在一个值附近	地表观察到岩屑量增多	旋转时 *ECD* 可能进一步升高
环空堵塞	间歇性振荡增强	立管压力振荡增多 扭矩/转速值变化大 大钩载荷增加	也可能是地层(井壁)垮塌造成这一现象,不一定就是环空堵塞
岩屑床形成	缓慢升高	地表岩屑量锐减 扭矩增大 机械钻速降低	在形成阻塞之前,压力变化很大
ECD 传感器以下堵塞	当 *ECD* 传感器通过堵塞位置时读数会突然升高,之前无明显变化	大钩载荷增加 立管压力稳步上升	监测立管压力和 *ECD* 的变化
气窜	关井后压力上升	关井后立压接近线性上升	根据气窜速度,作出相应的反应预案

（一）NDS 降低风险优化钻井技术

NDS 降低风险优化钻井技术由斯伦贝谢钻井服务部门提出。应用斯伦贝谢随钻测量和测井设备,通过采集地面、地下工程参数,及时分析解释井下情况,提出有效技术措施或建议,从而优化钻井措施,减少井下事故,提高钻井效率。它包含了钻井工程的各个方面,例如,实时数据测量和监测、现场风险预测及决策、钻井设计优化,地质力学模型的建立及实时更新。

　　NDS 优化钻井服务的主要目标是通过在钻进过程中对地层和井下钻井参数的监测,提前发现异常现象和井下复杂情况,从而避免钻井风险和降低非作业时间。斯伦贝谢公司的随钻测量和随钻测井仪器可以提供井下钻井参数的监测。NDS 工程师的主要任务就是利用钻井时井下仪器采集到的地下工程数据、钻井液录井和钻井观测收集到的所有相关数据。通过对这些数据进行分析和提炼,进行钻井风险和复杂情况预测。NDS 整个工作流程见图 3-28。

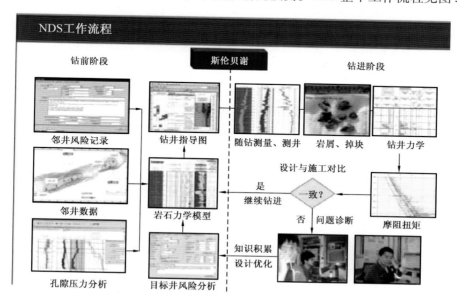

图 3-28　NDS 工作流程图

　　具体来说,NDS 工作流程包括钻前设计、钻进实施和钻后评价三个阶段,详细内容如下:

1. 钻前设计阶段

　　在钻前设计阶段,通过与油田的沟通交流,明确钻井中存在的风险和难点。然后收集该区块邻井的所有相关资料,包括地质资料、测井数据、录井数据、钻井日报及钻头使用信息,然后对数据资料进行处理、审查,对其中可信度比较差的数据进行筛选。在此基础上建立邻井钻井风险数据库、钻井指导图及地质力学模型。

　　地质力学模型(mechanical earth model,MEM)是一个油田(区块)所有地质力学特征数据模型的集合。通过对岩层地质力学性质的分析,它能够有效地为钻井优化、压裂设计、定向井设计、套管设计、防砂完井等提供支持和帮助。

2. 钻进实施阶段

　　在钻进过程中,通过对地面和井下钻井参数进行监测,例如,地面及井底钻压的变化、地面及井底扭矩的变化、环空压力和钻井液当量循环密度的变化、憋钻滑钻指数及井底振动的监测来判断井下钻具和钻头的工作状况,提前发现异常现象和井下复杂情况,避免钻井风险和降低非作业时间。

3. 钻后评价阶段

钻后评价阶段主要是对钻井过程中出现的问题作进一步对比分析,同时借鉴斯伦贝谢公司和油田专家的丰富经验,找出合理有效的解决方法。同时把这些经验教训在钻井风险记录和综合钻井指导图中进行更新,为以后该地区或具有相似地质情况的区域提供宝贵的经验,从而可以少走弯路。

斯伦贝谢公司使用的地质力学模型是某个区域的地层应力与岩石力学特性相关信息的逻辑汇编组合,提供了一种能够快速更新这些信息的手段,并利用这些信息指导钻井作业和油藏管理。在目前许多复杂的钻井、完井和开采作业中,都需要进行岩石力学分析来降低昂贵的风险。井眼稳定、井位优化、定向射孔、防砂预测与完井、压裂改造、油藏模拟等设计都需要建立在岩石力学基础数据(如地质构造、力学层序、岩石力学参数、孔隙压力、地应力等)的研究分析之上。如果与岩石力学有关的数据保存在不同的数据体中,比如邻井的信息保存在一个数据体中,地震解释结果放在另外一个数据体中,而随钻测量的压力又被放入另外一个数据体中,它们所用的模型可能不相干甚至不一致,那么将很难对一个区域的情况进行深入的了解并形成统一的认识。并且当新的数据不断从井场或平台传来时,如何去更新已有的数据都存在很多问题。为此,斯伦贝谢公司开发了一套建立地质力学模型 MEM 的程序(图 3 - 29),它使得建立、管理并实时更新这套庞大的岩石力学知识体系成为可能。图 3 - 30 是典型的地质力学模型建立流程图。

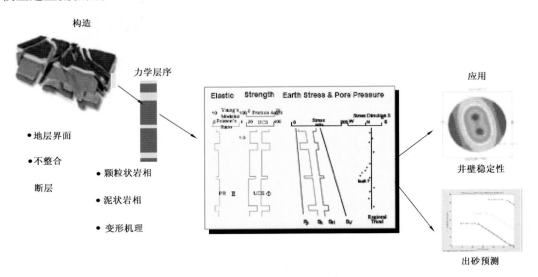

图 3 - 29　NDS 地质力学模型

1)上覆压力

上覆压力通过对地层密度进行积分计算得到。典型的地层密度通过电缆测井得到,也可以利用岩心的密度。在没有密度测井或测井质量差的层段利用指数曲线外推。

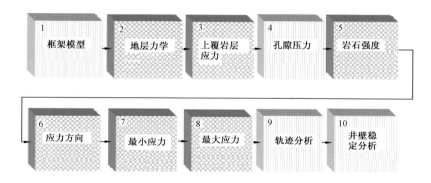

图 3 – 30　NDS 地质力学模型建立流程图

2）水平应力

给定深度处的最小水平主应力 σ_h 可以通过扩展的漏失试验（XLOT）、微压裂或利用 MDT 工具直接测量得到。σ_h 也可以通过测井资料计算得到，但需要其中一种直接的方法进行刻度。

最大水平主应力 σ_H 不能直接测量，利用测井资料计算出最小水平主应力、岩石强度和孔隙压力后，可以利用井眼图像和岩石破坏模型来大致刻度 σ_H 的大小。对于井壁崩落可以利用剪切破坏模型。对于水力裂缝可以利用拉张破坏模型。

3）地层压力

地层压力是地质力学模型的核心参数之一。地层压力评价的目的是为了确定地下超压地层的深度及压力大小。对于已钻过的井，可用 RFT（重复地层测试仪）或 MDT（模块式地层动态测试仪）等工具测量岩体内的孔隙压力，也可通过试油获得地层压力。如果钻井时发生溢流，还可以参考溢流时的当量钻井液密度来评价地层压力。这种方法得到的数据直接、可靠，但通常数据点很少，不能得到连续的剖面。在砂泥岩剖面中，可利用测井资料，根据压实理论建立岩石物理力学性质和孔隙压力的关系，通过计算得到连续的孔隙压力剖面。大量数据证明，在正常的压力梯度下，泥岩里的声波时差由于压实的作用会随着深度增加而降低，在由于欠压实而造成超压的地层里，泥岩的声波时差将随着深度变大而增加或保持不变。电阻率与孔隙压力也有类似的相关性，但实际计算中需要考虑矿物组分和盐度对电阻率的影响。

4）岩石强度

岩石的单轴抗压强度（UCS）是决定井壁是否稳定的重要条件。UCS 可以根据测井曲线计算得到，但需要用岩心单轴抗压强度测试的结果进行标定。

要根据测井曲线计算 UCS，需要先得到岩石弹性参数，如弹性模量和泊松比等。从测井资料直接计算得到的弹性参数是动态的。然而，在进行井眼变形与破坏分析时需要静态参数。因此，需要利用专有的公式对动静态杨氏模量进行转换，计算得到岩石强度。对于动静态泊松比，由于没有很好的相关关系，所以对于动静态泊松比没有进行转换。

5）地应力方向

地应力方向研究是岩石力学分析的重要组成部分。确定地应力方向的方法包括井眼崩落方向、自然裂缝和水力裂缝方向、横波各向异性和三分量 VSP 等。

6）钻井液密度安全窗口

地质力学模型一旦建立，可以在此基础上进行井壁稳定性分析，给出安全钻井所需的钻井液密度窗口。要求钻井液密度要足够高，以避免溢流和井壁坍塌发生，但同时钻井液密度又不能太高，以免发生钻井液漏失和压裂破坏。

在钻进中、起下钻、处理事故等各种作业中，环空内的压力梯度应该始终保持在钻井液安全窗口范围内：

井涌压力梯度（Kick）——钻井液密度低于此线会发生井涌。

井壁崩落（或称坍塌）压力梯度（Breakout）——钻井液密度低于此线会发生井壁崩落。

漏失压力梯度（MudLoss）——对于存在天然裂缝或已经被压开的地层，钻井液密度大于此线会发生钻井液漏失。

破裂压力梯度（Breakdown）——对于完整的地层，钻井液密度大于此线会发生压裂破坏。

（二）塔里木迪那 204 优快钻井 NDS 实例

1. 迪那 204 井钻前地质力学模型的建立

迪那 204 井是迪那 2 区块的一口开发评价井，该井钻探对迪那 2 区块下一步开发意义重大。在迪那 2 区块已完钻的井中，都存在着钻井液当量密度稍高即漏、稍低即溢的现象。这给迪那 204 井的钻探工作带来了巨大的挑战。

为了保证给迪那 204 井的安全钻探提供有效的技术支持，必须合理确定安全稳定的钻井液密度窗口。在分析总结迪那 2 区块已完钻井的地质力学信息的基础上，建立了迪那 204 井的钻前地质力学模型。由于存在不确定因素，本模型仅仅是对迪那 2 区块已钻井地质力学信息的总结和高度概括，虽然对钻井未知风险有一定的预见性，但还不能对钻井的所有未知风险进行预测分析。因此，在钻井过程中还需要根据新采集到的资料对其不断进行修正和完善。

迪那 204 井钻前地质力学模型的建立主要选择邻井迪那 201 井（距迪那 204 井东北约 5.5km）和迪那 2-3（距迪那 204 井南约 2.4km）的已钻井地质力学信息。从地震剖面上对比分析，迪那 204 井与迪那 201 井及迪那 2-3 井都有很好的层位对应关系，在井位之间没有大的构造和断层分布。考虑到迪那 2-3 井在吉迪克组底砾岩段完井，没有深部储层的有关信息和数据，因此本模型的建立主要基于迪那 201 井的地质力学信息和有关数据。

钻前地质力学模型的建立包括以下步骤：

（1）确定层位对应关系；

（2）将邻井（迪那 201 井）各个层位岩石性质映射到新钻井；

（3）估算上覆岩层压力和孔隙压力；

（4）采用邻井中计算水平应力的公式和参数计算新钻井的水平应力；

（5）建立新钻井的安全钻井液密度窗口。

2. 迪那 204 井钻井指导图的绘制

钻前地质力学模型的最主要成果就是目标井的钻井液密度窗口，通常绘制在钻井优化及风险管理综合成果图（DrillMap）中。

钻井优化及风险管理综合成果图通常包括如下几部分：

（1）常规钻井参数，如井位、设计井深、钻头、钻杆参数等；

（2）地质力学模型钻井液密度窗口；

（3）钻井优化及风险管理。

根据该综合成果图，提出了迪那204井避免漏失的以下建议和对策：

（1）结合NDS随钻测井数据（GR，电阻率），做好地质预报，卡准地层。迪那地区储层钻井是否发生漏失，在很大程度上取决于天然裂缝的发育情况，因此要求做好跟已钻邻井的对比工作。

（2）监测ECD变化，并与根据邻井电测建立的漏失压力和破裂压力剖面相比较，防止漏失的发生。

（3）根据随钻GR和电阻率以及地表观测到的数据（如单根气、钻井液池液面变化等），实时更新孔隙压力剖面，确保钻井液密度始终高于地层孔隙压力。

（4）实时分析环空当量循环钻井液密度（ECD）、当量静态钻井液密度（ESD）和钻井液密度的关系，及时发现井底气侵和溢流的情况。

（5）吉迪克组底砾岩段为高压气层，孔隙压力高，天然裂缝及断层发育，岩石物性好，应控制好钻井液密度，使其略高于孔隙压力，同时调整钻井液性能，以保证形成好的泥饼，防止天然裂缝渗透性漏失。

（6）在吉迪克组底砾岩段，为了防止井喷和避免井漏，建议钻井液密度控制在 $2.15 \sim 2.23\mathrm{g/cm^3}$，ECD控制在 $2.20 \sim 2.30\mathrm{g/cm^3}$。在钻穿吉迪克组底砾岩段后，在确保不发生井涌的情况下，可适当降低钻井液密度。

（7）古近系地应力水平高，应力不平衡性强，地层破裂压力低，井壁很容易产生钻井诱导缝。如果钻井诱导缝跟天然裂缝连通，就很容易发生漏失。建议钻进中钻井液密度控制在 $2.10 \sim 2.23\mathrm{g/cm^3}$，ECD控制在 $2.20 \sim 2.30\mathrm{g/cm^3}$，进入E6层位前可根据气测情况适当降低钻井液密度。

（8）每次起钻前测后效、计算油气上窜速度。如果油气上窜速度过高，可注入一定量的重钻井液，以保证起下钻安全。

3. 迪那204井钻前地质力学模型在钻进中的更新和应用

钻前地质力学模型（MEM）是基于邻井的资料建立的，与本井的实际情况肯定存在一定的差异。由于本井存在窄钻井液密度窗口的钻井难题，所以很有必要在钻进中实时地对模型进行更新。

实钻中，根据NDS随钻测井（LWD）和随钻测量（MWD）提供的数据以及取心、录井等资料，实时地更新模型中的岩性剖面和地层孔隙压力剖面。由于没有随钻声波，不能据此实时计算坍塌压力、漏失压力和破裂压力剖面，只能根据邻井201的测井资料和最新的地层界面信息估算本井的这几个压力剖面。

钻进中通过对返出钻屑进行分析，有助于判断井壁稳定状态。钻屑中可能会出现角状、板状或碎片状掉块。这些掉块可以指示井壁的稳定情况。角状掉块是由于井壁剪切破坏形成的多面状的岩石碎块崩落，主要是由于钻井液密度低于井壁崩落梯度造成的。板状掉块是由于地层存在天然裂缝或其他弱胶结面而造成的岩石碎块脱落掉入井底，与钻井液密度关系较小，主要受钻井液性能和钻井操作的影响。而碎片状掉块（细长形）是由于井壁的张性破坏形成的，是钻进低渗透率的泥岩时钻速太快或欠平衡引起的孔隙弹性反应。

在迪那204井四开井段的钻进过程中，为更新模型，收集和整理了大量的数据，这些数据包括：

（1）随钻测井（LWD）和随钻测量（MWD）数据，包括自然伽马（GR）、电阻率（RES）、当量循环钻井液密度（ECD）、当量静态钻井液密度（ESD）、井底温度、井底钻压、井底扭矩等；

（2）取心、岩屑和录井资料；

（3）压裂试验数据；

（4）钻井事件、钻井日报、钻井液报告等。

钻进中通过压力窗口的监测，可以把当量循环钻井液密度控制在合理的范围内，为钻井液密度的调整提出合理化建议。图3-31分析了钻进过程中漏失、ECD和安全密度窗口之间的关系，说明了降低钻井液密度的必要性和合理性。该井自井深5146m开始降低钻井液密度后，正常钻进中没有再发生严重的漏失。

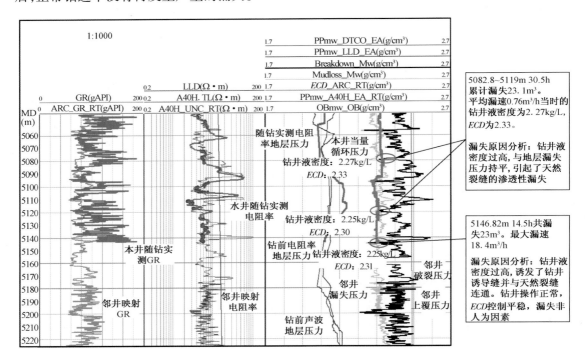

图3-31　迪那204井钻进时地质力学模型与漏失具有很好的对应关系

综上所述，NDS服务中的地质力学模型不是一个静止的模型，而是一个动态的不断更新的模型。在一口井开钻前，由于对地层情况的了解有限，钻井过程中存在着大量的不确定因素，地质力学模型综合了该区块所有已知的地质力学现象和数据，为它提供了一个初步的理论基础。随着一口井的钻进，更多的数据被采集起来，如随钻测井参数、录井资料、钻井报告等，这些数据可用来校正和补充最初的地质力学模型，使之更加完善，进一步减少钻井中的不确定因素，为安全钻进提供指导和帮助。图3-32是完钻时根据随钻测井计算的地质力学模型。钻进使用的钻井液密度为2.10~2.20g/cm³，当量钻井液密度（ECD）最大值为2.25g/cm³。在当前情况下，这一钻井液密度能够保证顺利钻进。

井段4996~5380m储层段地质力学模型显示：

（1）储层段孔隙压力异常，孔隙压力系数为1.80~2.15；

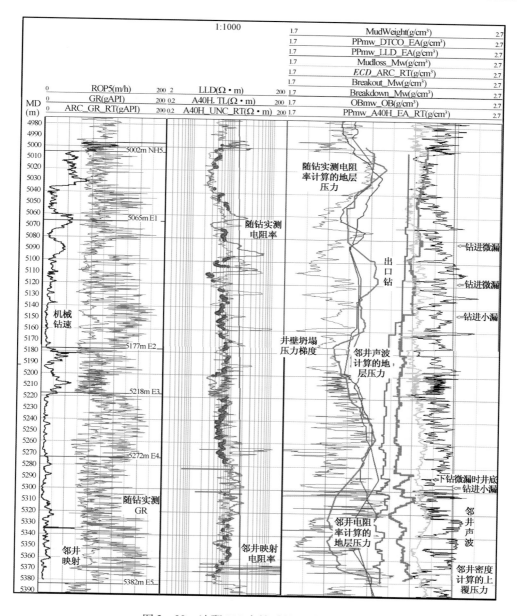

图3-32 迪那204完钻时的地质力学模型

（2）储层段最大水平应力＞上覆岩层压力＞最小水平应力,应力水平高;

（3）储层段应力不平衡性高,最大和最小水平应力之比为1.14~1.2,随着深度增加逐渐增大;

（4）储层段坍塌压力系数与孔隙压力系数相当,为1.80~2.15;

（5）储层段破裂压裂梯度分布受裂隙分布、岩石强度等众多因素影响,完整岩石破裂压力系数最低值约为2.30,在某些岩石强度较低的层位破裂压力梯度还有可能更低。

结合本井的地层特点,综合分析井壁稳定（指没有严重的井壁崩落和压裂破坏）和水力安全(指不发生溢流和漏失)的要求,在钻进中、起下钻、处理事故和其他各种作业中,储层段环空压力当量循环钻井液密度 ECD 始终保持在 $2.10 \sim 2.30\text{g/cm}^3$,可保证安全钻井的要求。

实钻中,井段 $4996 \sim 5380\text{m}$ 所发生的岩石力学问题分为漏失和井壁崩落两种,没有出现溢流问题。本井段共发生 5 次井漏,漏失原因为钻井液密度和黏度变化剧烈,引起了环空压力的波动。井底环空压力的最大值超过了裸眼段最小的漏失梯度而引起漏失。

井壁崩落主要发生在 E5 段,该段岩石强度变化大,井壁坍塌压力系数最高为 2.19(图 3-33),易发生井壁崩落。因此在钻井措施上,要求钻进时钻井液密度应尽量保持在不低于 2.14g/cm^3,防止发生进一步的井壁崩落造成角状掉块。避免倒划眼、过高的转速和钻柱振动,平稳操作,防止发生更多的板状掉块;此段要尤其注意保持井眼清洗良好,并尽量降低液体渗失系数。由于井壁崩落发生的程度轻微,对钻井和将来的测井、固井影响较小,钻井液密度还有进一步降低的可能性,但应保持在 2.10g/cm^3 以上。

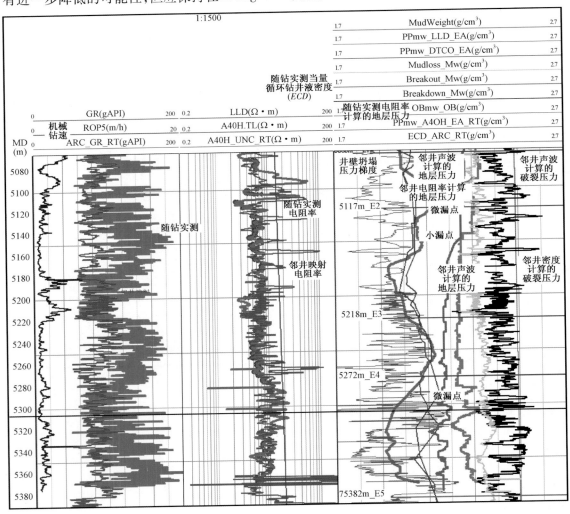

图 3-33　迪那 204 井 5070~5380m 地质力学模型

4. 迪那 204 井地质力学模型（MEM）钻后评价

1）钻后 MEM 模型

对完钻后的迪那 204 井用电缆测井方法得到了常规测井资料、DSI 声波测井资料和 FMI 电阻率成像资料。利用声波纵波资料计算的地层孔隙压力更为可靠（利用电阻率资料计算地层孔隙压力易受矿化度和温度的影响），应用纵波和横波资料计算本井的地应力，从而计算井壁稳定窗口。FMI 的成像资料显示的井壁崩落和钻井诱导缝，为模型的进一步精细刻度创造了条件。成像显示的天然裂缝使我们更清楚地了解了地层，有利于进一步研究漏失机理。综合钻后测井资料，形成了钻后的地质力学模型，见图 3 – 34。

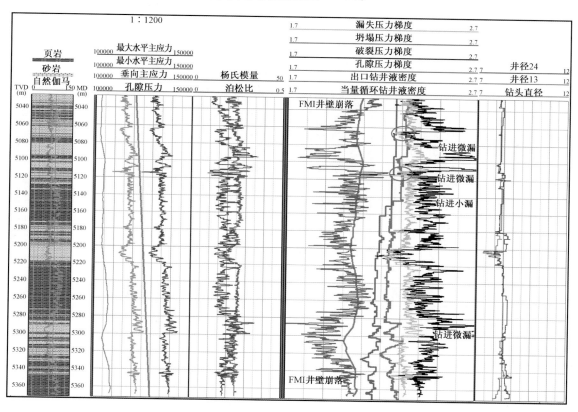

图 3 – 34　迪那 204 井钻后地质力学模型

2）漏失层位的确定

判断和确定漏失层的位置及深度，对分析漏失机理和制定防漏、堵漏施工对策有着至关重要的作用。找漏一般可通过成像测井、井温测量、放射性示踪测量、热电阻测量、传感器测量、转子流量计测量等方法确定，也可通过观察机械钻速、岩心、漏失量及深度结合地质力学模型来推测。通过对比随钻测量的深、中、浅电阻率，以及对比随钻测量的电阻率和钻后电缆测量的电阻率，结果没有发现较好的漏层指征。根据本井的实际情况，最终采取实时观察井漏、地质力学建模、井眼成像测井相结合的手段来推测地层的漏失层位。

钻后 MEM 显示，5061～5082m 和 5100～5120m 这两个井段的破裂压力和漏失压力较低，

钻进时当时的 *ECD* 值均都超过了这两个井段的破裂压力和漏失压力。从 FMI 图像上也显示这两个层段存在明显的天然裂缝和钻井诱导缝（图 3 - 35），说明这两个层位为可能漏失层。而钻至井深 5146m 处发生的小漏，由于此处的漏失压力和破裂压力均较高，分析有可能是把上部的这两个薄弱层又压开了而发生的漏失。

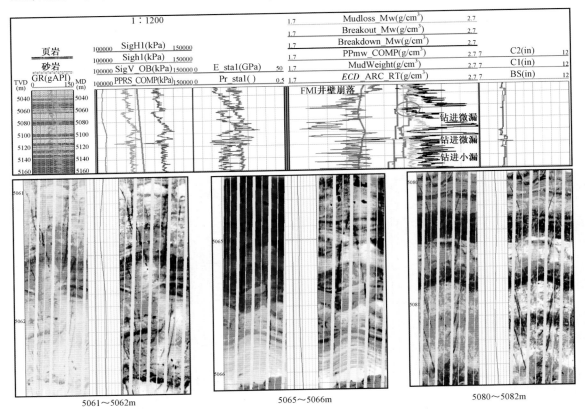

图 3 - 35　井段 5061 ~ 5082m 可疑漏失层位

3）迪那 204 井岩石力学问题及 NDS 施工效果

（1）迪那 204 井四开井段（4996 ~ 5380m）岩石力学问题。

迪那 204 井四开井段环空压力当量钻井液密度保持在 2.10 ~ 2.30g/cm³ 时可保证井壁稳定和水力安全。要求钻进、起下钻、处理事故和其他各种作业中，根据钻井液的性能、工况，平稳地调整钻井液密度，保证环空压力始终保持在此安全窗口范围内。

四开井段的岩石力学问题主要为钻井液漏失（共漏失 86.51m³）、井壁崩落（主要发生在井段 5033 ~ 5036m，5354 ~ 5362m）和井壁压裂破坏（钻井诱导缝普遍存在）。井壁崩落较轻微，对钻进工程没有造成大的影响。古近系下部地层钻井诱导缝很普遍且很明显，因此实钻中把工作的重点放在了防止钻井液漏失上。四开井段之所以没有引发大的井漏，得益于把当量钻井液密度精确地控制在了钻井液漏失压力梯度之下。迪那 204 四开钻井液漏失统计见表 3 - 5。从表 3 - 5 可以看出，自 9 月 6 日降低钻井液密度后，直至钻至完钻井深仅漏失钻井液 0.8m³。

表 3 - 5　迪那 204 四开钻井液漏失统计表

井深(m)	井眼(in)	当日漏失量(m³)	钻井液密度(g/cm³)	当时作业	日期
5107	8½	15	2.26	钻进	8 月 17 日
5131	8½	8	2.25	NDS 钻进	8 月 18 日
5147	8½	18	2.25	NDS 钻进	8 月 19 日
5147	8½	33.7	2.24	NDS 钻进	8 月 20 日
5288	8½	11	2.2	下钻	9 月 6 日
5296	8½	0.8	2.18	NDS 钻进	9 月 7 日

（2）迪那 204 井四开井段 NDS 施工效果

迪那 204 井四开井段钻井液漏失量只有 86.51m³，而邻井漏失量均为几百立方米到几千立方米。因此，迪那 204 井四开井段 NDS 作业大幅度地节约了钻井时间和处理事故的费用，保证了井眼的平滑和良好的井身质量。

迪那 201 井：全井卡钻 2 次，损失时间 9.44d；井漏 2 次，漏失钻井液 414.1m³，损失时间 5.17d。另外还有钻具落井事故 2 次，堵水眼事故 1 次。

迪那 202 井：全井卡钻 2 次，损失时间 34.71d；井漏 15 次，漏失钻井液 1180.04m³，损失时间 24.1d。另外还有井下溢流 8 次，损失时间 81.5d。

迪那 22 井：全井卡钻 1 次，损失时间 0.5d；井漏 15 次，漏失钻井液 1360.8m³。另外还有井下断钻具和溢流事故各 1 次，损失时间 2.4d。

DN2 - 3 井：全井卡钻 4 次，损失时间 20.44d；井漏 6 次，漏失钻井液 1162.6m³，损失时间 93.6d。另外还有井下断钻具和井下落物事故各 1 次，损失时间 2.35d。

迪那 204 井：8½in 井眼应用所建立的地质模型和使用 NDS 服务，发生井漏 5 次，漏失钻井液 86.51m³，损失时间约 3d。

迪那 204 井与邻井复杂情况对比情况见表 3 - 6。

表 3 - 6　迪那 204 井与邻井复杂事故对比

井号	阻卡		井漏		其他	
	次数	损失时间(d)	漏失量(m³)	损失时间(d)	次数	损失时间(d)
迪那 204	0	0	86.51	3	0	0
迪那 201	2	9.44	414.1	5.17	3	—
迪那 202	2	34.71	1180.04	24.1	8	81.5
迪那 22	1	0.5	1360.8	—	2	2.4
迪那 2 - 3	4	20.44	1162.6	93.6	2	2.35

（三）新疆油田霍 003 井优快钻井 NDS 应用实例

霍 003 井是南缘霍尔果斯构造上的一口重要探井，该井钻探对南缘霍尔果斯区块乃至整个南缘地区下一步勘探均有重大意义。但在霍尔果斯区块已完钻的探井中，都存在着钻井周期长、复杂事故多、钻井成本居高不下，尤其是安集河海组钻探过程中存在着钻井液当量密度稍高即漏、稍低即溢的现象，漏失、卡钻事故十分突出，严重影响钻井进程。如霍 10 井从 1991

~2711m 由于发生窄密度窗口漏失导致恶性起钻事故发生,720m 井段发生 9 次恶性卡钻事故,损失时间 210d,给迪那霍 003 井的钻探工作带来了巨大的挑战。

1. 钻井地质难点及钻井井下复杂情况预测

(1)井壁稳定性差。

霍尔果斯构造位于盆地南缘第二排构造带霍—玛—吐构造的西段,基本形态为近东西向延伸、两翼较陡的长轴背斜。受山前构造运动的作用,形成了诸多断层,主要复杂地层安集海河组存在长距离的滑脱断层,中上部地层十分破碎,而且 50°左右的地层高陡倾角,井壁围岩强度最低,在强地应力作用下钻井井壁稳定性难度最大(图 3 - 36)。

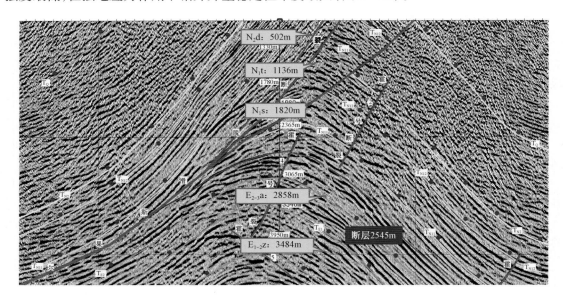

图 3 - 36　霍尔果斯背斜地下特征

(2)地层压力系统复杂。

通过邻井资料地质力学模型可以看出,该地区的地层压力比较复杂。水平最大地应力 > 上覆应力 > 水平最小地应力(图 3 - 37),属强地应力地区。安集海河组、紫泥泉子组地层压力高,最高压力系数达到 2.46。高密度钻井液的配制与维护难度大。霍××井孔隙压力预测图见图 3 - 38。

(3)钻井液安全密度窗口小,井漏频发(图 3 - 39)。

坍塌压力与漏失压力互相交替,安全钻井液密度窗口几乎不存在。钻遇这些层位时,要密切注意钻压、扭矩和机械钻速的变化。过高的钻井液正压差可能会压裂地层,造成循环漏失,接着发生卡钻甚至恶性卡钻。有时抽吸或激动压力会产生裂缝,钻井液也会通过这些裂缝发生漏失,易发生压差卡钻。

2. 地质力学模型概述和地层压力预测

根据随钻测井的数据及邻井(霍 002 井)的电测数据,我们对霍 003 井的地质模型进行了更新。

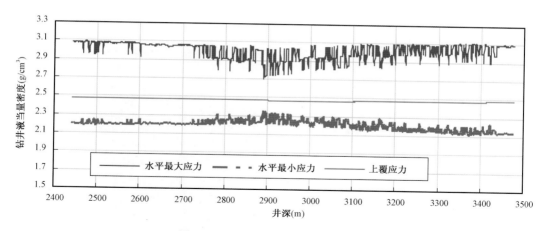

图 3 - 37　霍××井三个地应力剖面

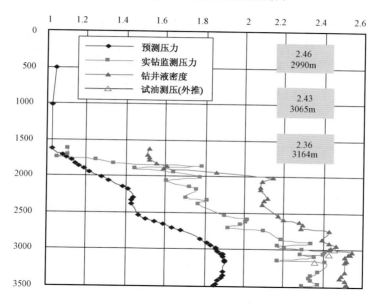

图 3 - 38　霍××井孔隙压力预测图

随钻测井数据的应用:更新的地质模型中采用了随钻测井中的伽马、电阻率以及当量循环钻井液密度。

根据伽马和岩屑的分析,在三开已钻井段,我们认为该井段以泥岩为主。

电阻率的测井结果和上部井段及邻井数据接近,所以我们直接采用了随钻测井的数据用于分析计算。

当量循环钻井液密度表明了井中钻进过程中钻井液密度的大小,参照钻井液窗口与当量循环密度的大小,我们分析了钻井现象并与模型相对照。

图 3 - 40 ~ 图 3 - 42 共显示了四道数据,每一道的意义解释如下:

第一道是岩性分析,本模型中三开井段以泥岩为主。

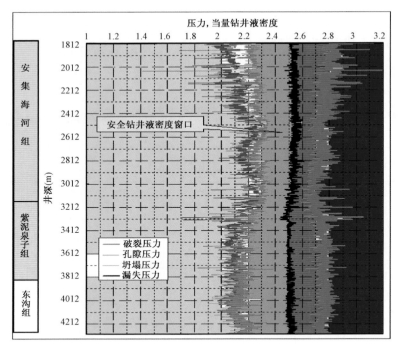

图 3 - 39　霍 002 井安全钻井液密度窗口

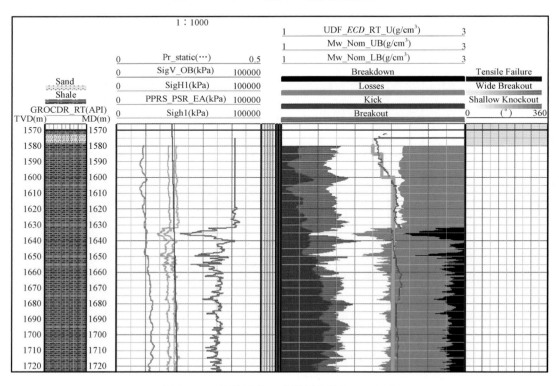

图 3 - 40　钻井液窗口成果图 (1570 ~ 1720m)

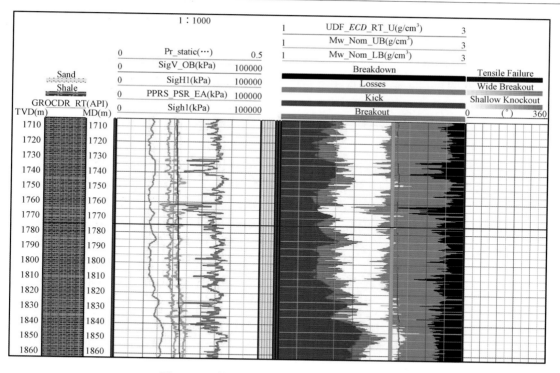

图 3 - 41　钻井液窗口成果图(1710~1860m)

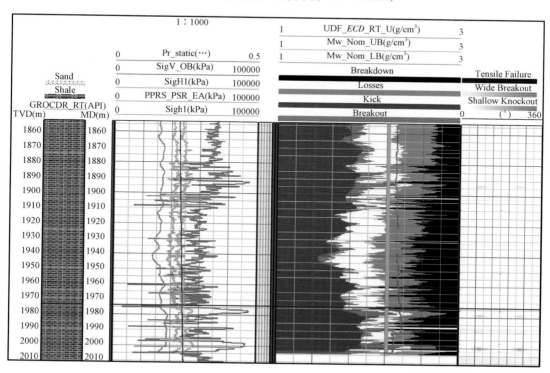

图 3 - 42　钻井液窗口成果图(1860~2010m)

第二道显示的是地应力成果,包括上部岩层压力(SigV_OB)、最大水平应力(SigH1)、最小水平应力(Sigh1)和孔隙压力(PPRS_PSR_EA)。泊松比(Pr_static)也显示在这一道。

第三道是钻井液窗口,此窗口显示了根据力学模型计算成果得到的保证安全钻进的最大/最小钻井液密度的窗口。钻进过程中实际采用的钻井液密度和当量循环密度也显示在这一道。

若实际钻井液密度(当量循环密度)在棕红色区域内(Kick),则钻井液密度低于孔隙压力,发生井涌。

若实际钻井液密度(当量循环密度)在红色范围内(Breakout),则可能出现井壁垮塌。

若实际钻井液密度(当量循环密度)在蓝色区域内(Loss),如果在该深度地层存在天然裂缝,则会有钻井液漏失的危险;如果该处地层完整,则不会观察到漏失现象。

若实际钻井液密度(当量循环密度)在黑色区域内(Breakdown),表明钻井液密度过高,将原本完整的裂缝压开,产生新的裂缝,若新产生的裂缝与天然裂缝贯穿,则可能产生严重漏失。

只有当钻井液密度(当量循环密度)位于白色区域内时,井壁才是稳定安全的。

第四道显示的是井壁破坏模式、方位及严重程度,颜色越深表明破坏越严重。

岩石力学模型成果分析:

总体讲,$1.57g/cm^3$ 的钻井液密度较合理,当量循环密度控制有效。尽管在整个钻进过程中钻井液密度曲线落在蓝色区域内,但由于地层相对完整,岩石强度较高,不会出现严重的钻井液漏失。

1885~1910m,岩石强度较低,可能出现井眼垮塌。在钻进过程中井眼破坏的可能性存在;当钻进停止时,静止的钻井液密度可能造成更为严重的垮塌。但总的来说,这类垮塌可以通过对 ECD 的监测和清洁井内来解决,不会造成严重问题。

1973~2008m,据随钻测井曲线及录井解释推测,我们接近或进入断层破碎带。在这一深度,孔隙压力升高,岩石完整程度下降,极易出现垮塌和压裂渗漏同时存在的现象。从岩屑的分析中我们发现了这种可能性。处理这些事故仅靠提高钻井液密度是无法完全控制的,特别是在断层破碎带附近,过高的钻井液密度可能大范围压裂井壁,造成钻井液大量漏失。

3. 使用 ECD 进行优快钻井的典型事件分析

(1)实时当量循环密度监测(图3-43、图3-44)。

斯伦贝谢公司在施工前根据邻井资料提出了霍003井的地质模型。对地层孔隙压力、漏失压力、坍塌压力作出预告图,施工中根据随钻测井数据不断调整地质力学模型,由于霍尔果斯特殊的地质条件,钻井液密度安全范围很小,施工中除了严格控制钻井液密度外,还要控制好当量循环密度。钻井液当量循环密度的变化一是由于钻井液密度和黏切的变化引起的,二是由于机械钻速快、钻屑多,或是地层垮塌,即井眼的不清洁而导致循环当量密度上升,这种风险要降到最小,在井深 1744.60m 时,钻速高达 12m/h,钻井液密度 $2.23g/m^3$,循环当量密度 2.39,停钻循环后,ECD 稳定,但没有降至最低值,根据以前经验判断认为这可能是由于塑性黏土黏附在钻具上,减少了环空面积,从而引起钻井液当量密度的增加(图3-43)。甲方负责人决定如果 ECD 一直居高不下,钻完当前立柱后,就短起通井。晚上9:00,实施短起通井,在套管内也遇阻 100kN,短起后循环时振动筛返出较多钻屑,短起效果见图3-44。

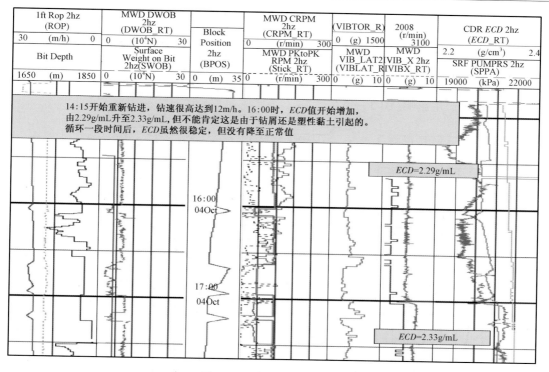

图 3 - 43 钻屑引起高 *ECD*

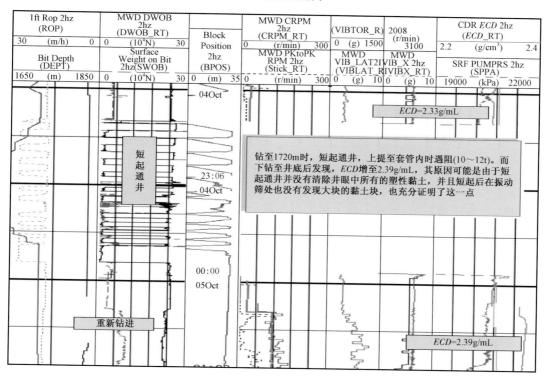

图 3 - 44 塑性黏土引起高 *ECD*

霍003井三开井段施工中对 *ECD* 控制 PERFORM 工程师提出 11 份异常预报。

在 10 月 27 日晚上 8:00,*ECD* 值升高到 2.44g/mL。向甲方代表建议循环,活动钻具清洗井眼。23:00,一柱打到底,开始活动钻具大排量清洗井眼,但是 *ECD* 没有降低。次日凌晨 3:00,*ECD* 值升高到 2.47g/mL。增大排量,控制住了 *ECD* 上升趋势,过高的 *ECD* 值肯定会对上部井段的稳定性产生影响(图 3 – 45)。

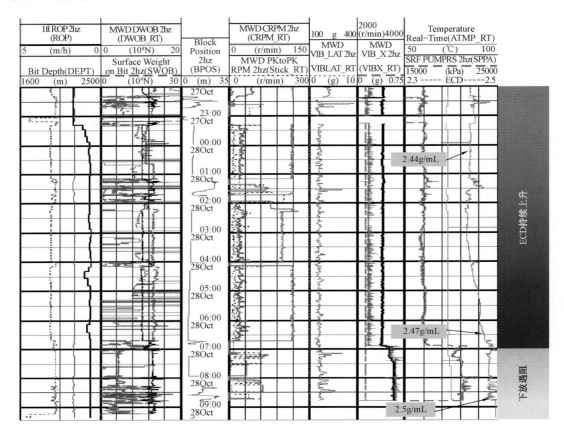

图 3 – 45　高 *ECD* 引起下放钻具遇阻

8:00,监督决定起钻,但是上提下放都很困难。

(2)对井下复杂情况的判断。

10 月 10 日,井深 1812m,*ECD* 呈上升趋势,分析认为是钻屑和塑性黏土引起的,采用提离井底循环、活动钻具、增加排量等措施后,*ECD* 由 2.33g/cm³ 增加到 2.39g/cm³,决定短起下,当起至 1715m 时卡钻,震击解卡后上提下放到底继续打钻,当钻至 2000m 时,钻井液密度 2.22g/cm³,而 *ECD* 由 2.39g/cm³ 上升到 2.43g/cm³,再上升到 2.52g/cm³,地层垮塌掉块极不稳定,采取措施如下:

(1)开大泵排量清洁井眼,排量由设计 40L/s 提高到 43L/s。

(2)尽量正划眼,不要倒划眼。

（3）司钻操作要平稳，尽量减少对井眼的破坏。

（4）放慢钻进和起下钻速度，以避免钻具与破碎带的相互作用。

（5）随时监测地层压力与井底温度的异常变化。

4. 应用效果分析

霍003井在三开（1580～3083m）井段应用基于 ECD 测量的一整套 NDS 无风险钻井技术，大幅度缩短了该井段的钻井时间，与邻井霍001井和霍002井相比钻井时间分别缩短82d、46d，三开段的最高钻井液密度分别降低了0.24g/cm³、0.11g/cm³，由于选择了合理的钻井液密度，大幅度减少了井漏（图3-46）、卡钻等井下复杂事故，这也是本地区钻井表现最好的一口井了，综合效果十分明显。霍尔果斯评价井三开段机械钻速对比见表3-7。

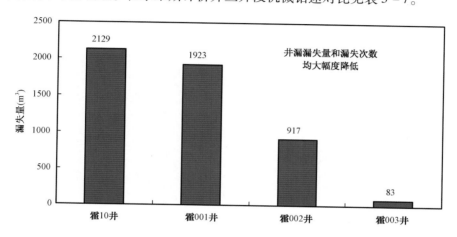

图 3-46　霍尔果斯地区已钻井漏失量对比图

表 3-7　霍尔果斯评价井三开段机械钻速对比表

井号	井段（m）	钻头尺寸（in）	钻具组合	钻井进尺（m）	时间（d）	钻压（t）	机械钻速（m/h）	最高钻井液密度（kg/L）
霍001井	1498～3114	ϕ311	常规	1616	174	6～12	1.35	PRT 体系最高密度2.63
霍002井	1860～3338	ϕ311	常规	1478	138	8～16	0.87	有机盐体系最高密度2.5
霍003井	1580～3083	ϕ311	NDS	1503	92	8～20	1.35	有机盐体系最高密度2.39

霍10井完钻井深3484m，全井钻井周期354d，其中非生产时间139d，占全井工作时间的39.44%。全井发生恶性卡钻事故9次，损失时间104d。全井共发生井漏35次，漏失钻井液2129m³，损失时间20d。

霍001井完钻井深4200m，全井钻井周期433d（含中途测试9d），其中非生产时间161d，占全井工作时间的37.29%。全井发生恶性卡钻事故4次，损失时间90d。全井共发生井漏73次，漏失钻井液2698m³，损失时间67d。

霍002井完钻井深4360m（目前是霍尔果斯构造钻探最深的一口井），全井钻井周期

382d,其中非生产时间 30d,占全井工作时间的 7.97%。全井发生恶性卡钻事故 1 次,损失时间 12d。全井共发生井漏 69 次,漏失钻井液 904m³,损失时间 13d。

霍 003 井于完钻井深 3446m 完钻(目前在完井电测),全井钻井周期 212.7d,其中非生产时间 22d,占全井工作时间的 11.64%。全井未发生过恶性卡钻事故,全井到目前共发生井漏 3 次,漏失钻井液 83m³。

第二章　随钻测井技术

随着大斜度井、水平井及大位移井的不断增多,采用在传统直井中广泛应用的电缆测井技术对这些井进行测井遇到越来越多的挑战和风险,如测井工具入井难、钻杆传输测井费时费力等;一种能够将测井工具组合在钻具中,在随钻过程中实现类似于常规电缆测井项目(如伽马、电阻率、中子、密度、光电指数、声波等)并且能够实时传输到地面供油藏地质专家实时进行储层评估的测井技术,即随钻测井技术,逐渐发展成为钻井专家和油藏地质专家解决高风险井的首选测井技术。目前,随钻测井技术几乎可以实现全部的传统电缆测井项目,从测井手段上来讲,涵盖了常规测井、成像测井、声波测井、核磁共振测井及地层压力测试等各个领域。

随钻测井的作业方式明显有别于传统电缆测井,归纳起来主要有如下三个方面的应用(图3-47)。

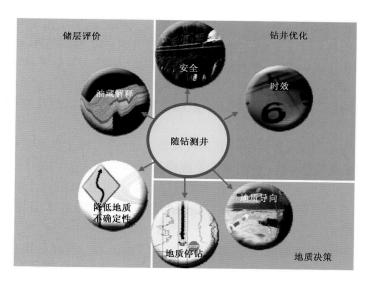

图3-47　随钻测井技术发展历程及脉络

(1)储层评价:随钻测井实现了在钻井的同时对地层进行测井作业和储层评价的目的,完成了测井储层评价要求。在满足储层评价应用的基础上,由于可以省掉部分或全部钻后电缆测井环节,大大节省了钻机时间和降低了成本,避免了电缆测井带来的作业风险。

(2)钻井优化:通过随钻测井提供地下地质信息和工程信息,为钻井专家提供可靠的钻井预报和实时井下状态监控,实现安全高效优化钻井。这是传统电缆测井钻后测井无法实现的应用。

(3)地质决策:通过实时随钻测井提供地下储层信息,为油藏地质专家实时了解地下储层情况,作出实时地质决策提供判断依据,可以进行实时地质停钻和实时地质导向,充分发挥地质和工程的主观能动性,对于高效勘探和开发复杂油气藏具有重要意义,已成为油田开发获得最大效益的至关重要的手段。这也是传统电缆测井钻后测井无法实现的应用。

随钻测井技术是完成大斜度井、水平井钻井设计、实时井场数据采集、解释和现场决策以及指导并完成地质导向钻井的关键技术。同时，由于随钻测井技术可以实现随钻随测，最大限度地降低了测井数据受到环境影响，尽可能获得最真实的地层信息，为勘探开发的测井地层评价，尤其是重难点储层、疑难储层的测井评价提供了一种新的、强有力的手段。

第一节　随钻测井技术概况

一、随钻测井技术发展历程

1977 年斯伦贝谢公司开始研究随钻技术，1984 年开始研究并开发出随钻测井工具样机；后通过 4 年的现场测试及改进，1988 年斯伦贝谢正式商业化推出第二代随钻测井工具家族中第一支补偿电阻率伽马工具 CDR 和第一支补偿中子密度工具 CDN，进行商业化服务，在业界内首次实现了常规三组合随钻测井，即随钻伽马、电阻率和随钻中子密度及光电指数等。

1990 年，通过 MWD 工具（M3）实现了 CDR 和 CDN 这两支随钻测井工具的实时测量，随钻测井进入了真正的实时随钻测井时代；1993 年，第一支随钻侧向电阻率测井工具 ABR 及第一支随钻地质导向工具 GST 投入商业化市场，可以提供侧向电阻率测井和伽马测井，更为重要的是基于随钻测井技术的地质导向技术开始发展起来，实时随钻测井技术和实时地质导向技术的发展，给随钻测井技术带来了更广阔的发展空间，也使随钻测井技术得到了更多更大的关注。此时，其他油田服务商也开始着手研发随钻测井技术，随钻测井技术进入了高速发展时期。

1994 年，VISION 系列随钻测井技术开始投入商业化应用，相比较第二代补偿型随钻测井工具，VISION 系列在测量精确度、探测深度及成像扫描等方面大大提高了随钻测井技术的可靠性和独立性，以此为分界点，随钻测井技术结束了电缆测井技术在储层评价技术中"一统天下"的局面，随钻测井储层评价技术发展成为一种独立的储层评价技术手段。

VISION 系列包括下列六支工具：

（1）arcVISION 随钻阵列电磁波传播电阻率测井。该工具主要测量项目为电磁波传播电阻率和自然伽马，同时可以对地层各向异性及钻井液侵入、介电效应等进行评价和校正，对原状地层电阻率进行反演。

（2）geoVISION 随钻阵列侧向电阻率测井。该工具主要测量项目为侧向电阻率和自然伽马及电阻率成像和伽马成像，同时可以对钻井液侵入进行校正以及原状地层电阻率反演。

（3）adnVISION 随钻方位—密度中子测井。该工具主要测量项目为中子、密度、光电指数、井径及密度成像、光电指数成像和井径成像。

（4）proVISION 随钻核磁共振测井。该工具主要测量项目为核磁总孔隙度、束缚水孔隙度、T2 谱等核磁共振测井项目。

（5）sonicVISION 随钻声波测量。该工具主要测量项目为纵波时差、全波列以及快地层中的横波，另外，适当改变参数可采集斯通利波。

（6）seismicVISION 随钻井眼地震测量。该工具采用地面放炮井底接收的办法进行 VSP

测井,获得检验炮和 VSP 成像。

VISION 系列几乎拥有了全部的常用测井项目,如伽马、阵列感应电阻率、阵列侧向电阻率、中子、密度、光电指数、阵列声波、核磁共振、垂直井眼地震(VSP)等,可以为开发井、探井提供全套的测井服务,广泛应用在勘探开发关键区块中,取得了很好的应用效果,得到广泛认可,至今仍然是随钻测井技术领域的"标杆"。

进入 21 世纪,石油钻井技术的"高效、高产钻井"需求越来越迫切,斯伦贝谢随钻测量研发团队针对这一需求,以未来随钻测井技术的发展趋势和需求为目标,广泛征集全球范围内石油界技术专家的意见及需求,开始研发新一代随钻测井技术。

从 2005 年开始,斯伦贝谢先后推出了 Scope 系列随钻测井工具,到目前为止,Scope 系列共推出了六支工具:

(1)TeleScope 超高速实时传输系统,俗称"望远镜",是 Scope 系列匹配最好的 MWD 工具,提供常规的 MWD 测量和超高速实时传输速率。

(2)EcoScope 多功能随钻测井仪,俗称"环保眼镜",主要测量项目为自然伽马、电磁波传播阵列电阻率、中子、密度、光电指数、井径、元素俘获能谱、西格玛及密度成像、伽马成像、光电指数成像和井径成像。

(3)PeriScope 随钻方向性地层边界探测仪,俗称"潜望镜",主要测量项目为自然伽马、电磁波传播阵列电阻率、方向性探测曲线和储层边界反演成像。

(4)StethoScope 随钻地层压力测试仪,俗称"听诊器",主要测量项目为地层压力和井眼环空压力。

(5)MicroScope 高分辨率随钻电阻率成像仪,俗称"放大镜",主要测量项目为自然伽马、侧向阵列电阻率、4 种不同探测深度电阻率成像和自然伽马成像。

(6)SonicScope 随钻多极子阵列声波测井仪,俗称"声波探伤仪",主要测量项目为纵波时差、横波时差和斯通利波时差及全波列。

作为新一代随钻测井技术,Scope 系列继承了 VISION 系列的全部优势,同时具有智能、安全、高效的特点。

所谓智能,是指同时同位采集多种地层参数进行综合储层评价,尽最大可能降低储层评价的不确定性,通过客观测量项目来降低人为主观因素在储层评价中的影响,例如,在 EcoScope 随钻多功能测井中,通过采集三组合测井以及元素俘获能谱测井,就可以直接测量到储层定量岩性剖面,进而可以根据定量岩性骨架参数进行变骨架参数孔隙度评价,求准岩性和孔隙度物性,再利用电阻率和西格玛两种不同含水饱和度评价测井,可以进一步求准饱和度参数,这样就更加准确地完成了储层综合评价,获得了受主观影响较小的孔隙度、渗透率、含油饱和度参数,为油藏评价提供了更加准确的基础资料。

所谓安全,是指在随钻过程中通过仪器设计及参数测量来尽可能降低作业风险、环保风险及其他经济成本风险,例如,在 EcoScope 多功能随钻测井技术中,采用了很多钻井安全参数测井项目,如环空压力、三轴振动等,通过实时传输这些安全参数并配合地质参数测井,钻井专家就可以实时监控井下安全情况,采取相应措施和钻井参数降低卡钻和落井风险等。又如,在 EcoScope 的仪器设计中,采用了 PNG 中子管替代了传统测井中的中子源,作为随钻测井技术中唯一不采用放射性中子源的工具,其环保风险在业界内是最低的。

所谓高效,是指在随钻过程中,从仪器组装到随钻测井实施再到钻后测井数据提取都注重时效,最大限度减少平台占用时间和项目实时时间。例如,在 EcoScope 多功能随钻测井仪设计过程中,通过将多传感器集成设计,减少了钻具组合的接头数量,大大减少了组合钻具和拆卸钻具的时间;由于其采用了无化学源的设计,传统放射性测井仪器的装源时间及井场清场时间都可以节省下来,大大减少了平台时间。同时,由于 Scope 的高速传输和采集特点,在随钻过程中,解放了随钻测井数据采集质量要求对机械钻速的约束,机械钻速不再受随钻测井速度的限制。

二、随钻测井技术现状

目前,全球范围内广泛使用 VISION 系列和 Scope 系列来满足不同的测井和钻井需求。在国内应用较多的主要是 arcVISION、geoVISION、adnVISION 以及 EcoScope 多功能随钻测井仪、PeriScope 随钻方向性地层边界探测仪及 StethoScope 随钻地层压力测试仪和 MicroScope 高分辨率随钻侧向电阻率成像仪。表 3-9 统计了截至 2011 年 9 月,各油田采用的随钻测井仪器的使用情况。可以看到,两大随钻测井系列几乎应用到国内各大主要海上油田和陆上油田。

通过随钻测井获取各种基本测井参数,综合各种随钻测井曲线,可以进行 Elanplus 综合地层评价以及图像处理解释。Elanplus 综合地层评价包括岩性识别、储层参数定量计算以及流体识别等。另外,基于随钻成像测井的成像处理解释,包括井眼轨迹分析、地层与岩性分析、井旁构造分析、裂缝产状分析及古水流方向分析等,可进一步为油田地质研究提供可靠数据。表3-8 为截至 2011 年 10 月,斯伦贝谢公司数据咨询和服务部提供的基于随钻测井的储层评价单井服务统计表,可以看到基于随钻测井的储层评价技术已经广泛应用到各大主要油田。

表 3-8   斯伦贝谢数据和咨询服务部提供随钻测井储层评价的作业量统计

服务项目	2008 年	2009 年	2010 年	2011 年	总井数
地质导向	119	90	188	182	579
Elanplus	0	22	53	51	126
成像处理	30	53	51	134	268
声波处理	6	8	6	20	40
油藏评价	0	1	3	1	5
其他	119	149	305	291	864

三、随钻测井技术应用范围

随钻测井作为电缆测井的一种有力补充,可以解决很多实际的测井问题。它不是要替代电缆测井,而是寻求一种最优的测井方式解决实际的测井问题,实现勘探开发的目标。优化测井方式,即针对具体的测井问题,选择电缆测井还是随钻测井,应该考虑下面五个方面的决定因素:

(1)平台作业费用。通常平台作业费用较高的井使用随钻测井相对比较经济。

(2)测井费用。通常测井费用偏高的井使用随钻测井相对比较经济。

(3)井身结构及井斜。通常井斜较高、井身结构较复杂的井尽量采用随钻测井,如图 3-48 所示。

表 3-9　国内各油田应用随钻测井技术概况

工具 \ 客户		中国海油湛江	中国海油深圳	中国海油天津	Husky南海	上海天然气(SOP)	中国石油大庆	中国石油辽河	中国石油吉林	中国石油大港	中国石油冀东	中国石油西南	中国石油新疆	中国石油塔里木	中国石油吐哈	中国石化江汉	中国石化胜利(EDC)
VISION系列	arcVISION 电磁波传播电阻率	✓	✓	✓	✓		✓	✓	✓	✓	✓	✓	✓		✓		✓
	geoVISION 侧向电阻率	✓	✓	✓	✓		✓	✓	✓	✓	✓	✓	✓	✓	✓		✓
	adnVISION 方向性中子密度	✓	✓	✓	✓		✓	✓	✓	✓	✓	✓	✓			✓	✓
	sonicVISION 随钻声波	✓	✓	✓	✓			✓			✓	✓	✓	✓			✓
	seismicVISION 随钻地震		✓	✓	✓		✓			✓		✓					
Scope系列	EcoScope 多功能随钻集成测井	✓	✓	✓	✓		✓	✓	✓	✓	✓	✓		✓			
	PeriScope 储层边界探测仪器	✓	✓	✓				✓		✓	✓		✓	✓			
	StethoScope 随钻声波	✓		✓		✓											✓
	MicroScope 高速随钻传输											✓					

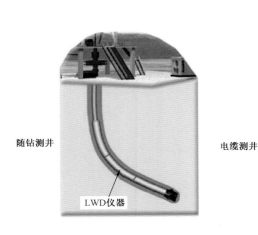

随钻测井

LWD仪器

电缆测井

图 3-48 不同井型分别采用不同的测井方式示意图

（4）需要的测井项目，即要考虑随钻测井是否能够提供必测的测井项目。

（5）井眼安全（稳定性、地质导向等），即井眼安全问题较多的井可采用随钻测井解决测井难问题。

可见，在优化测井方式方面主要考虑三类影响因素，即经济、安全、测量。

如表 3-10 和表 3-11 所示，在一个开发区块，对于选择随钻测井还是传统电缆测井，进行了粗略统计，其中，使用常规电缆测井，三开需要 5.04d；若采用随钻测井，在多采集一趟时间推移测井资料的情况下，四开仅需 3.38d（如果不需要时间推移测井数据，还可以再节省 14h）。本实例中，使用随钻测井的优缺点主要体现在四个方面：（1）省去常规测井和通井时间；（2）增加组合钻具和倒划眼测井时间；（3）综合考虑节省作业时间 1.66d 左右；（4）多采集了一套时间推移测井数据。相当于节省了 1.66d 的平台时间，也就是节省了 1.66d 的平台日费和其他相关费用，具有较好的经济效益。

表 3-10 使用常规电缆测井作业时间统计

序号	作 业 项 目	作业时间（h）	累计时间（d）
1	三开钻进至 2700m，机械钻速 30m/h	0	0.00
2	循环	3	0.13
3	投测，起钻换钻头	10	0.54
4	下钻	6	0.79
5	三开钻进至完钻井深 3000m，机械钻速 20m/h	24	1.79
6	循环	3	1.92
7	短起下钻至 13⅜in 套管鞋	9	2.29
8	下钻至井底	6	2.54
9	循环处理钻井液	4	2.71

序号	作 业 项 目	作业时间（h）	累计时间（d）
10	起钻	9	3.08
11	电测	24	4.08
12	组合通井钻具组合，下钻通井至井底	10	4.50
13	循环钻井液	4	4.67
14	起钻	9	5.04

表 3–11　使用随钻测井作业时间统计

序号	作 业 项 目	作业时间（h）	累计时间（d）
1	三开钻进至 2700m，机械钻速 30m/h	0	0.00
2	循环	3	0.13
3	投测，起钻换钻头和 LWD	12	0.63
4	下钻	6	0.88
5	三开钻进至完钻井深 3000m，机械钻速 20m/h	24	1.88
6	循环	3	2.00
7	短起至 2700m，倒划眼 LWD 测井至套管鞋	14	2.58
8	下钻至井底	6	2.83
9	循环处理钻井液	4	3.00
10	起钻	9	3.38

另外，在上面的实例中不仅涉及了测井方案经济上的考虑，节省平台时间和平台日费，还涉及测井方案测量效果方面的考虑，即多采集了一套时间推移测井数据。在优选测井方式的时候，考虑到储层评价的测量需求，即哪一种测井方式能更加有效地评价储层，实现智能储层评价。针对不多的测井储层评价要求，需要考虑到测井资料可能受到的各种影响以及这些对最终评价结果的影响。通过随钻测井与电缆测井资料对比，可以发现随钻测井在储层评价方面主要有两大优势：（1）随钻测井受侵入的影响较低，资料更真实地反映原状地层特征；（2）随钻测井受井眼条件影响相对较小，资料相对可靠。

首先，钻井液侵入的影响如图 3–49 所示。斯伦贝谢公司对冀东油田南堡 1–平 2 井进行了 ARC 随钻电阻率测井，完钻后用相同的仪器重复测量了电阻率。通过电阻率对比发现，同一探测深度的钻后测量电阻率明显较随钻电阻率低，且探测深度越浅的电阻率降低越明显（水基钻井液）。ARC 电阻率反演同样表明钻后电阻率受侵入的影响较大，图中第三道黑色充填代表钻头直径，蓝色充填代表随钻电阻率反演得到的侵入剖面，灰色充填代表钻后电阻率反演得到的侵入剖面。对比结果表明，随钻测井曲线受侵入的影响较小，而钻后测井曲线反演得到的侵入带范围明显较大。

在测井资料受井眼条件影响方面，随钻测井可以很好地应用在如下两个领域：（1）随钻随测确保在井眼条件"恶化"前测井，获得真实有效的测井资料；（2）钻后划眼复测，确保井眼复杂情况下的测井资料采集。

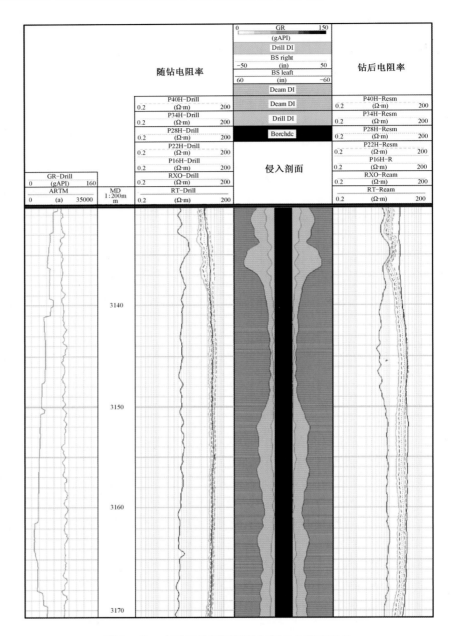

图 3 – 49　南堡某井不同测量时间的电阻率对比

在同一个区块的相邻两口井中,图 3 – 50(a)为随钻随测的三组合曲线,图 3 – 50(b)为钻后复测中子密度的三组合曲线。从第三道中子密度曲线可以看到,随钻随测时,该地层的井眼相对比较好,孔隙度曲线很好地反映了地层信息;而钻后复测的这口井在相同层位,井眼已经发生了严重的垮塌,孔隙度曲线受到了很大影响,局部层段已经完全失真。同样的地层,在尝试使用电缆测井过程中,发生了多次挂卡事故,造成了两套电缆仪器落井(包括放射源落井)。

从上面的实例可以看出,随钻随测可以第一时间获得资料,这在关键井以及一些探井中,

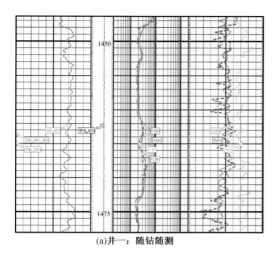
(a)井一：随钻随测

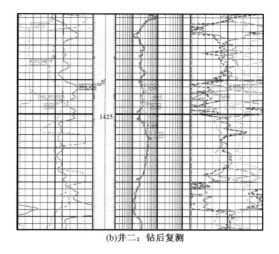
(b)井二：钻后复测

图 3 – 50　渤海湾某区块两邻井中子密度测井反映井眼状况对比

具有得天独厚的优势,是解决部分重难点区块储层评价及钻井优化问题的有效手段。

　　同时,使用随钻测井工具进行钻后复测可以解决"复杂井况下测井难"的问题,也是一种行之有效且又具有很好经济效益的解决方案。在大庆徐深 44 井的电缆测井过程中,发现井况相对较差,在电阻率及声波电缆测井过程中发生挂卡现象,说明电缆测井作业风险较高,特别是本井为探井,还需要获取中子密度等放射性测井参数资料。实施随钻放射性测井仪器钻后划眼复测的办法,解决了这一难题。

　　后续随钻划眼成像资料(图 3 – 51)显示本井部分井段井眼崩落情况严重,椭圆井眼情况普遍存在,如果采取常规电缆放射性测井,不仅测井风险高,其测量结果受井眼影响可能无法评估,受到影响的资料可能会误导综合评价结果。而通过随钻测井,能够很好地观测到井眼的实际情况,并且可以进行有效的井眼校正,获得可靠的中子密度测井信息,补充了电缆测井,完成了本井的测井储层评价目标,测井评价结果如图 3 – 52 所示。

　　作为常规电缆测井的有力补充,随钻测井解决复杂井况条件下测井难问题这一应用在塔里木以及冀东、西南等存在井眼问题的一些深井、斜井中具有较好的实际应用价值和应用前景。如图 3 – 53 所示,从近年来钻后划眼测井解决测井难问题的不完全统计情况可以看到,这一技术的应用已经相当成熟,是一种有效的解决油田实际问题的测井技术。

　　随着石油工业的不断发展和油气勘探开发难度的不断增大,油气勘探开发已逐渐转向规模更小、油层更薄、物性更差、非均质性更强的油气藏。随钻测井作为一种新型的测井技术,它能够在钻开地层的同时,实时测量各种地层岩石物理信息,具有得天独厚的优势,具体表现在:(1)能够实时测井,获得最新的地层信息;(2)随钻测井采用工具连接在钻具组合上的作业方式,可以在使用电缆测井困难或甚至不可能的环境下(如大斜度井或大位移水平井中)进行测井作业取全地层资料;(3)随钻测井作为实时地质决策的依据,降低地质和工程两方面的不确定性,提高大斜度井或水平井钻井效率,节省钻机时间,降低钻井风险,从而提高经济效益;(4)可进行时间推移测井,通过比较多次测井曲线,可获得钻井液侵入程度、油气水层区分等宝贵信息,如图 3 – 54 所示。

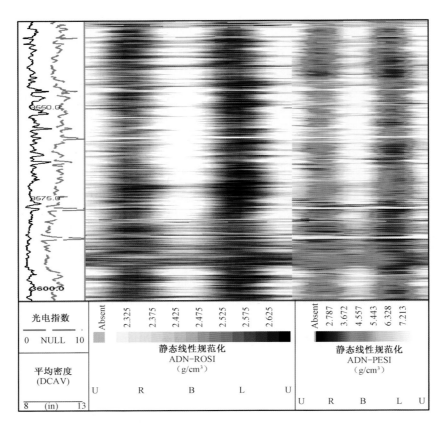

图 3-51　大庆徐深 44 井随钻成像测井钻后划眼测井显示井眼状况

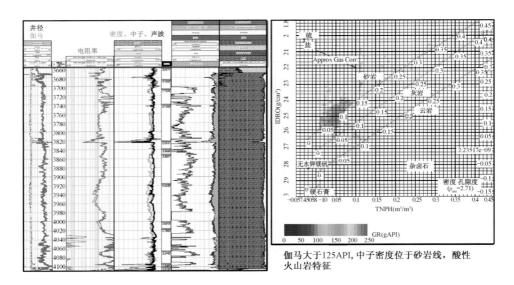

图 3-52　大庆徐深 44 井恶劣井眼条件下随钻划眼测井综合评价 Elanplus 成果图

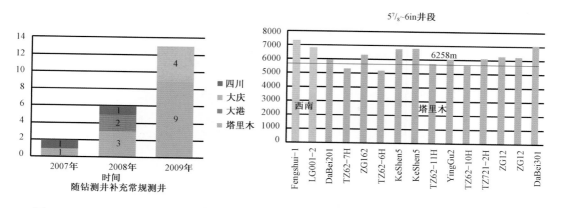

图 3 - 53　随钻测井补充电缆测井解决复杂井眼情况测井难问题的统计图(截至 2009 年 12 月)

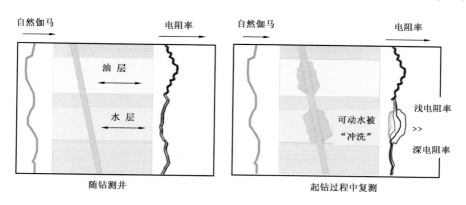

图 3 - 54　通过随钻随测和钻后复测的时间推移测井方式判断油气水层

这些优势得到了广大测井分析师的认可,正是由于随钻测井所具有的众多优点,这项技术才取得迅猛的发展,并在开发井中得到广泛应用。

第二节　随钻地层电阻率测井技术

随钻电阻率测井与电缆电阻率测井类似,也分感应型电阻率测井和侧向型电阻率测井,分别对应不同的钻井液类型及地层电阻率储层类型。两种不同随钻电阻率测井的应用范围,如图 3 - 55 所示。

目前,在随钻测井领域,感应型电阻率(ARC)应用相对比较广泛,几乎各个服务商都能提供类似的测量;在高阻储层中迫切需要随钻侧向型电阻率测量。

一、感应型电阻率测井技术

1. 概述

能够进行感应型电阻率测井的随钻工具有 arcVISION、ImPulse、EcoScope、PeriScope,采用的都是阵列补偿电磁波传播电阻率测量原理,通过两种频率(2MHz 和 400kHz)电磁波的相位移和振幅衰减实现电阻率测量,其响应关系图版如图 3 - 56 和图 3 - 57 所示。

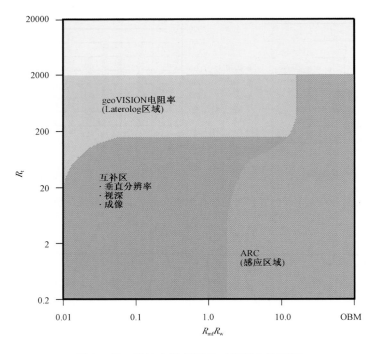

图 3 – 55　随钻电阻率测井工具适应性图版

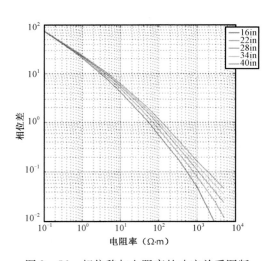

图 3 – 56　相位移与电阻率的响应关系图版

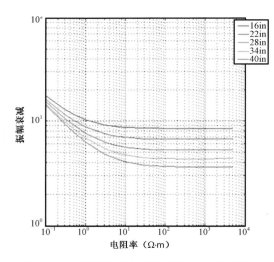

图 3 – 57　振幅衰减与电阻率的响应关系图版

如图 3 – 58 和图 3 – 59 所示,电磁波传播电阻率工具的工作原理与电缆测井的感应电阻率不一样,使用的基本原理是比较两个接收器所接受电压振荡正弦波的相位移和振幅衰减来表征地层电阻率大小,而电缆测井的感应电阻率运用的则是欧姆定律。

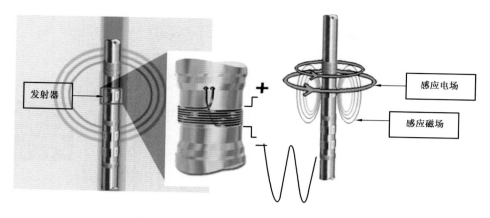

图 3 - 58　电磁波传播测井基本原理(一)

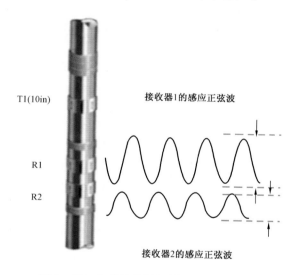

图 3 - 59　电磁波传播测井基本原理(二)

2. 应用及实例

随钻感应型电阻率测井的应用相当广泛,自 20 世纪 90 年代初引进到中国以来得到了广泛的认可,几乎成为随钻电阻率的代名词,其电阻率测井的应用绝对优势是"获取新地层电阻率,从而快速判断油气层"。

1)规避钻井液侵入影响应用实例

如图 3 - 60 所示,在渤海湾一口探井(直井)的随钻测井过程中,图中第二道随钻电阻率显示 3075m 附近为好的油气层(随钻电阻率 30Ω·m),3051m 附近电阻率较低为水层(随钻电阻率为 10Ω·m);然而第四道蓝色和红色(深电阻率和浅电阻率)显示的钻后复测电缆电阻率在 3075m 和 3051m 附近都偏低,在 10Ω·m 以内(淡红色和绿色分别为深浅随钻电阻率),这样两个层的油气水判断就存在很大疑问,从电阻率测井单项来看,在区分识别 3075m 附近好的油气层方面,随钻电阻率更加直接,不确定性更低,即使对测井评价区域经验相对较低的普通技术人员也能迅速作出解释判断,这在新区探井及老区探井潜在油气层识别发现方面具有重要意义。

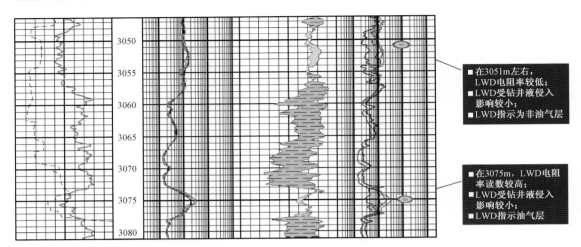

图 3 – 60　随钻测井电阻率快速识别油气层实例

（左一道为伽马与随钻浸泡时间;左二道为随钻电阻率;左三道为中子密度;左四道为随钻与电缆电阻率对比）

在渤海湾另一口探井的随钻测井及后续时间推移测井(8d 后电测)过程中,通过电阻率对比,为盐水钻井液侵入研究项目提供了基本的地层真电阻率信息,同时根据电阻率受钻井液侵入的影响在不同层的反应,很好地解释了储层物性的差异及其对含水饱和度的影响,为盐水钻井液钻井的探井储层评价提供了最可靠的电阻率信息(图 3 –61）。

2）疑难储层评价应用实例

根据上面两个实例可知,随钻电磁波传播电阻率最直接的应用就是获取地层真电阻率,实现地层含油气性评价。在水平井及大斜度井等更加复杂的井型中,由于电阻率测井(不管是电缆电阻率还是随钻电阻率)会受到更多的环境影响,出现一些特殊的"效应",需要进行电阻率反演获得地层真电阻率。与电磁波传播电阻率工具匹配的 ARCWizard 是一种专门针对随钻电磁波传播电阻率反演的软件。它可以对电磁波传播电阻率测量结果进行处理,得到更多有用的地层信息,如地层真电阻率、冲洗带电阻率、侵入半径、水平方向电阻率和垂直方向电阻率等。

下面展示的是利用电磁波传播电阻率实现复杂储层地层真电阻率及疑难储层评价的实例,通过这些实例可以看到,随钻电磁波传播电阻率测井通过获取不同探测深度和分辨率的电阻率,可有效解决复杂电阻率储层评价问题。

如图 3 –62 所示,上部的水层和下部的泥岩层,电阻率均出现了分离现象,说明电阻率测量受到了影响。通过电阻率反演,可以看到上段电阻率分离是由于井眼扩径严重工具不居中导致的,而下段电阻率分离是由泥岩各向异性导致的,该段实际上是砂泥薄互层,其垂向电阻率(右上图淡红色线)和水平电阻率(右上图绿色线)明显不同。

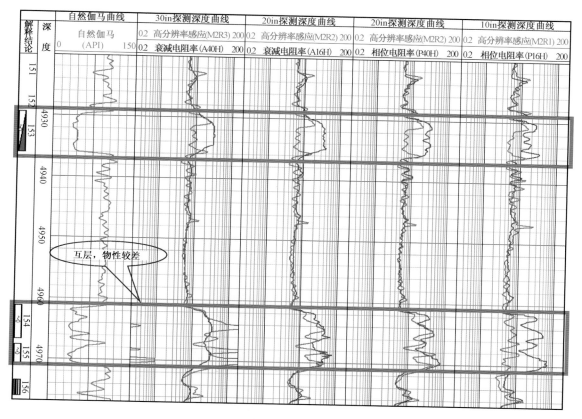

图 3 – 61　渤海湾时间推移电阻率测试实例

（上部 4929 ~ 4937m 段为物性相对较好储层；下部 4961 ~ 4971m 段为物性相对较差储层）

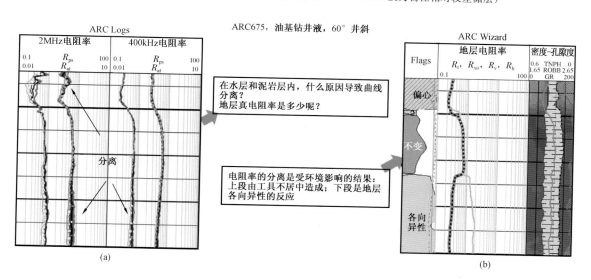

图 3 – 62　ARCWizard 处理成果实例（工具偏心和各向异性）

图 3-63(a)中,电阻率曲线显示上下层电性明显不同,电阻率分离现象也不同,上段浅探测电阻率曲线分离而深探测电阻率曲线几乎重合,且明显高于下段;下段浅探测电阻率曲线重合而深探测电阻率曲线分离,且明显低于上段。说明电阻率测量受到环境影响很大,且上下两段受到的影响程度不一样,可能伴随着一定的测量环境的变化,必须进行适当的环境校正来还原地层的真实电阻率。如图 3-63(b)所示,通过电阻率反演,可以看到上段浅探测电阻率分离而深探测电阻率重合,是由于侵入深度相对较浅(图中深黄色阴影显示侵入半径小于35in),而下段则侵入较深(图中深黄色阴影显示侵入半径大于70in)。而上下两段是同一个层,均为油层,上下两段的差别主要源于钻井液侵入的时间不同,而追根溯源,通过检查作业日报发现,在该层段进行过起下钻,下段测量到的是上趟钻钻开而在下趟钻电阻率传感器才测量到的井段。如果没有随钻电磁波电阻率及配套的反演技术,对该层的评价就很容易发生偏差。

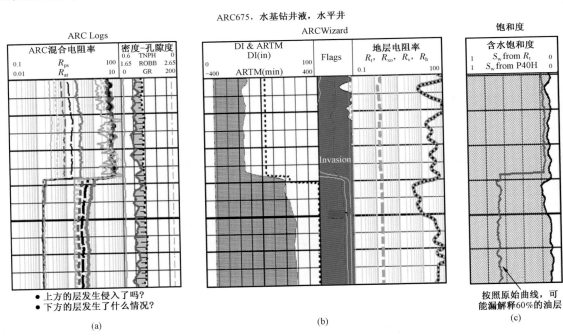

图 3-63　ARCWizard 处理成果实例(钻井液侵入影响)

如图 3-64 所示,同一平台相邻 4 口井的随钻电磁波电阻率和孔隙度及伽马综合曲线图,下部(深绿色虚线划分的段内)显示泥岩段电阻率特征各不相同,这给储层解释带来不小的困惑。根据电阻率测量的差异性,说明这 4 口邻井钻遇了不同地层,这有悖于区域地质结论。

从伽马、中子、密度等岩性测井来看,岩性应该是类似的,说明电阻率测量可能受到了环境影响,需要进行电阻率反演,研究本区块该层段的电性特征。如图 3-65 所示,可以看到 4 口井对应的电阻率反演结果很好解释了上面提到的矛盾。由于该泥岩段存在各向异性,导致不同探测深度的电阻率受到地层各向异性影响存在差异,表现在阵列电阻率曲线上为曲线分离特征,反演结果显示 4 口井钻遇的是同一性质泥岩,其垂向电阻率和水平电阻率均一致,并非 4 口井钻遇不同泥岩,为整个区块的地质研究解决了最大的疑难。如果没有随钻电磁波电阻率及配套的反演技术,则该层的测井评价及区块综合评价就会充满不确定性。

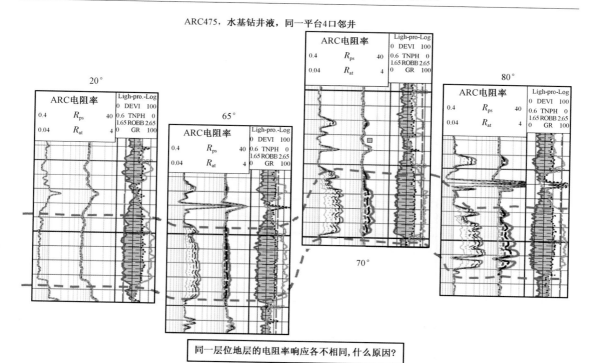

图 3 - 64　4 口邻井综合测井曲线组合图

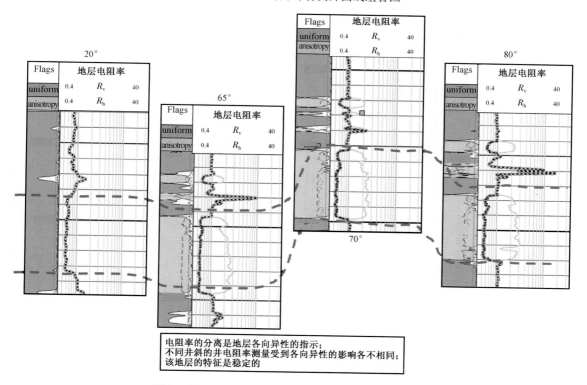

图 3 - 65　ARCWizard 处理成果实例（泥岩各向异性）

随钻电阻率的这种各向异性效应经常会出现在一些非常规油气藏中,如图3-66所示,在大庆某页岩油水平井中,使用了随钻电磁波传播电阻率ARC,出现了明显的由于页岩各向异性导致的电阻率分离。通过ARCWizard电阻率反演,很容易提取到垂向电阻率和水平电阻率,测井分析师采用电阻率解释模型,比如,均匀串并联模型或基于岩心观察到的砂泥一定比例的串并联模型,可以获得砂岩电阻率和泥岩电阻率,为页岩地层评价提供基础资料。

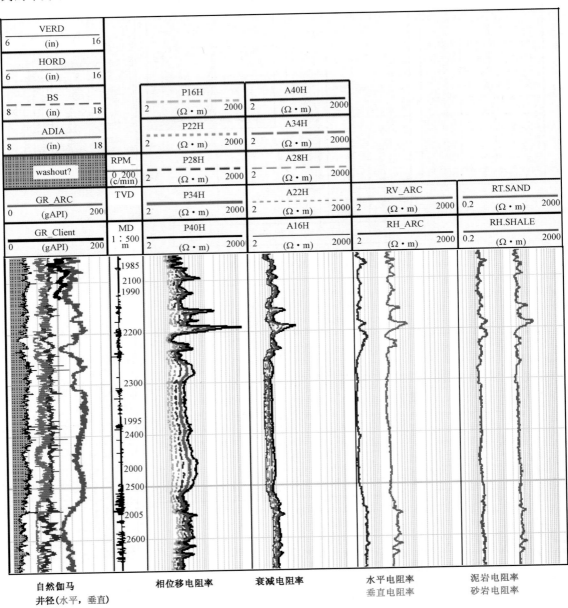

图3-66 页岩油地层随钻ARC电阻率和各向异性处理电阻率及砂泥岩电阻率成果图

二、PeriScope 测井技术

1. 概述

PeriScope 是一种新型的提供多种线圈距、多种频率的方向性电磁波传播测量的地质导向工具，通过电阻率测量和方向性曲线作为输入，进行储层边界反演，提供地层边界距离和边界方位的实时信息，从而进行地质导向精确调整轨迹。该工具还能提供电阻率测量（与 ARC 一样），环空压力测量和方向性自然伽马测量及成像。

PeriScope 采用了一种完全崭新的测量方法和测量手段，改变了传统的电磁波传播电阻率和感应电阻率测井的测量理念，引入了非轴向传感器这一重要技术革新。感应电阻率和电磁波传播电阻率均采用轴向感应线圈和轴向接收器，这些测量都不具备方向性。非轴向（斜向或横向）发射器（或接收器）能够提供更多有用的地层测量信息，其主要优势在于拥有地层电阻率的方向性敏感度，为地质导向提供最有用的方向性信息，作出正确的导向指令。如图 3 – 67 所示，PeriScope 采用了与轴向呈 45°夹角的一对彼此垂直的接收器，来实现方向性测量。

R_3　　T_5　T_3　T_1　R_1　R_2　T_6　T_2　T_4　　R_4

图 3 – 67　PeriScope 仪器线圈示意图

在地质导向中常规的 LWD 电磁波传播电阻率不具方向性，无法识别是由下到上接近围岩，还是由上到下接近围岩。这种随钻测量的模糊性给地质导向带来巨大的风险，尤其是在目的层为薄层或底水型油藏及其他复杂油藏开发过程中的地质导向作业。而对于具有方向性测量能力的井眼成像工具来说，虽然可以消除对地层上下围岩方向性判断的模糊性，但是由于探测深度较小，当井眼成像显示钻遇储层边界的时候，实际钻头早已钻出目的层。

PeriScope 工具通过本体上倾斜和横向传感器，具有提供距离电阻率界面远近以及相对方向的能力，在钻井作业期间，通过对储层边界反演成像（图 3 – 68），其反演结果通过可视化界面不仅可以显示出距离电阻率界面的远近，还可以显示电阻率界面在井眼轨迹的哪个方向，这种实时显示的地层结构和构造模型，可以很好地用来实时监控钻遇地层的构造变化情况，作出导向决策。

2. 应用及实例

PeriScope 边界探测仪的主要应用是通过储层边界探测实现精确地质导向。

目前，PeriScope 已经广泛应用在油田开发中，图 3 – 69 为新疆油田成功应用实例。在该井作业中，通过实时监控储层顶界面距离井眼轨迹的远近，微调轨迹实现了精确地质导向（距离储层顶界面大约 0.5m 左右），很好地控制了含水率，取得了很好的产能效果。

三、侧向电阻率及电成像测井技术

1. 概述

GVR（geoVision 侧向电阻率成像仪），采用电极发射电流的办法实现侧向电阻率测井。该工具可在灵活的多配置模式下工作，为地层评价和地质导向提供多达 5 条电阻率测量及 3 种不同探测深度电阻率成像和自然伽马成像测量。GVR 除电阻率测量之外，还可提供自然伽马

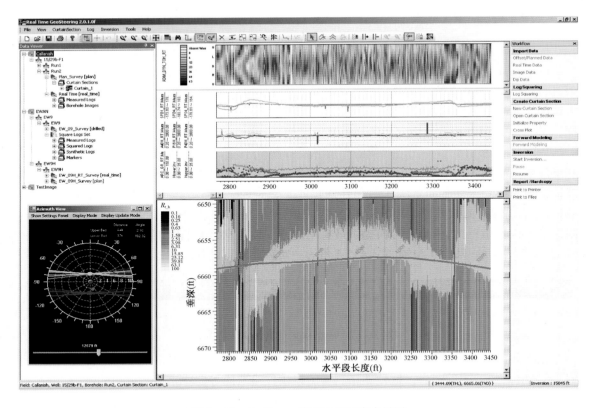

图 3-68　PeriScope 储层边界反演成果图

测井及自然伽马成像测井。其中的方位性系统利用地磁场作为参考系来判断钻具旋转时工具的方位角,开展方位性电阻率和伽马射线的测量。纽扣式电极方位性测量能够获得高清分辨率的地层影像、倾斜角测定并判断出裂缝和井眼压裂情况。GVR 附带的其他传感器则专门用于探测纵向振动与温度。

GVR 的近钻头电阻率测量是本工具的最大优势之一,钻头电阻率(RBIT)的测量点在 T_2 发射器以下导电部分的中点,且垂直分辨率几乎接近于 T_2 发射器以下导电部分的长度。通过 MWD 实时传输,RBIT 能够实时给出有关地层可能性与趋势的最直接、最及时的信息。

GVR 的 3 种不同探测深度的高分辨率方向性电阻率以及电阻率成像测井是本工具的另外一大优势,它通过 3 个纽扣电极扫描井眼形成 3 种不同探测深度的绝对电阻率成像,可以实现地层构造裂缝及地应力方向等地质应用,实现实时地质导向和实时储层评价。

同时,GVR 是目前随钻电阻率中最先进的侧向电阻率测井工具,可以实现高阻储层的侧向电阻率测井。另外,GVR 还可以提供方向性自然伽马和自然伽马成像,可以辅助地质导向和构造分析。

2. 应用及实例

GVR 主要应用于地质导向、测井评价及地质评价,本节主要探讨 GVR 在测井评价与地质评价方面的应用。

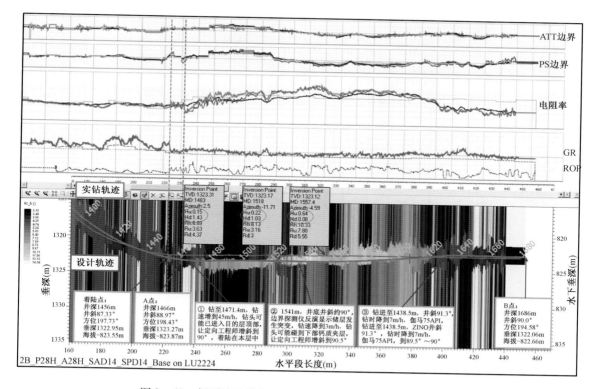

图 3－69　新疆油田陆良区块某井 PeriScope 地质导向模型图

1）测井评价应用实例

如图 3－69 所示，在一口存在压力异常的直井中，下部砂岩层（特征为低伽马，电阻率顶高底低）的压力系数较低，上部地层压力系数相对较高，在钻井过程中，需要在揭开砂岩层的时候及时停钻下套管固井，再继续下一开的钻井作业。停钻位置确定非常关键，过早停钻会带来下一开井钻井问题（由于设计的钻井液密度较低，可能会出现井涌甚至井喷）；而停钻太晚，钻入低压砂岩层后，又可能导致大型井漏甚至卡钻。这时，参考 GVR 钻头电阻率的变化（图 3－70 中电阻率明显升高），可以第一时间确定钻遇砂岩层，及时精确地质停钻，很好地解决地质停钻问题。

GVR 的高分辨率侧向电阻率测井也是其重要的测井应用之一。与感应型工具相比，GVR 具有更高的垂直分辨率。因此，GVR 能更有效地消除围岩以及薄层等对电阻率测量的影响，获取地层真电阻率。如图 3－71 所示，从 GVR 和 ARC 在岩层中的响应对比可以看到，在边界附近，电磁波传播电阻率的极化角现象不会出现在 GVR 侧向电阻率测井中。因此，测井、地质和钻井技术人员就可以实时直观地看到地层电阻率的变化，实时安排技术方案和措施。

图 3－72 展示的是大庆某探井中，使用 GVR 高分辨率侧向电阻率及电阻率成像识别薄互层的实例。可以看到，在常规曲线如伽马和中子密度测井中，该段地层曲线特征平缓，显示为简单的泥岩特征；GVR 高分辨率电阻率成像清楚地显示此段为薄砂泥岩互层，通过进一步的基于 GVR 高分辨率电阻率的测井高分辨率处理，可以判断储层的含油气性，这一应用在当前页岩气的勘探开发中具有重要意义。

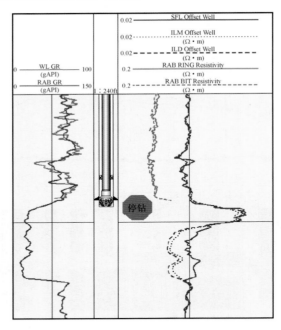

图 3 - 70　近钻头电阻率地质停钻确定实例

（左一道为伽马，其中蓝色为邻井同层位地层电缆伽马，红色为本井随钻伽马；右一道为电阻率，其中蓝色
分别为邻井同层位地层电缆深浅电阻率，红色为本井随钻电阻率，红虚线为钻头电阻率，红色标注位置为
实际地质停钻位置）

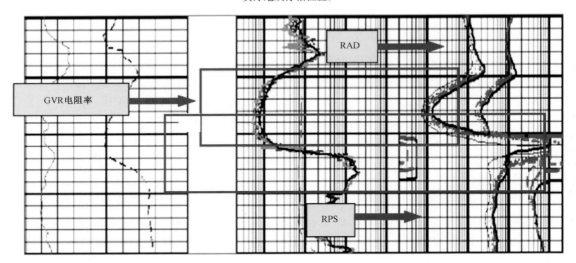

图 3 - 71　GVR 侧向电阻率不会出现极化角现象

（左一道为伽马和机械钻速；左二道为 GVR 侧向电阻率；右一道为电磁波传播电阻率的衰减和相位移电阻率）

　　作为电阻率测井的一种，GVR 也会受到钻井液侵入的影响。图 3 - 73 展示了如何通过 GVR 电阻率测量过程中受到的侵入响应来分析储层物性，GVR 不同探测深度电阻率发生了分离现象，说明在随钻过程中，该储层在短时间内就发生了钻井液侵入现象，进一步说明该储层具有较好的渗透性，为储层综合评价提供可靠的基础数据。

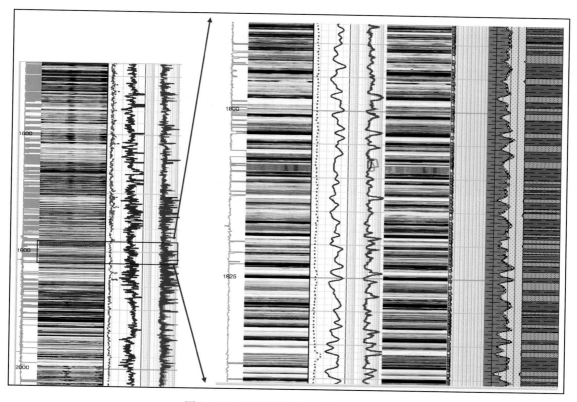

图 3 - 72　GVR 图像砂泥岩薄互层识别

（右一道为解释岩性，黄色表示砂层，绿色表示泥岩层；右二道为常规 Elan 解释剖面；右三道为层界面；右四道为 GVR 电阻率动态图像；右五道为 GVR 电阻率；右六道为中子孔隙度；右七道为 GVR 电阻率静态图像）

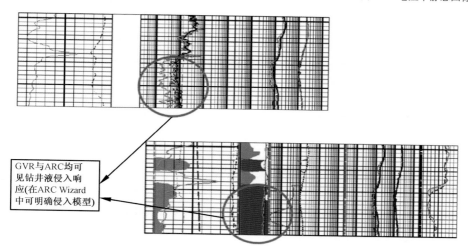

图 3 - 73　ARC 与 GVR 在同一地层中的钻井液侵入响应特征

（上图为原始测量结果，其中左一道为伽马和机械钻速；左二道为 GVR 阵列电阻率，分离现象指示钻井液侵入特征；左三道为 ARC 电磁波传播电阻率的衰减和相位移阵列电阻率。下图为 ARCWizard 反演结果，其中深度道内棕红色指示侵入响应）

同电磁波传播电阻率类似,通过 GVR 电阻率反演可以获取地层真实电阻率,同时反演井眼直径、侵入直径、实际地层电阻率以及受侵入区域的电阻率。在某些情况下,相同的技术还应用于方位测量,获得井眼形状以及侵入情况的有效信息,如图 3-74 所示。所计算出的井眼形状可用于井眼稳定性分析以及测井质量控制。

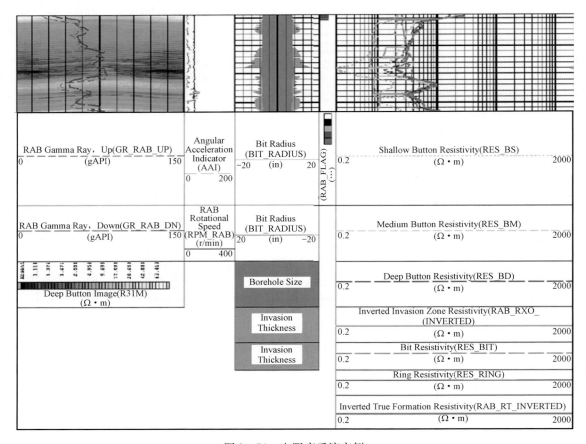

图 3-74 电阻率反演实例

(左一道为 GVR 伽马成像及上下方位伽马曲线;左二道显示为 GVR 电阻率反演结果,蓝色充填为井眼,粉红色为侵入半径;右一道为 GVR 浅中深纽扣电阻率和钻头电阻率和环电阻率,以及反演的冲洗带电阻率 RAB_RXO_INVERTED 和原状地层电阻率 RAB_RT_INVERTED)

2)地质评价应用实例

GVR 的成像测井还可以很好地解决地质研究的问题,例如,近井构造分析、古水流分析及地应力方向分析。

如图 3-75 所示,在大庆一口探井中,基于 GVR 微电阻率扫描成像的井旁构造分析显示,地层倾向近北西,地层走向北东—南西,地层倾角 4°左右。

如图 3-76 所示,在大庆的一口探井中,GVR 微电阻率扫描成像显示存在井眼崩落现象,而井眼崩落方向为南北方向,表明本井最小主应力方向为近南北向(南偏东 2°)。

如图 3-77 所示,在大庆的一口探井中,GVR 微电阻率扫描成像可清晰显示储层砂岩内的交错层理和发育特征,显示该砂岩储层并非均质砂岩,解释了孔隙度、渗透率关系为什么相

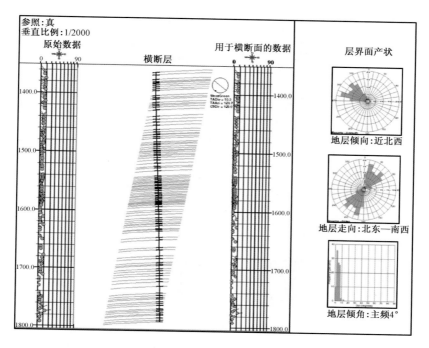

图 3 - 75　基于随钻电阻率成像的井旁构造分析成果图

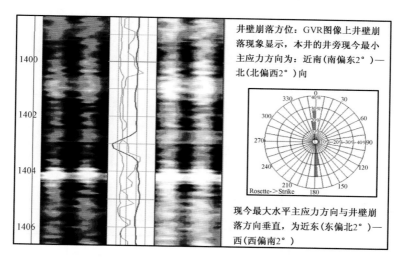

图 3 - 76　基于随钻电阻率成像的井眼崩落地应力方向分析成果图

对复杂,同时为最终储层解释为差油层提供了依据,也为进一步古水流分析提供了基础资料,为储层沉积环境及砂体自然展布特征确定提供了有力的证据。如图 3 - 77 所示,在油层内交错层理清晰可见,这些交错层理与砂体本身的倾角明显不同,说明了当时的沉积环境及古水流的方向。

　　图 3 - 78 所示为该井利用 GVR 微电阻率扫描成像资料和基本的地质分析,通过适当的构造倾角计算消除后,还原出来的古沉积环境下的古水流方向,图中显示为本井两个不同层段的

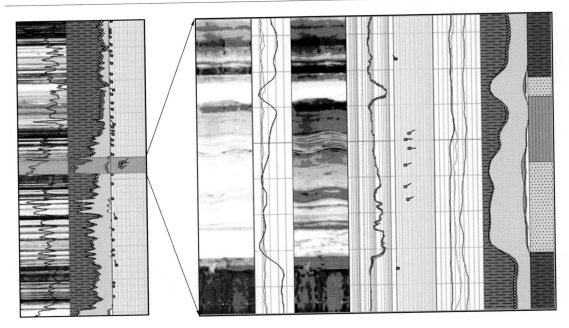

图 3 - 77　基于随钻电阻率成像的交互层理识别成果图

（右一道为综合解释岩性；右二道为常规 Elan 解释剖面；右三道为中子密度和光电指数；右四道为地层倾角提取结果；
右五道为随钻侧向电阻率；右六道为 GVR 电阻率动态图像；右七道为伽马和双井径；右八道为 GVR 电阻率静态图像）

古水流方向变化情况，这一结果可以为区块的地质和油藏研究提供重要的基础信息。据此可以确定物源方向及储层砂体的自然展布方向，为进一步开发布井提供依据，特别是在水平开发井的轨迹设计及油田开发设计中，能够使用这些研究结果取得最优方案及最优开发效果。

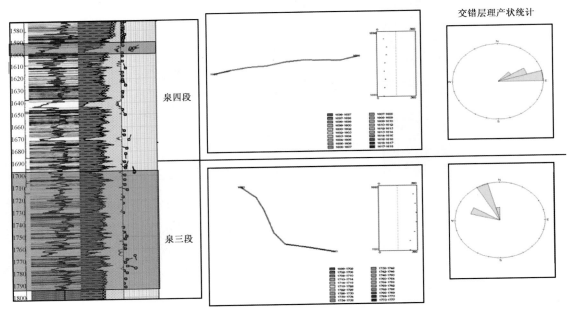

图 3 - 78　基于随钻电阻率成像的古水流分析成果图

第三节　随钻地层孔隙度测井技术

随钻地层孔隙度测井可以提供密度、中子、声波和核磁共振孔隙度测井。目前应用比较广泛的是前面三种，下面分别介绍其基本特征和应用，其中 sonicVISION 可以提供声波孔隙度测井，adnVISION（ADN）和 EcoScope 可以提供密度孔隙度测井和中子孔隙度测井。

一、sonicVISION 随钻声波测井技术

1. 概述

sonicVISION 工具主要设计用于测量地层的纵波、横波时差。如图 3 - 79 所示，它由一个发射器和四个接收器组成。

- 一个发射器，四个接收器组成阵列声波测量系统
- 新的高能宽带发射器：3～25kHz
- 更强的地层信号，可兼容频率用于地层耦合；
- 主要设计用来获取：地层纵波、横波时差；
- 通过特殊的作业设计还可以记录到地层斯通利波

图 3 - 79　sonicVISION 示意图及基本特征

发射器采用的是单极子声源，使用的频率较宽，如图 3 - 80 所示，可以很好地保证各种类型地层的声波耦合，提高纵波声波时差测井信噪比及数据可靠性。

sonicVISION 可连接在 MWD 工具的上方或下方，进行实时测井模式作业，也可以连接在钻具组合中的任意位置进行内存测井模式作业。两种模式都需要控制声波工具与钻头之间保持 40ft 或更远的距离，以确保钻头噪声的影响控制在最小程度。在特殊情况下，工具可以直接连接在钻头后面进行测量，并在很多实际作业中取得了较好应用效果。

2. 应用及实例

随钻声波测井主要有以下五个方面的应用。

1）估算孔隙度实例

声波时差值受孔隙中的流体含量影

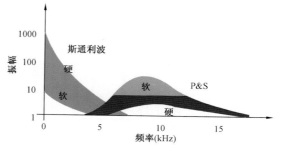

图 3 - 80　sonicVISION 在不同地层中
不同类型波的发射频率分布

响较大,因为流体时差值要远高于骨架时差,据此可以使用声波时差来计算声波孔隙度(SPHI)。由于声波在岩石中的传播速度最快,声波只可测量连通孔隙度或原生孔隙度。以下为大港油田某探井声波孔隙度估算应用实例。

(1)井型:垂向探井,最大井斜3.18°。

(2)钻头尺寸:8.5in。

(3)声波工具尺寸:6.75in。

(4)钻井液类型:水基钻井液。

(5)钻井液密度:1.28g/cm³。

(6)最大温度:130℃。

如图3-81所示,声波时差曲线与中子密度曲线匹配很好,说明声波孔隙度测量准确,可以满足储层孔隙度评价要求。

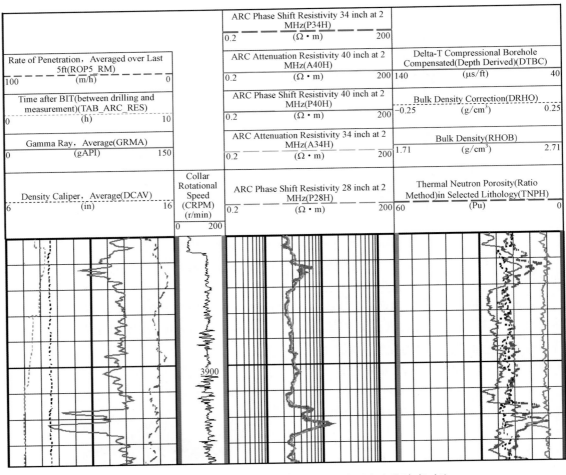

图3-81　sonicVISION获得声波孔隙度与中子密度孔隙度对比

(左一道为伽马、井径、随钻浸泡时间及机械钻速;深度道内为地面转速;
左二道为电阻率;左三道为随钻声波时差、中子、密度及密度校正量)

2）气检测

钻遇气层时,如果气体进入井筒,所测得的声波波形振幅非常小,而时差记录数据会显得非常嘈杂甚至完全消失,声波信号的突然消失可用于指示气体的存在。同时结合 ARC、Eco-Scope 和 PeriScope 等其他随钻工具中的 APWD(*ECD*)环空压力钻井液循环当量密度综合判断,因为当气体渗入井筒时 *ECD* 值会急剧下降。如图 3 – 82(左)所示,STC 道显示声波信号消失结合 *ECD* 降低,指示标注位置为气层。钻后,根据随钻纵横波交会图版证实了该气层的存在,如图 3 – 82(右)所示。

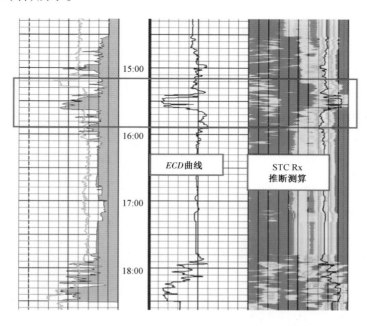

图 3 – 82　sonicVISION 受气影响特征(可指示地层含气)

3）估算孔隙压力

sonicVISION 所测得的声波时差值与地层的压实情况相关,可以用于孔隙压力剖面估算。如图 3 – 83 所示,在分界点之前,声波时差曲线与正常压实趋势线一致,说明该段是正常压力系统;分界点之下,明显出现声波时差与正常压实曲线之间的分离,指示了一个高压异常地层的存在。在随钻过程中,基于 sonicVISION 所测得的声波时差资料可以实时估算孔隙压力。

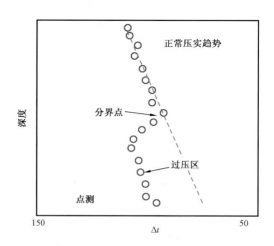

图 3 – 83　sonicVISION 获得声波时差指示地层压实状况示意图

4）标定地面地震

地面地震剖面是时间域的,而实际的钻井及后续作业都需要确切的深度。时深转换是使用地面地震数据进行综合地质解释的关键,但是钻前准确获取时深关系是不可能的,因此时深关系的不确定性大大增加了地震解释结果的不确定性。为对波速估算得出的深度误差进行校正,地球物理学家在钻井过程中需要不断地根据实钻标志层对时间域地面地震数据进行校正。sonicVISION 能够提供随钻实时的声波时差数据,进而方便客户在随钻过程中将地面地震数据与深度数据紧密联系在一起。在钻进过程中所捕获的纵波时差值可从两个方面完成上述目标,即累计声波传播时间法(ITT)与人工合成地震记录法。

地面地震数据可使用双向传播时间来表示,而在钻井等后续作业中使用深度作为参考。累计声波传播时间法(ITT)通过对累计声波传播时间的计算来实现地震剖面的时深转换。

人工合成地震记录合成法是利用基于"声波传入地层再反射回来的传播时间是声波在地层中传播时的声波响应函数"这一原理来实现的。通过密度测井曲线与声波测井曲线来计算地层的声抗阻记录。即可换算成合成地震记录,进而对井眼轨迹追踪所截取的地面地震数据进行关联,地球物理学家便可将深度与地表地震数据联系起来。

5)确定水泥返高

sonicVISION 工具的另一项重要用途是进行 TOC(水泥返高)测井判断。在电缆声波测井中,此类服务是声波测井最重要的应用之一,对后续作业来讲意义重大。作为随钻声波测井,sonicVISION 也可开展此类针对性测井。如图 3 - 84 所示,通过 sonicVISION 声波振幅的突变和 STC 相关信号突变指示了水泥返高位置。

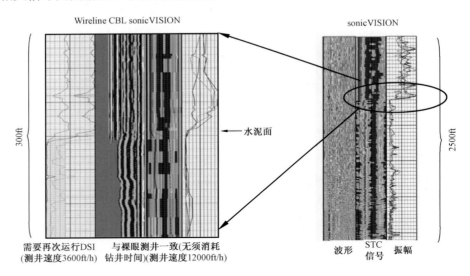

图 3 - 84　sonicVISION 获得声波时差 STC 图指示水泥返高实例

二、EcoScope 多功能随钻测井技术

1. 概述

EcoScope 多功能随钻测井仪,通过脉冲中子发生器(PNG)代替传统化学中子源(AmBe),在一个工具上,能够提供 ARC(伽马、电阻率)和 ADN(中子、密度、井径)的全部测量外,还能够提供"方向性自然伽马、自然伽马成像、热中子俘获截面(西格玛 Σ)和元素俘获谱(ECS)测

量"等高端测井。

　　同时,EcoScope 还是业界内唯——支能够在无化学源下进行随钻放射性测井的仪器,此时提供的密度测量 NGD(中子伽马密度)是通过 PNG 发出的中子与地层发生作用产生的二次伽马作为密度测井伽马源来进行测量实现的,是一种新型的、环保的、安全的测井技术。

　　如图 3 – 85 所示,由于采用了高度集成化的设计,EcoScope 的各个传感器相对比较集中分布在 8m 多的短节上,大大减小了各个测量项目距离钻头的距离。同时,除了提供上述的地质测井参数外,作为新一代随钻测井技术代表,在钻井工程参数测量方面,EcoScope 能够提供近钻头井斜测量,同时可以提供井下多种振动测量,包括轴向、横向、周向振动。另外,它还装有环空压力测量仪(APWD),用于提供环空压力测量和环空循环当量密度。

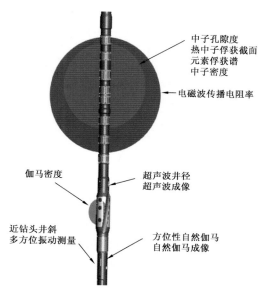

图 3 – 85　EcoScope 多功能随钻综合测井仪
测量项目及探测深度示意图

　　EcoScope 电阻率测量原理与 arcVISION 系列相同。可以提供两个频率(2MHz 和 400kHz)和 5 种线圈距(40in、34in、28in、22in、16in)下测量相位移电阻率与衰减电阻率。但是,EcoScope 电阻率测量值的记录速度几乎是 ARC 记录速度的 3 倍,意味着其测井速度可以比上一代工具提高两倍而不影响测井质量,基本上解放了传统随钻测井技术的测井质量要求对钻井机械钻速的限制。

　　EcoScope 采用了具有钨防护层的大尺寸的 NaI 探测器。自然伽马测量具有较高的方位角敏感性,其正面背面比近似为 47∶1(较 GVR 有很大的提高)。因此,可以测量 16 个扇区自然伽马的测量,提供自然伽马成像。为了排除温度对增益的影响,EcoScope 通过控制 PMT 电压,保证在不同温度变化下 160keV 的 GR 峰值的稳定性。EcoScope 与常规 LWD 工具相比能够提供更精确的自然伽马测量结果,这在页岩油气储层的地质导向和随钻测井评价中已取得良好的应用效果。

　　EcoScope 密度测量的原理与 adnVISION 工具系列的基本原理相同,两种工具之间的主要差异在于放射源在工具内放置的位置。EcoScope 的放射源是从工具侧面加载,这就能使放射源更接近于地层,因此在相同环空间隙下,EcoScope 工具与 adnVISION 工具具有更高的计数率,如图 3 – 86 所示,可以看到在同一口井同一地层中,EcoScope 的计数率普遍为 800 ~ 1200,而传统 adnVISION(ADN)则为 400 ~ 600。显然,高的计数率使得 EcoScope 受放射性统计涨落影响要远小于传统的密度测井,因而具有更高的准确性和可靠性。

　　同时,放射源更接近于地层,使得更多的伽马射线射入地层,这样远近探测器能够放置在相对放射源更远的位置,为此增大了探测深度。

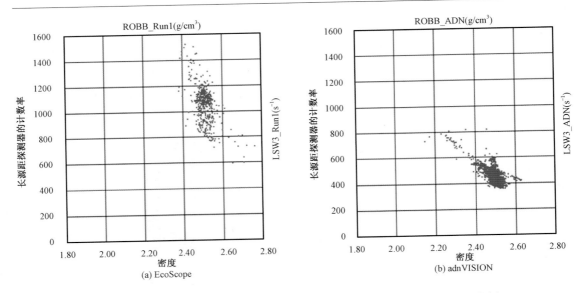

图 3 - 86　EcoScope 和 adnVISION 密度测量探测窗口 LSW3 的计数率对比实例

EcoScope 超声波井径测量类似于 adnVISION 超声波测径仪。如图 3 - 87 所示,超声波测径仪通过使用两个位于扶正器的超声波传感器(彼此在圆周上相距 180°)进行测量。这就意味着无论是在复合钻进还是滑动钻进时,均可以提供井眼的超声波井径测量,这种超声波井径在复合钻进时能够提供 16 个扇区成像,替代了以前的 8 个分区成像(adnVISION),井眼形状及井眼质量成像更加清晰。

图 3 - 87　EcoScope 密度测量及超声波井径测量窗口图片

EcoScope 使用一种电子脉冲中子源——PNG。中子发生器的核心部分为米尼管,如图 3 - 88 所示。

这种米尼管是一种微型加速器,能够产生一束带正电荷的氘离子,具有 80keV 的能量。

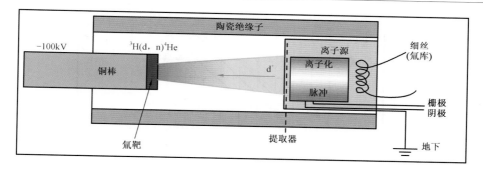

图 3 - 88　电子脉冲中子源 PNG 工作示意图

相对于 ADN 工具中的化学中子源而言,米尼管输出的中子数量比其高 5 倍,PNG 产生中子的能量是传统 ADN 及其他放射性测井工具的 3 倍,如图 3 - 89 所示,可以看到 EcoScope 的远端计数率为 300 ~ 600,而 adnVISION 的远端计数率为 100 ~ 300;EcoScope 的近端计数率为 7000 ~ 9000,而 adnVISION 的近端计数率为 1600 ~ 2200。

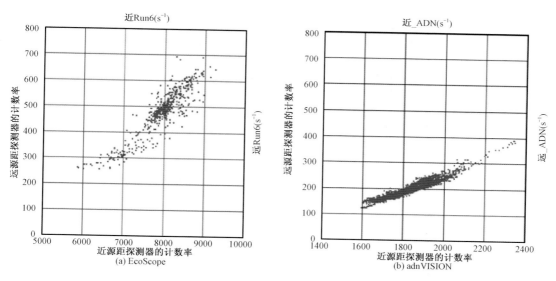

图 3 - 89　EcoScope 和 adnVISION 中子测量远近探测器计数率对比实例

通过向米尼管施加电压对其进行发射,从而激发中子束。由于这种有时间规律的中子束,能够测量西格玛和光谱,这是利用传统化学中子源工具不能实现的。

EcoScope 不仅能够提高探测深度,而且能够提供一种全新的中子孔隙度 BPHI(最佳的中子孔隙度理论),同时也能够提供 TNPH(图 3 - 90)。众所周知,地层密度对中子孔隙度测量的影响非常大。为了获得最精确的中子孔隙度测量,必须对地层密度进行校正,这也是提供 BPHI 的原因,可以看到模拟泥岩地层的铝刻度很好地落在了 BPHI 上,而其他几种测量都不能很好地校正泥岩的影响。

EcoScope 还可以获得西格玛测井,西格玛有多种应用,如泥质含量指示、含水饱和度计算等。在高矿化度地层中,可用西格玛测量确定地层的含水饱和度。大量实验结果表明,各种不同岩石骨架、流体均具有特定的西格玛值,如图 3 - 91 所示。

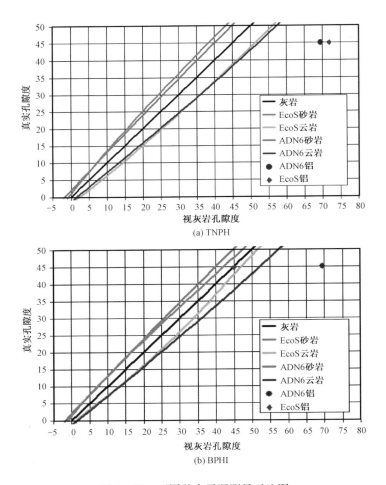

图 3-90 不同种中子源测量对比图

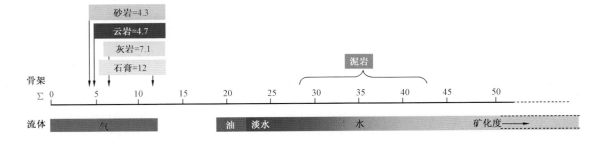

图 3-91 西格玛测量在骨架及流体中的特征值

EcoScope 另外提供的一项新测井项目是元素俘获谱,通过测量地层中被热中子激发的不同元素所发出伽马射线得到。由于 PNG 能够发出大量高能量中子,并且按照发射时间一致规律,使得获得高质量元素俘获谱成为可能。被激发的特定元素所发出的伽马射线具有独特的能谱特征,每个组成这个能谱的元素都可以通过"剥谱"处理来辨别(图 3-92)。由于某些元素拥有独特能量带宽和峰值,通过与每个元素标准配对(包括 11 个元素标准),最终获得元素俘获谱分析结果。

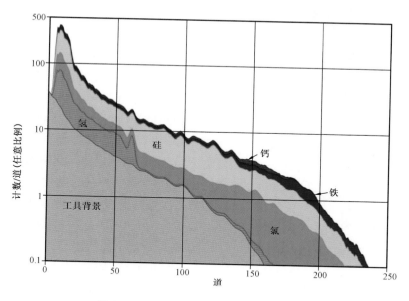

图 3 - 92　几种不同元素的俘获谱特征值

　　氧闭合模型处理是从相对产额导出元素干重含量,具体做法是,将未被直接测量的元素(碳、氧、铝、钾、镁、钠、氢等)和直接测量的元素(硅、钙、铁、硫、钛、钆)通过矿物的氧闭合模型联系在一起,得到各种元素实际存在的干重含量(图 3 - 93)。

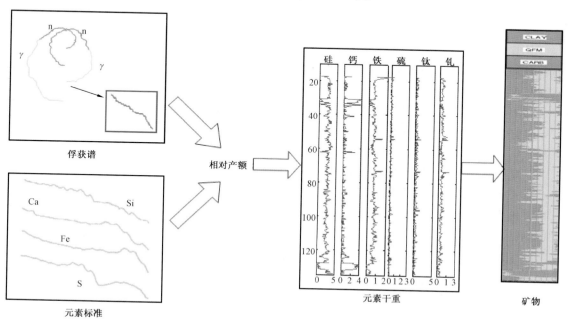

图 3 - 93　元素俘获谱测量原理示意图

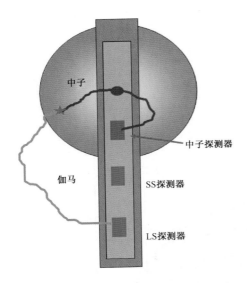

图 3－94　NGD 二次伽马源工作示意图

进一步利用常见岩石的岩性方程式和一些已知元素干重进行计算，并假设仅由这些元素构成主要岩石骨架，就可以用于确认地层岩性（黏土、碳酸盐岩、石英—长石—云母（Q－F－M）、硬石膏、黄铁矿和菱铁矿），实现岩石剖面定量确定。

作为业内唯一可以提供完全无化学源测井的随钻测井工具，EcoScope 通过中子伽马密度（NGD）的测量替代传统的伽马密度（GGD）测量原理，如图 3－94 所示。其主要区别在于测量用的伽马源不同，GGD 型测量使用化学射线源，而 NGD 测量使用从 PNG 产生的中子激发地层产生的伽马射线作为二次伽马源，从伽马源来看，NGD 所用的伽马射线与传统的 GGD 有着本质的区别。

NGD 具有如下优势：

（1）无化学中子源，大大减小钻井风险（卡源），减少钻井等待时间（无需装源）；（2）更深的测量深度（DOI），更小的井眼效应影响；（3）与其他测量实现同时同位。

2. 技术优势小结

EcoScope 提供的具有绝对测量优势的、综合的智能化测井项目，可以最大限度实现"实时储层评价"这一目标，其主要的资料优势具有如下三点。

1）近钻头测量

由图 3－95 可以看到，EcoScope 由于其设计传感器的高度集成性，确保了所有的测量项目都靠近钻头，可以减小测量盲点长度，减少钻井"留口袋"的井段长度，这显示了近钻头在储层评价方面的优势。

近钻头这一优势在地质导向方面意义更加重大。如图 3－96 所示，利用 EcoScope 进行地质导向意味着孔隙度测井可以提前到伽马电阻率同一位置，比传统测量距离钻头缩短了 14m 左右。

在地质导向应用方面，特别是致密气及页岩气等非常规复杂储层的地质导向中，提前14m 意义重大，如图 3－97 所示，在一些关键井的地质导向作业中，提前 14m 发现物性变化意味着钻出储层后能及时返回高孔层，而滞后 14m 意味着有可能无法再追回目的层，必须重新侧钻。

2）"同时同位"多参数测量

由于 EcoScope 所有的测量项目都集中在一个 8m 多的测量短节上，使得它所提供的测量几乎都"同时同位"。"同时同位"的测量为储层评价提供了可靠的依据，最大限度地降低了评价的不确定性。这一特征为测井储层评价带来了新的评价思路和方法，如图 3－98 所示，在渤海湾一口探井中，发现了一个砂层，电阻率相对较高接近 30Ω·m，但物性相对较差，那么该层

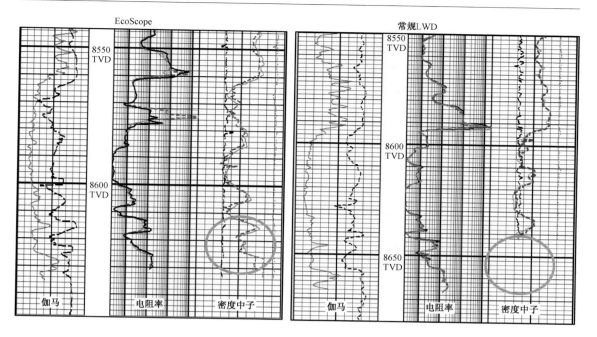

图 3 – 95　近钻头测量特征在测井曲线上的反应

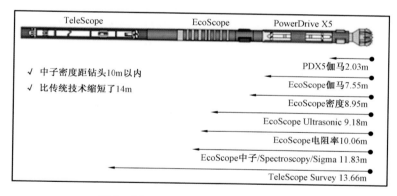

图 3 – 96　EcoScope 近钻头位置示意图

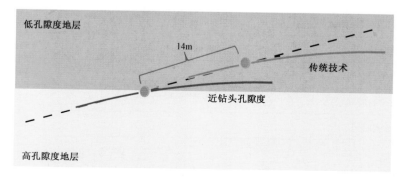

图 3 – 97　距离缩短 14m 在地质导向上的优势示意图

的含油气评价不仅仅跟 m、n 等阿尔奇参数相关,还跟地层水矿化度有很大关系,地层水矿化度的不确定性带来了含水饱和度评价的不确定性。由于使用了 EcoScope 测井,可以提供电阻率和西格玛两种不同含水饱和度评价测井,问题得到了很好的解决。采用了一种交会图办法,同时计算出了地层水矿化度和含水饱和度。

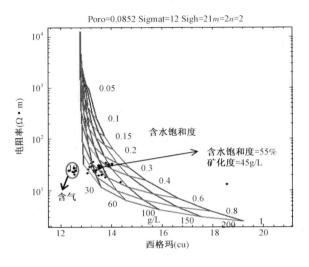
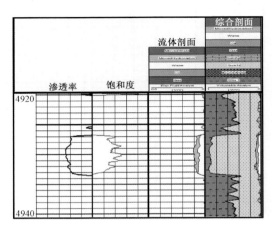

图 3 - 98　利用随钻电阻率及随钻西格玛确定地层水矿化度和含水饱和度成果图

3)高效安全

由于 EcoScope 所有测量项目都在一个测量短节上,现场随钻组合钻具操作简单,节省了时间,表 3 - 12 显示了渤海湾某区块使用 EcoScope 和常规 LWD 的作业费时对比。

表 3 - 12　不同作业项目作业费时对比结果

	ARC6 + ADN6	EcoScope
组合钻具	145min	60min
第一次浅层测试	15min	15min
装源	60min	15min
下钻200m第二次浅层测试	60min	60min
钻前合计	280min	150min
钻前节省平台时间	—	130min
钻后节省平台时间	—	130min
单趟钻节省时间	—	260min

大平台日费:30 万美元
节省平台费:30 × 4/24 = 5 万美元

小平台日费:30 万元
节省平台费:30 × 4/24 = 5 万元

EcoScope 的安全性主要体现在两个方面：无传统放射源；提供大量的井下钻井工程参数，如井下轴向、径向、周向振动，环空压力，黏滑指数等，实现实时井下工程安全监控。如图 3 - 99 所示，通过钻井参数与岩性地质参数及井眼形状参数等综合分析，可以实时了解井下安全情况，优化钻井参数，实现优化快速钻井。

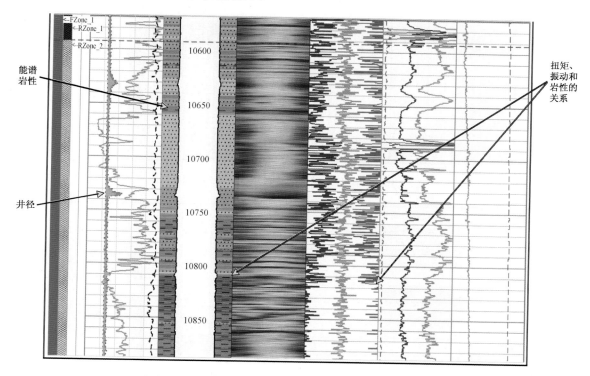

图 3 - 99　EcoScope 实时随钻工程参数快速解释实例

同时，EcoScope 实时智能化储层评价及钻井优化可以通过共享软件来实现，EcoView 是一个具有可视化功能和解释功能的快速解释软件，如图 3 - 100 所示，使用 EcoScope 所提供的全部测量，可以快速提供强大的岩石物理学解释结果及井下工程参数解释结果，同时提供二维和三维可视化工具，实时为钻井和地质服务。

3. 应用及实例

EcoScope 作为新一代智能化随钻测井的代表，在储层评价和地质导向及钻井优化方面都有着广泛的应用前景。下面主要来探讨 EcoScope 在储层评价方面的应用。

1）疑难油气层识别实例

图 3 - 101 为南海某区块一口探井发现新气藏实例。通过 EcoScope 电阻率可以清楚识别到上层为水层，中层和下层为油气层；通过随钻中子密度交会和随钻西格玛测井，指示中层为油层，下层为砂泥岩薄互层气层。在先前的勘探作业中，采用电缆测井，由于钻井液侵入和薄互层影响，无法识别下层 100m 薄互层潜在气层。MDT 测试结果证实了该气层的存在，结果如表 3 - 13 所示。

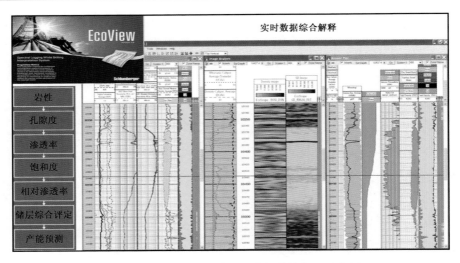

图 3 – 100　EcoView 实时随钻数据综合解释示意图

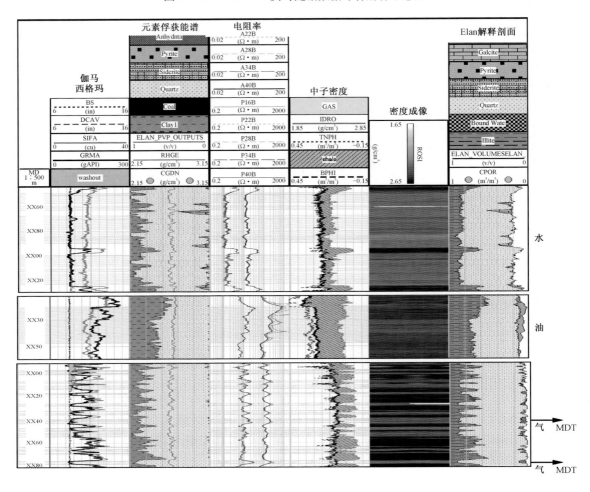

图 3 – 101　EcoScope 发现砂泥岩互层新气藏

表 3 – 13　MDT 取样结果查证了 EcoScope 最终的解释

项　　目		单位	样品 A	样品 B
取样深度		m	XX77.00	XX43.00
流体类型	油体积	cm³	20	20
	钻井液滤液	cm³	70	150
	水体积	cm³		
气样体积		ft³	2.201	1.75
CO_2		%	6.600	6.200
C_1		%	74.290	73.950
C_2		%	6.860	6.230
C_3		%	2.170	2.160
$i - C_4$		%	0.387	0.371
$n - C_4$		%	0.550	0.526

2）复杂井况下的应用实例

如图 3 – 102 所示，在某油田一口水平井的随钻测井和电缆测井过程中，发现密度测井出现了很多"小纹层"特征（左三道红色实线和红色虚线所示），这给测井储层评价带来极大困扰。

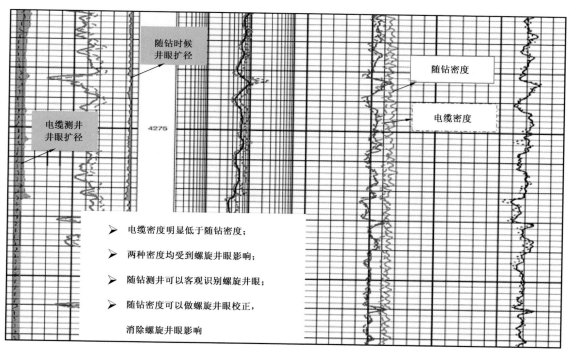

图 3 – 102　螺旋井眼对密度测井曲线的影响

（左一道为井径和伽马；左二道为电阻率；左三道为中子密度；左四道为声波）

如图 3 - 103 所示,通过随钻密度、超声波井径和光电指数成像资料,可以判断密度测井看到的"小纹层"特征是受到螺旋井眼的影响。证实了螺旋井眼影响后,就可以针对螺旋井眼的影响进行校正。

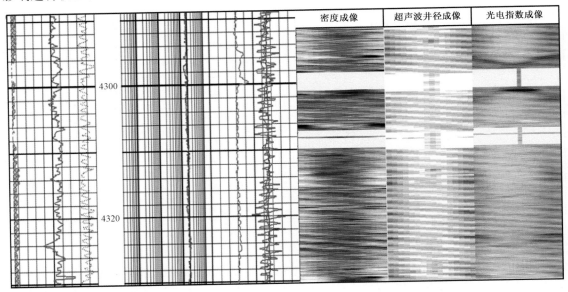

图 3 - 103　螺旋井眼对密度测井曲线及成像测井资料的影响实例

（左一道为井径、伽马、密度校正量;左二道为电阻率;
左三道为中子密度和光电指数,其中红色为螺旋井眼校正处理后的密度）

如图 3 - 104 所示,最右一道中红线和绿线分别是两趟钻复测同一螺旋井眼段经过校正后的曲线对比,经过螺旋井眼校正处理后,可以看到两趟密度曲线重复性很好,说明随钻螺旋井眼校正算法基本上能够消除螺旋井眼对随钻密度的影响。

3）定量岩性评价应用实例

EcoScope 可以提供另外一种重要的随钻测井新技术项目,即随钻元素俘获谱测井（随钻 ECS），可以实现定量岩性测量和评价,给随钻测井综合评价提供更加可靠的基础资料,降低评价的不确定性,提高评价的精确度和可靠性。

图 3 - 105 为 EcoScope 随钻测井元素俘获谱资料在西南某气田针孔云岩储层中的应用,其中镁、钙元素含量的定量测量为区分灰质碳酸盐岩和云质碳酸盐岩提供了准确、直观的依据,这在区分云岩、灰质云岩、云质灰岩、灰岩等不同类型的碳酸盐岩储层岩性定量评价中具有重要的意义。

4）饱和度评价应用实例

EcoScope 可以同时提供两种饱和度评价测量办法:基于电阻率饱和度评价和基于西格玛饱和度评价。

图 3 - 106 为 EcoScope 随钻热中子俘获截面（西格玛）资料在某碳酸盐岩储层中的应用,电阻率计算含水饱和度和西格玛计算饱和度吻合很好,综合在一起提供了准确可靠的饱和度评价结果。

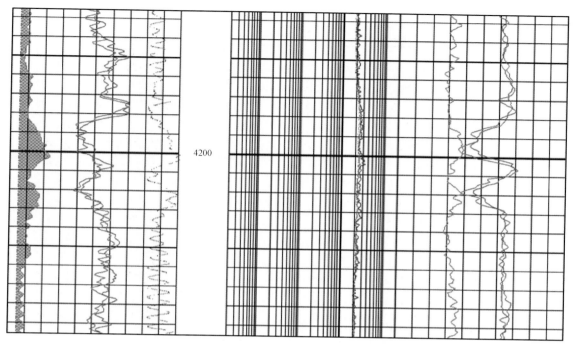

图 3 - 104　螺旋井眼对密度测井曲线影响的校正效果

（左一道为井径、两趟钻伽马深度匹配、密度校正量；左二道为电阻率；
左三道为密度和光电指数，其中红色和绿色分别为两趟钻重复测量并各自进行螺旋井眼校正处理后的密度）

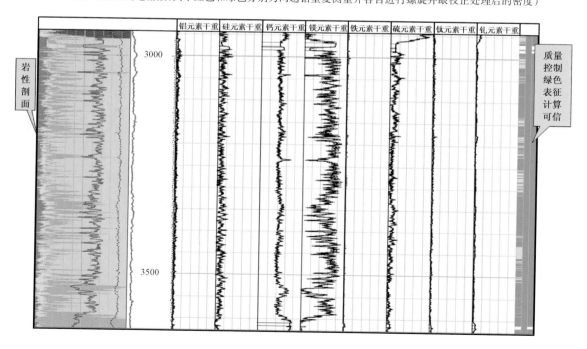

图 3 - 105　随钻元素俘获能谱测井成果图

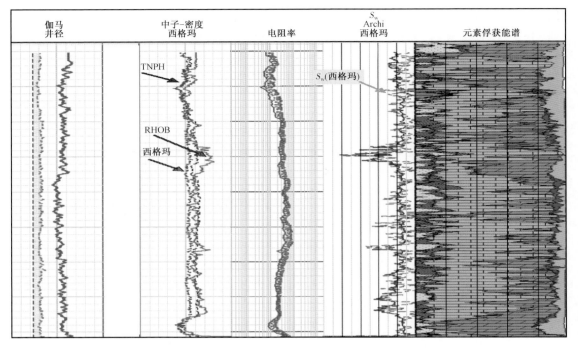

图 3 - 106　随钻电阻率及西格玛饱和度综合评价成果图

（左四道蓝色曲线显示的是基于电阻率计算的含水饱和度曲线，绿色曲线显示的是基于西格玛计算的含水
饱和度曲线，可以看到两种饱和度曲线很好地吻合，使得最终的饱和度评价结果不确定性大大降低；右一
道为基于元素俘获能谱和西格玛的 Elan 综合解释剖面）

第三章 随钻地层压力测试技术

第一节 随钻地层压力测试技术概况

随钻地层压力测试技术是在钻井过程中获得地层压力的一项重要技术,其出现是钻井、油藏管理需求不断提高的必然结果。最早的地层压力测试技术可以追溯到 1950 年,C. E. Reistle 提出了钻杆地层测试构想;同年,L. S. Chambers 提出了电缆地层测试技术的构想,同时申请了技术专利。斯伦贝谢公司率先设计了地层压力测试仪器,并于 1955 年推出了第一代地层压力测试技术(RFT),经过 50 多年的发展,地层压力测试技术已形成了一整套的测试工具(MDT、QuickSilver)与测试技术(压力预测试技术、泵出技术、流体识别技术)。在此发展过程中,随着地层压力技术应用的不断发展及钻井的新需求,在 20 世纪 90 年代中后期,提出了随钻地层压力测试的理念;基于硬件与软件的日臻完善,经过近 10 年的科研工作以及现场实验,斯伦贝谢推出了随钻地层压力测试工具 StethoScope。

StethoScope 于 2005 年 1 月正式投入商业化运作;截至 2010 年 12 月,StethoScope 已在全球范围内进行了 2200 多次作业。应用的井型包括直井、斜井、大斜度井以及水平井。2010 年统计数据显示,StethoScope 的总作业时间超过 13×10^4h,单次作业最大测量深度 11774m(TVD)、12300m(MD),最高油藏温度 170℃,单次最大测点数 87 个,在作业过程中,形成的最大压降(地层压力与工具内部压力之差)为 49MPa,测得的最高地层压力为 179MPa。

StethoScope 于 2009 年正式进入中国市场,截至 2011 年 5 月,共进行了 5 次随钻地层压力测试。其中,应用于直井 1 井次,大斜度井 3 井次,水平井 1 井次,最大井斜为 99.7°;最小测量地层流度为 0.01mD/(mPa·s),最大测量地层流度为 1157mD/(mPa·s),最大测量地层压力为 40.6MPa;地层最高循环温度达到 128℃;总测试点数为 106 个测试点,最大测试垂直深度到 4499m,平均测试成功率为 82%。

一、随钻地层压力测试工具简介

StethoScope 主要测量地层压力和地层流度,并通过随钻测量工具(MWD)把测试数据(信号)实时传输至地面,为现场工程师分析、解释以及下一步作业提供数据支持。StethoScope 作为随钻工具,可以与斯伦贝谢其他类型的随钻工具进行任意组合。StethoScope 为探针类型的地层压力测试工具,主要通过探针,建立工具与地层的连通,测试过程中,探针与井壁紧密相连,探头深入泥饼,通过吸破泥饼的方式建立 StethoScope 工具与地层间的连通。在确定工具与地层连通后,工具自动进行一系列压力测试作业。作业过程中,StethoScope 自动记录压力下降与压力恢复过程,并自动进行压力分析,实时获得地层压力与储层流度,在记录压力数据的过程中,主要的测试结果会通过 MWD 传输到地面,同时存储为内存数据,为后期精确处理提供可靠数据。为最大限度获得准确的地层压力,在测试过程中采用两个不同类型的压力计——石英压力计与应变压力计。此外,为减小随钻过程中的不确定因素、降低钻井作业风险,尽量减少地面与地下工具的交互,避免不必要的失误,工具在接受作业指令后,自动完成后续的所有压力测试作业;在特殊情况下,现场工程师可以随时取消不必要的测试。StethoScope 的主要参数见表 3－14。

表 3－14 随钻地层压力测试工具 StethoScope 主要工作参数

规格	单位	StethoScope 475	StethoScope 675	StethoScope 825
钻铤外径	in	4¾	6¾	8¼
扶正器外径	in	5¾	8¼	12
井眼尺寸	in	5¾～7⅞	8½～10½	12¼～15
长度	ft	26	32.11	32.9
质量	lbm	200	3200	4300
最大工作压力	psi	25000	20000	20000
最大压差	psi	6000	6000	5000
最大工作温度	℃	150	150	150
探头作业长度	in	0.56	0.75	0.75
坐封活塞作业长度	in	1.31	2	2.75
探头外径	in	1.75	2.25	2.94
探头内径	in	0.437	0.56	0.56
压降流速	mL/s	0.12	0.2～2	0.2～2
测试体积	mL	25	25	25
电池长度	in	156	51.78	51.78
电池质量	kg	10.5	11.5	11.5

随钻地层压力测试工具 StethoScope 可以应用于不同井眼尺寸,最小 5¾in,最大 15in。StethoScope 设计采用坐封活塞。在坐封活塞的辅助下,StethoScope 可以在全井径 0°～360°范围内进行测试,同时,在作业过程中不需要刻意调整工具面,依靠坐封活塞的推靠力就可以获得良好的坐封。在实际作业过程中,尤其在水平井、大斜度井作业过程中,可以节省调整作业面所需的时间。为更好地适应钻井环境,StethoScope 采用两种动力系统——水动力系统和电动力系统;电动力系统的存在,StethoScope 可以在停止钻井泵的情况下正常测试,同时,在特殊情况下,电力系统会为工具的特殊作业提供必要的动力。StethoScope 示意图见图 3－107。

图 3－107 随钻地层压力测试工具 StethoScope 示意图

二、随钻地层压力测试工具技术优势

StethoScope 的作业安全性以及较高的测试成功率主要取决于其独特的设计与先进的数据采集系统,其优越性主要表现为以下几个方面。

1. 坐封活塞

坐封活塞是 StethoScope 区别于其他所有随钻压力测试工具的最显著特征(图 3 – 108)。由于坐封活塞的存在,StethoScope 可以在井筒 0°~360°范围内,任意角度进行测量;同时,由于坐封活塞的存在,大大减小了工具与井筒的接触面积,减小了钻井工具串遇卡风险;此外,坐封活塞安装、更换简单方便,可以在井场实现实时安装与更换;考虑到钻井的高风险特点,坐封活塞采用可钻材质,在极端环境下,即使发生坐封活塞落井,也可以利用钻头钻碎掉落的坐封活塞,不会造成井下事故。

图 3 – 108　StethoScope 坐封活塞示意图(蓝色部分)

2. 探针

在探针设计上,StethoScope 吸取了 MDT 探针的经验与教训,采用 D 形设计,保证探针能够准确安装到位,不会产生位移;探针内部采用 Q 形自锁密封圈,保证探针内部不会产生额外的空隙(图 3 – 109);采用过滤活塞,保证探针在不工作状态下,整个流线能够完全封闭,不会造成管线堵塞;设计中考虑到工具表面的清洁问题,采用碎屑槽设计,保证每次作业结束后,通过工具自身的旋转可以保持工具面的清洁、干净,不会造成管线堵塞。

3. 扶正器

独特的流线型扶正器设计,能够在钻井环境下最大限度地保护探针。由于扶正器的尺寸大于钻杆尺寸,在工具推靠井壁过程中,大大减小了工具坐封时间,提高作业效率;其独特的流线型设计,在测试过程中,有效改变了扶正器表面的钻井液流动剖面,减小了钻井液对探针表面的冲刷(图 3 – 110),保证了泥饼密封效果,提高了测试成功率。

4. 压力测试系统

为能够准确地记录测试过程中压力的变化情况,StethoScope 采用两个不同测试原理的压力计(应变压力计与石英压力计)进行压力测试。一方面,在压力计正常工作的情况下,两个压力计可以相互补充、校正;另一方面,在特殊情况下,在某个压力计无法正常工作的情况下,另一个压力计仍然可以正常工作,可以保证较为可靠的压力测试结果。

图 3 – 109　StethoScope 探针示意图

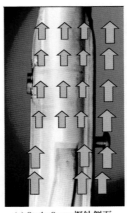

(a) StethoScope探针侧面
钻井液流动示意图

(b) StethoScope探针正面
钻井液流动示意图

图 3 – 110　StethoScope 扶正器示意图

（箭头方向表示钻井液流动方向，
箭头大小表示钻井液流动速度）

5. 压力预测试模式

为减小随钻压力测试的作业风险，StethoScope 设计使用了时间优化模式的压力预测试（time optimized pretest）。时间优化模式的优势在于，对于任何物性的地层［流度大于 $0.1\text{mD}/(\text{mPa}\cdot\text{s})$］，StethoScope 都可以在预定的 5min 之内获得准确的地层压力、地层流度。在测试过程中，通过预测试 StethoScope 确定测试压力是否已经低于地层压力并预估地层流度（K/μ），通过智能的作业优化功能，StethoScope 自动选取合适的后续作业保证 5min 之内能够获得准确的地层压力以及地层流度。

三、随钻地层压力测试工具测试原理

StethoScope 通过探针建立工具与地层之间的连通，通过泥饼封隔储层与井筒之间的连通，通过抽取少量储层流体的方式形成压力扰动，在整个过程中，详细记录压力变化情况，通过分析压力下降与压力恢复情况判断地层压力。在此过程中，识别地层流度是抽吸地层流体体积的函数，根据分析函数结构，获得地层压力、压降流度。典型的预测试过程见图 3 – 111。

根据压力预测试的压力与时间关系，可以进行相应的数据处理与分析，获得压降流度。

$$\frac{K}{\mu} = C_{pf} \times q/\Delta p_{ss}$$

式中　$\dfrac{K}{\mu}$——地层压降流度，$\text{mD}/(\text{mPa}\cdot\text{s})$；

C_{pf}——工具形状因子；

q——压降流量，cm^3；

Δp_{ss}——稳态情况下，压降形成的压力差，MPa。

同时，为了更好地解释流体流动情况，以及储层其他物性，还可以对压力恢复数据进行流型分析，最常见的流型为球形流和径向流（图 3 – 112）。

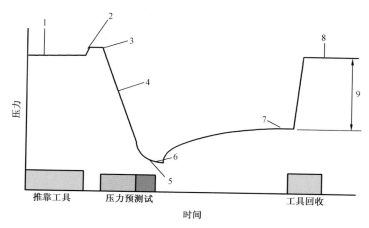

图 3 - 111　压力预测试示意图

1—测试前钻井液柱压力;2—探针接触井壁时的压力响应;3—开始压力下降;4—工具管线的流体膨胀过程;
5—地层流体开始流入工具;6—开始压力恢复;7—最终恢复压力;8—测试后钻井液柱压力;9—井筒与地层压力差

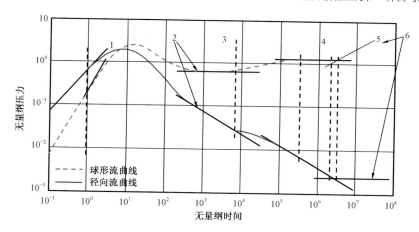

图 3 - 112　压力诊断图版示意图

1—井筒存储效应区域;2—球形流在球形流曲线上表现为斜率 0,在径向流曲线上表现为斜率 - 0.5;
3—球形流区域;4—半球形流区域;5—径向流区域;
6—径向流在球形流曲线上表现为斜率 0.5,在径向流曲线上表现为斜率 0

　　确定流型之后,流体的流动性参数就可以通过专门图版进行分析获得。其中图版根据流型不同,分为径向流图版与球形流图版。针对不同流型,获得相应的回归斜率,计算得到对应的球形流流度,径向流流度与厚度的乘积,以及外推地层压力。

第二节　随钻地层压力测试技术的应用

　　在钻开目的层之后,为了获得地层以及流体物性,包括渗透率、地层压力以及地层压力系数、流体类型、流体物性,要进行地层测试。由于电缆地层测试需要中断钻进过程,并且电缆测试无法在大斜度井以及水平井进行有效作业,而且可能给钻井作业带来额外的作业风险,因此，StethoScope 作为随钻地层压力测试技术，可以有效地在不中断钻井过程的情况下，获得地层参数，其应用效果在水平井及大斜度井中尤为明显。

另外，准确的油藏描述需要在勘探、开发各个阶段获得准确的地层压力，通过建立压力与深度的关系，可以有效地描述地层压力剖面以及地层压力演变过程。在勘探阶段，地层压力剖面可以与测井数据、岩心数据、地震分析相吻合，为油藏描述提供静态模型。开发阶段的压力剖面可以很好地反映地层流体的流动情况，此时，压力剖面可以与生产历史、饱和度数据以及静态模型共同反映地层动态情况，为提高采收率提供可靠依据。

StethoScope 获得的地层压力可以应用于以下两方面。

勘探阶段：随钻过程中的钻井液密度优化、确定地层流体密度、描述地层非均质性、辅助完井以及下套管深度的确定、确定储层流体界面。

开发阶段：垂向/水平隔层评价、确定剩余储层、评价井间连通性、明确流体界面的运动情况。

一、油藏描述应用实例

压力剖面在勘探阶段以及生产阶段有不同的应用。在勘探阶段获得的压力剖面可以用来确定原始地层压力，判断流体梯度，分析流体属性；在生产阶段获得的压力剖面可以分析地层的衰竭程度以及生产层之间的连通性。图 3-113 描述了勘探井的压力剖面的应用情况。

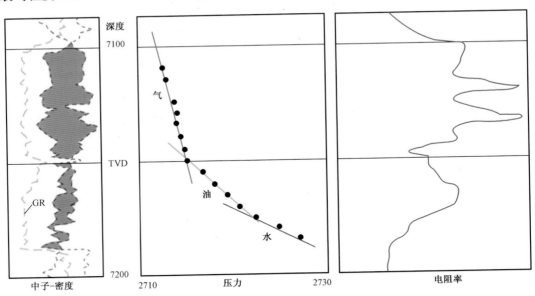

图 3-113　测井数据与压力剖面示意图

（根据压力回归可以获得不同流体密度，确定地层流体类型，不同梯度的交会点为不同流体的接触面，气油界面、油水界面）

1. 压力梯度与流体界面分析实例

为了更好地开发 CDX 区块，明确 Ng 砂体分布，确定储层流体性质与地质储量，需要明确地层压力分布及地层流体分布情况，同时考虑到设计井型为大斜度井，电缆地层测试可能带来较大作业风险，设计采用 StethoScope 进行压力测试。由于 Ng 砂体尚未投入开发，因此，在获得压力剖面的基础上可以进行压力梯度分析，确定流体性质以及流体界面，见图 3-114。

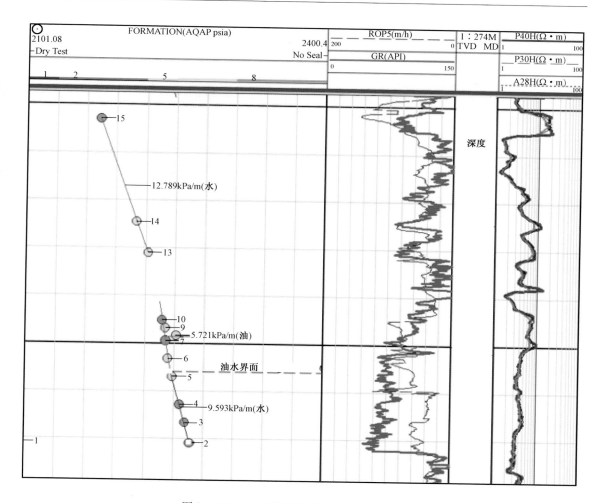

图 3 - 114　Ng 组测井数据与压力剖面示意图
（左边为压力剖面以及压力梯度分析结果,同时确定油水界面,绿点表示数据质量可靠,黄点表示数据质量可信;
中间为 GR 测井曲线以及深度;右边为电阻率测井曲线）

对 Ng 的压力测试表明,上部分布砂体厚度较大,饱和流体为水（压力梯度分析结果表明流体类型为水）;下部分布连续砂体,部分饱和,流体表现为上油下水分布（压力梯度分析表明上部流体密度为 0.58g/cm³,下部流体密度为 0.978g/cm³,为典型的上油下水分布情况,同时确定油水界面情况）。通过本次作业的测试情况,明确了 Ng 的流体分布情况,为本井的完井设计提供了科学依据,同时为整个区块的开发调整提供了可靠的基础数据。

2. 压力亏空分析实例

为了准确描述 Nm 砂体的边界情况,确定在砂体边缘打控制井,同时为了明确各个产层间的连通性以及各层位的压力亏空情况,决定进行地层压力测试。由于本井为大斜度井,考虑到电缆地层测试的可能风险,采用随钻地层压力测试。由于 Nm 层位已经投入生产,因此,获得的地层压力需要与原始地层压力进行对比分析,测试结果见图 3 - 115。

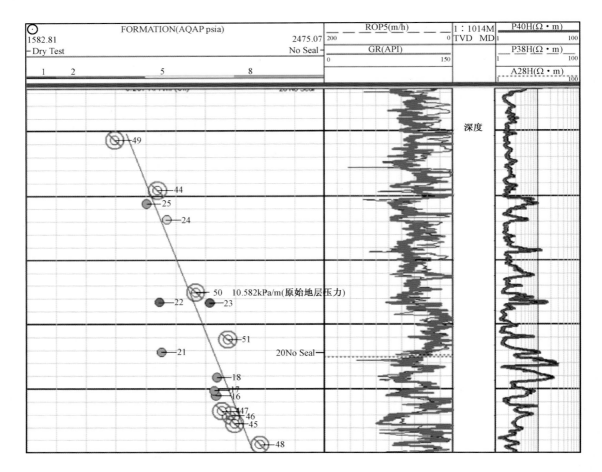

图3－115　Nm生产层位地层压力与原始地层压力剖面
（左图为测试压力剖面,红色空心圆圈表示原始地层压力,绿点表示数据质量可靠,
红点表示数据质量不可靠,黄点表示数据质量可信）

分析Nm各个砂体的测试结果可以看出,各个砂体的压力亏空程度不一致,各层之间存在较好的隔层,层间干扰小。基于目前的各层压力分布情况,油藏工程师可以有目的地进行生产调整,以提高Nm砂体的最终采收率。

3. 油藏管理应用实例

随着滚动开发的不断深入,YC开发区块已开发多个断块型气藏,目前正对新断块进行开发设计。基于已有的开发经验,确定两种开发方案。方案一:如果断层封隔充分,本断块储量未被动用,设计两口井开发。方案二:如果断层开启,本断块储量已被邻井动用,设计1口井开发。因此,确定储层地层压力情况成为本区块开发的关键。为了能够节约钻井时间以及海上决策周期,设计采用StethoScope进行随钻地层压力的采集。

从测试结果(图3－116)来看,目的层的地层压力系数为1.114,与邻井原始地层压力系数一致,确定本断块能量未亏空。此结果及时地指导油藏开发方案的决策,确定采用方案一。同时,从 StethoScope 作业开始到作业结束,并解释获得可靠的结论,总的项目时间为 24h,大大节省了海上决策时间,提高了海上作业效率。

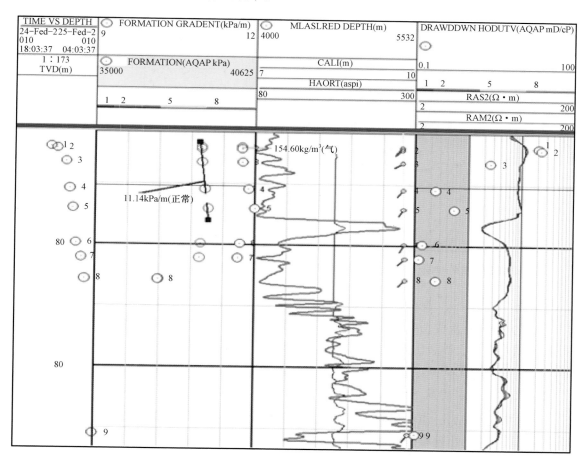

图 3 - 116　YC 地层压力测试结果

(左 1 表示测试顺序;左 2 为地层压力测试结果,压力梯度分析结果与邻井流体性质基本一致;
左 3 表示 GR 测井曲线;左 4 表示测井电阻率曲线)

二、钻井应用实例

StethoScope 可以在钻井过程中实时获得地层压力信息,其测试结果可以很好地应用于钻井优化,减小钻井风险,提高钻井效率。

1. 优化下套管深度应用实例

在钻井过程中,对于高压/低压地层,最直接的处理方式是下套管进行封隔。但是如何才能准确确定下套管深度是钻井过程中必须要实时解决的问题。一般情况下,下套管深度是根据地震反演获得的,其深度具有很大的不确定性。如果按照地震反演的深度进行作业,下入深度大,增加了钻井费用,下入深度不够,会给后期的钻井带来风险。因此,在这种高压/低压位置,需要准确地确定下套管深度。

在钻井过程中,采用 StethoScope 可以准确地确定地层压力,结合测试压力剖面可以清楚确定下套管深度,见图 3 – 117。

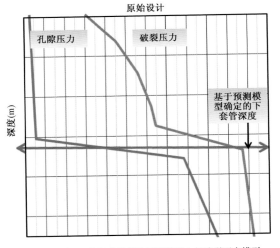

(a) 基于地震数据获得的地层孔隙压力与破裂压力模型

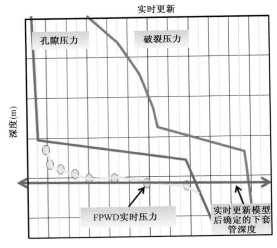

(b) 在获得地层压力后更新的地层孔隙压力与破裂压力模型

图 3 – 117　StethoScope 实时地层压力确定下套管深度

这是南亚的一次成功应用。基于 StethoScope 获得的实时地层压力数据,成功更新了地层孔隙压力模型;结合破裂压力模型,最终确定了下套管深度。通过前后模型对比,确定下套管深度可以安全下移 150m。

2. 优化钻井液密度应用实例

在钻井过程中为了能够安全、快速地钻遇目的层,必须实时调整钻井液密度,保证钻井液压力与地层压力的压差维持在合理的范围内。压差过大,有可能压碎地层,造成井漏;压差过小,有可能造成井涌。因此,调整钻井液密度是钻井过程中的一项重要任务,而在钻井过程中实时获得地层压力可以及时指导钻井液密度调整。

根据中东某区块的钻井经验确定,当钻井液柱压力与地层压力的压差超过 1000psi 时,容易发生工具黏卡现象,因此,在后续所有井的钻井过程中必须保证钻井液柱压力与地层压力的压差小于 1000psi。图 3 – 118 是基于钻前设计获得地层与井筒的压差剖面。根据设计储层 1 和储层 2 采用相同的钻井液密度,但是,经过快速计算发现在着陆点位置,压差已经达到 1300psi,已经存在较大的压差黏卡风险。因此,需要在合适的位置进行钻井液密度调整。

实际作业过程中,通过 StethoScope 获得实时地层压力,通过快速计算,决定逐步调整钻井液密度(图 3 – 119),密度从 1.16g/cm³ 逐渐调整到 1.14g/cm³,在着陆点钻井液密度调整到 1.11g/cm³。通过钻井液密度的调整,保证了在整个钻井过程中地层与井筒压差保持在 1000psi,从而减小了工具黏卡风险。通过 StethoScope 的随钻压力测试,成功调整了钻井液密度,避免了工具黏卡,保证了本井的安全着陆。

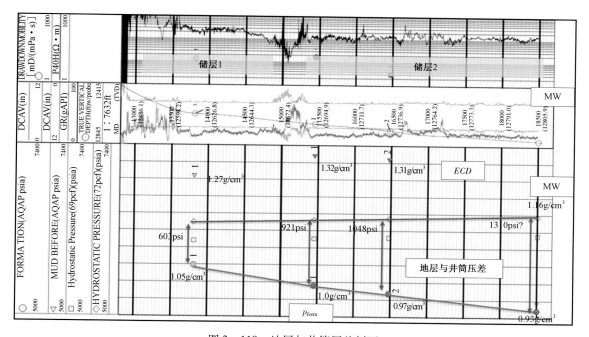

图 3 – 118 地层与井筒压差剖面

（上图为测井电阻率曲线；中图为测井 GR 曲线与井径；
下图为压力剖面与钻井液当量密度，红线表示钻井液密度，蓝线表示地层当量压力）

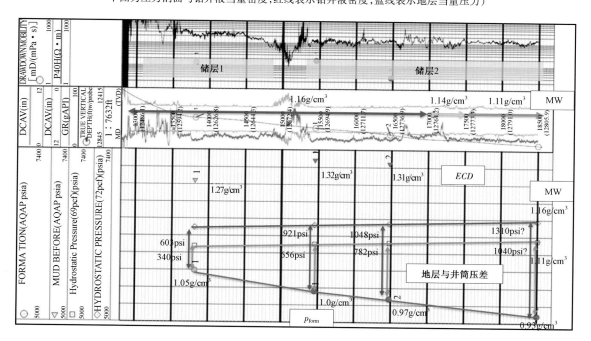

图 3 – 119 实时调整钻井液密度有效地减小了工具黏卡风险

参 考 文 献

[1] Borghi M,等. 比较随钻测井与电缆测井电阻率模拟和时间推移测井以支持复杂环境中的作业决策//中国石油集团测井有限公司. 测井分析家协会第46届年会论文集[M]. 北京:石油工业出版社,2006.

[2] 高楚桥. 南海西部海域随钻测井资料应用效果分析及验收标准的建立[D]. 长江大学,2003.

[3] 何胜林,林德明,吴洪深. 随钻测井技术在南海西部海域应用效果分析[J]. 石油钻采工艺,2007(6):113-115.

[4] 马哲,李军,王朝阳,等. 随钻感应电阻率测井仪器测量原理与应用[J]. 测井技术,2004(2):155-157.

[5] 苏义脑,窦修荣. 随钻测量、随钻测井与录井工具[J]. 石油钻采工艺,2005(1):74-78.

[6] 谭廷栋,等. 测井学[M]. 北京:石油工业出版社,1998.

[7] 杨锦舟,肖红兵. 随钻测井技术研究//我国近海油气勘探开发高技术发展研讨会文集[M]. 北京:石油工业出版社,2005.

[8] 赵杰,林旭东,聂向斌,等. 随钻测井技术在大庆探井中的应用效果分析//2010中国油气论坛——测井专题论文集[M]. 世界石油工业,2010.

[9] AI-Mudhhi M A,AI-Hajari SM A,Berberian G,et al. Geosteering with advanced LWD technologies - placement of maximum-reservoir-contact wells in a thinly layered carbonate reservoir[C]. IPTC 10077,2005.

[10] Chambers L S. Sidewall Formation Fluid Sampler[P]:US,2674313. 1950-04-07.

[11] Girling S B,et al. Optimization of well placement and improved well planning within a collaborative 3D environment employing real-Time data:a case study form the visund field,Norway[C]. SPE Annual Technical Conference and Exhibition,2004.

[12] Hongqing Y,Tran T,Kok J,et al. Horizontal well best practices to reverse production decline in mature fields in South China Sea[C]. SPE 116528,2008.

[13] John Edwards. Geosteering examples using modeled 2-MHz LWD response in the presence of anisotropy[C]. SPWLA 41st Annual Symposium,June 4-7,2000.

[14] Liu Xiange,Liu Shangqi,Jiang Zhixiang. Horizontal well technolog in the oilfield of China[C]. SPE 50424,1998.

[15] Omeragic D,et al. Deep directional electromagnetic measurements for optimal well placement[C]. SPE Annual Technical Conference and Exhibition,2005.

[16] Qiming Li,Dzevat Omeragic,Lawrence Chou,et al. New directional electromagnetic tool for proactive geosteering and accurate formation evaluation while drilling[C]. SPWLA 46th Annual Logging Symposium Held in New Orleans,Louisiana,United States,June 26-29,2005.

[17] Rangel-German E R,et al. Thermal simulation and economic evaluation of heavy-oil projects[C]. SPE 104046 presented at First International Oil Conference and Exhibition in Mexico,Cancun,Mexico,31 August-2 September,2006.

[18] Reistle C E. Drill Stem Testing Device[P]:US,2497185. 1950-02-14.

[19] Song Yu Xin,Mai Xin,Du Hong Lin,et al. Rejuvenating brown oil field through precise well placement technique application[J]. World Oil Magazine,June,2010.

[20] Song Yuxin,Mai Xin,Du Honglin,et al. Thin oil columns horizontal wells optimization through advance well placement application in West China[C]. SPE 133660,2010.

[21] Van Her Harst A C. Erb West:an oil rim development with horizontal wells[C]. SPE 22994,1991.

［22］ Wiig M,et al. Geosteering using new directional electromagnetic measurements and a 3D rotary steerable system on the veslefrikk field,North Sea［C］. SPE 95725 presented at 2005 SPE Annual Technical Conference and Exhibition,Dallas Texas,USA,9 – 12 October,2005.

［23］ Xinge Sun,Xuexing Chen,Hong Ma,et al. Reservoir geology & engineering updated proposal of Qi Gu & Ba Dao Wan formation in block 9 – 6,Karamary oilfield［R］. E&P Research Institute of Xinjiang Oil field,2006.

［24］ Zhang Junjie,Du Honglin,Li Qing,et al. Proactive well placement using new boundary – mapping technology［C］. The 14th Formation Evaluation Symposium of Japan,September 29 – 30,2008.